U0185133

图说长江流域珍稀保护植物

TUSHUO CHANGJIANG LIUYU
ZHENXI BAOHU ZHIWU

熊　文　杜　巍——编著

长江出版社
CHANGJIANG PRESS

图书在版编目(CIP)数据

图说长江流域珍稀保护植物 / 熊文，杜巍编著.
—武汉：长江出版社，2020.5
ISBN 978-7-5492-6582-4

Ⅰ.①图… Ⅱ.①熊… ②杜… Ⅲ.①长江流域－珍稀植物－图解 Ⅳ.①Q948.52-64

中国版本图书馆 CIP 数据核字(2020)第 167254 号

图说长江流域珍稀保护植物　　熊文 杜巍 编著

出版策划：赵冕 张琼
责任编辑：梁琰
装帧设计：汪雪 彭微
出版发行：长江出版社
地　　址：武汉市解放大道 1863 号　　邮　　编：430010
网　　址：http://www.cjpress.com.cn
电　　话：(027)82926557（总编室）
　　　　　(027)82926806（市场营销部）
经　　销：各地新华书店
印　　刷：武汉市金港彩印有限公司
规　　格：787mm×1092mm　1/16　32.75 印张　577 千字
版　　次：2020 年 5 月第 1 版　2021 年 1 月第 1 次印刷
ISBN　978-7-5492-6582-4
定　　价：218.00 元

编委会

主　　编： 熊　文　杜　巍

副 主 编： （以姓氏笔画为序）

邢　伟　刘　瑛　李红涛　肖　宇　肖克炎
吴　比　郝　涛　黄　羽　傅　强　蔡朝辉
熊　英

编委会成员： （以姓氏笔画为序）

丁心怡　丁成程　王　春　王红丽　刘　伟
刘飞宇　阮　锐　李　健　邹兵兵　张鹏举
陈高乐　幸　悦　欧阳玄　郑海涛　胡胜华
夏　浩　彭开达　熊喆慧

前 言

长江发源于青藏高原的唐古拉山主峰各拉丹冬雪山西南侧，干流从西向东，流经青海、西藏、云南、四川、重庆、湖北、湖南、江西、安徽、江苏、上海11省(自治区、直辖市)，于上海市崇明岛入东海。其全长6300余km，总落差5400余m。支流布及甘肃、陕西、河南、贵州、广东、广西、福建、浙江8省（自治区），流域面积约180万km^2，占全国国土面积的18.75%。

长江水系庞大，支流湖泊众多，其中流域面积8万km^2以上的支流有雅砻江、岷江、嘉陵江、乌江、沅江、湘江、汉江、赣江等8条支流，其中流域面积以嘉陵江为最大，流量以岷江最大，长度以汉江最长。拥有洞庭湖、鄱阳湖、巢湖、太湖等4大淡水湖泊，以鄱阳湖面积最大。长江江源为沱沱河，与南支当曲汇合后为通天河，继与北支楚玛尔河相汇，于玉树市接纳巴塘后称金沙江，在四川宜宾附近岷江汇入后始称长江。长江在宜宾至宜昌间又称川江；从枝城到城陵矶段又称荆江；江苏镇江以下又名扬子江，国际上通用英文译名Yangtze River。长江自江源至宜昌通称上游，长约4500km，集水面积约100万km^2；宜昌至湖口通称中游，长约950 km，集水面积约68万km^2；湖口至入海口为下游，长约930km，集水面积约12万km^2。长江流域多年平均水资源总量9960亿m^3，占全国水资源总量的35.1%，其中地表水资源量9857.4亿m^3，占长江水资源总量的99%。

长江流域的地貌类型复杂多样，高原、山地和丘陵盆地占84.7%，平原面积仅占11.3%，河流、湖泊等约占4%。流域西部以唐古拉山、达马拉山、芒康山、云岭与澜沧江为界，北以昆仑山、巴颜喀拉山、秦岭、伏牛山、大别山与柴达木盆地内陆水系、黄河、淮河流域相接，南以乌蒙山、苗岭、南岭、武夷山、天目山与珠江流域和闽、浙诸水系相隔，东邻东海。流域内地势西高东低，总落差5400余m，呈现三个巨大阶梯：青南、川西高原和横断山区为第一级阶梯，一般高程3500～5000m；云贵高原、秦巴山地、四川盆地和鄂黔山地为第二级阶梯，一般高程500～2000m；淮阳低山丘陵、长江中下游平原和江南低山丘陵组成第三级阶梯，除部分山峰高程接近或超过1000m外，一般在500m以下。第三阶梯中长江中下游平原地区包括江汉平原、洞庭湖平原、鄱阳湖平原（或称赣抚平原）、长江三角洲平原，地面高程在50m以下，其间湖泊水网众多，仅个别孤山较高，但高程不超过300m。一、二级阶梯过渡带由陇南、川滇高中山构成，一般高程2000～3500m，地形起伏大。二、三级阶梯过渡带由南阳盆地、江汉平原、洞庭湖平原西缘的岗地和丘陵构成，一般高程200～500m，地形较缓。

长江流域位于东亚季风区，具有显著的季风气候特征。辽阔的地域、复杂的地貌又决定了长江流域具有多样的地区气候特征。长江中下游地区，冬冷夏热，四季分明，雨热同季，季风气候十分明显。上游地区，北有秦岭、大巴山，冬季风入侵的强度比中下游地区弱；南有云贵高原，东南季风不易到达，季风气候不如中下游明显。根据中国气候区划，我国有10个气候带，长江流域占有4个，即南温带、北亚热带、中亚热带和高原气候区。流域东西高差达数千米，高原、盆地、河谷、平原等地貌多样，导致气候多种多样。长江流域多年平均年降水量为1087mm，年降水量的地区分布很不均匀，总的趋势是由东南向西北递减，山区多于平原，迎风坡多于背风坡。江源地区地势高、水汽少，年降水量小于400mm；流域大部分地区年降水量在800～1600mm。年降水量大于1600mm的地区主要分布在四川盆地西部边缘和江西、湖南部分地区。年降水量超过2000mm的地区均分布在山区，范围较小。受地形的影响，年平均气温各地差异很大。长江中下游年平均气温受纬度的影响明显，由南部的19℃逐步向北递减至15℃。长江上游，纬度对气温的影响已不明显，年平均气温随海拔高度的变化很大。受季风的影响，长江流域冬夏气温差异较大，尤其在长江中下游更为显著，长江中下游 1 月气温最低，为 2 ~ 8℃；7 月最热，达 28 ~ 30℃，长江上游 1 月气温最低，地区差异很大。长江流域年平均气温在近 50 年期间呈显著的增加趋势，其平均递增率为 0.1 ~ 0.2 ℃ /10a；其中，长江流域大部地区普遍升温，金沙江上游和长江中下游北部地区升温明显，长江上游的嘉陵江部分地区却出现降温现象。长江中下游地区冬季盛行偏北风，夏季盛行东南风和南风。云贵高原冬季盛行东北风，夏季盛行偏南风。四川盆地和横断山脉地区，由于地势复杂，风向受地形的影响，季节性变化不明显。近地面风力的分布受气压场和地形的影响，总的趋势是沿海、高原和平原地区风大，盆地和丘陵地区风小。

长江流域地跨南温带、北亚热带、中亚热带和高原气候区等四个气候带，地貌类型复杂，山水林田湖浑然一体，是我国重要的生态宝库。长江流域生态系统类型多样，川西河谷森林生态系统、南方亚热带常绿阔叶林森林生态系统、长江中下游湿地生态系统等是具有全球重大意义的生物多样性优先保护区域。长江流域森林覆盖率达 41.3%，在中国自然植被区划中主要属于亚热带常绿阔叶林区，并包括青藏高原植被区的一部分。植被类型以常绿阔叶林为主，兼有湿地、草甸、高寒草原和亚热带山地植被垂直带的各种类型。流域河湖、水库、湿地面积约占全国的 20%，物种资源丰富。长江流域珍稀濒危植物占全国总数的 39.7%，有银杉、水杉、珙桐等珍稀植物，是我国珍稀濒危野生植物集中分布区域。

根据长江流域珍稀濒危植物和国家重点保护植物的研究成果及全国第二次重点保护野生植物的调查成果，结合《中国植物红皮书（第一册）》(1991 年)、《国家重点保护野生植物名录（第一批）》(1999 年)、《中国物种红色名录》（2004）植物部分、《中国珍稀濒危植物图鉴》（2013 年）、《全国极小种群野生植物拯救保护工程规划》（2011–2015 年）、《中国生物多样性红色名录——高等植物卷》（环境保护部、中国科学院编制，2013 年 9 月 2 日发布）及近十年来发现的极小种群野生植物等成果，《图说长江流域珍稀保护植物》共收录了长江流域 82 个科的 200 种珍稀濒危的保护植物物种，其中蕨类植物 11 种，裸子植物 36 种，被子植物 153 种；200 种珍稀濒危的保护植物物种中包括国家Ⅰ级保护植物 36 种（占 18%），国家Ⅱ保护植物 114 种（占 57%），国家Ⅲ级保护植物 6 种（占 3%）。Ⅰ、Ⅱ、Ⅲ级保护物种共 156 种，其他 44 种（详见附录 1）；200 种珍稀濒危的保护植物物种中含有 IUCN 等级 EN(濒危) 到 CR（极危）植物共 63 种（占 31.5%）。

《图说长江流域珍稀保护植物》以图文并茂的方式解说，以植物"生活型"是指具有相似形态结构特征的植物群，如乔木生活型、草本生活型等。为主线分为蕨类、陆生草本类、水生草本类、灌木及藤本植物类、乔木类等 5 部分进行编写。每一部分物种按照所属科属及物种的拉丁名的字母顺序进行排序。另考虑《国家重点保护野生植物名录（第一批）》的法律效力及人们对某些物种的习惯叫法，本书物种中文名基本沿用《中国植物志》中文版的叫法。同时，考虑到近年来植物系统学研究的快速发展，物种及所属科名的拉丁名采用 Flora of China（FOC）中的资料，阅读时读者可参考图书后面的附录图表进行对照查询。在 FOC 中厚朴已经从木兰属 (*Magnolia*) 独立出来并成立了新的厚朴属 (*Houpoëa*),且在 FOC 中凹叶厚朴已经归并到厚朴 (*H. officinalis*) 中，本书中将厚朴和凹叶厚朴仍处理为两个种进行描述。

《图说长江流域珍稀保护植物》对每个珍稀保护物种标注了国家保护等级、CITES 附录收录情况、IUCN 红色名录等级、是否为极小种群野生种以及是否为中国特有种等信息。国家保护等级根据《国家重点保护野生植物名录（第一批）》（1999 年）确定，Ⅰ和Ⅱ分别代表国家Ⅰ级和Ⅱ级重点保护野生植物；CITES 收录情况中，Ⅰ、Ⅱ、Ⅲ分别代表 CITES 附录Ⅰ、CITES 附录Ⅱ及 CITES 附录Ⅲ收录的物种；IUCN 红色名录等级根据 2018 年 2 月 IUCN 红色名录网站 www.iucnredlist.org 公布的信息确定，如果 IUCN 名录无此物种评价数据，则以中国珍稀濒危植物信息系统网站（http://rep.iplant.cn/）或《中国珍稀濒危植物图鉴》（2013 年）所列 IUCN 等级为准：DD 为数据缺乏，LC 为无危，NT 为近危，VU 为易危，EN 为濒危；CR 为极危，EW 为野外灭绝，EX 为灭绝。

随着长江流域经济社会的发展，流域整体性保护不足，生态系统破碎化，生态系统服务功能呈退化趋势。近四十年来，长江流域生态系统格局变化剧烈，城镇面积增加显著，农田、森林、草地等生态系统面积减少，河流、湖泊、湿地萎缩，枯水期提前；长江岸线开发存在乱占滥用、占而不用、多占少用、粗放利用等问题，导致珍稀生物栖息地遭到破坏。长江流域废污水排放量大，干流近岸水域污染未能得到遏制，部分支流水质污染严重，部分河流湖泊水体富营养化时有发生，水生态系统遭到破坏，再加上生物资源不合理开发利用，直接导致长江流域生物多样性指数持续下降，保护长江流域珍稀濒危生物迫在眉睫。《图说长江流域珍稀保护植物》通过图文结合方式从植物物种形态特征、分布与生境、保护等级与保护价值进行解读，旨在帮助读者提高对长江珍稀保护植物的认知度，提升对长江珍稀保护植物的保护意识，增强对长江珍稀植物保护的自觉性，做构建和谐长江、维护健康长江、建设美丽长江的践行者。

本书在编写过程中，承蒙武汉大学、华中师范大学、湖北工业大学及中国科学院武汉分院有关研究所主管部门有关专家学者指导与帮助，在此一并致谢。本书虽经多次修改与完善，文字内容也多次校核，但不足之处在所难免，望读者不吝指正。

编　者

2020 年 9 月

目录

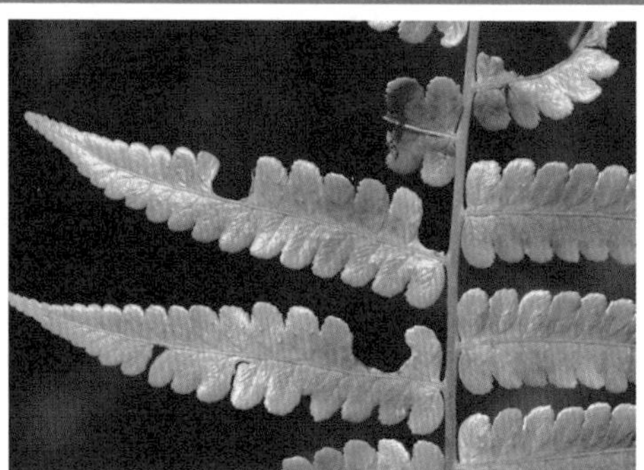

第一部分
蕨类植物

蕨类植物是一类起源比较古老的植物类群，是生物多样性重要的组成部分，其对人们的生产生活及自然生态系统有着重要的经济价值和生态价值。我国拥有古老的植物区系和复杂的地理环境，是蕨类植物物种数量较多的国家之一。全世界蕨类植物有10000~12000种，而在我国分布的就有2200~2600种，占世界蕨类植物种类的1/5左右。蕨类植物类群繁复多样的生态类型和独特的适应方式，对于植物系统演化等方面的研究具有重要的科学价值。蕨类植物虽然没有鲜亮的花果，但与我们的生活却有着密切的联系，许多蕨类具有药用、食用和园林价值。如金毛狗具有通血脉、利关节、强腰背、壮筋骨、治顽痹、补肝肾、除湿、利尿通淋等功效，扇蕨的根状茎有解毒、消肿祛湿之效，瓶尔小草全草入药，可用于治疗毒蛇咬伤、胃痛、疔疮、身痒等病症，还有一些蕨类的拳卷叶芽可做蔬菜。

近年来由于人类对一些蕨类植物无节制地挖掘利用，或是植物生境的大规模破坏，导致一些对生态环境极为敏感的类群或其本身有进化劣势的类群处于濒危甚至物种灭绝的状态。如对具有很好观赏价值的观音坐莲属（*Angiopteris*）植物的大量挖掘破坏，对具有药用价值的马尾杉属（*Phlegmariurus*）、石杉属（*Huperzia*）植物的过度采挖，导致它们的数量急剧下降。我国是一个蕨类植物较为丰富的国家，却有约30%的蕨类植物资源面临着严峻的生存威胁。

本书共收录了分布于长江流域的11种蕨类保护植物，其中国家Ⅰ级保护植物2种，国家Ⅱ级保护植物8种，其他1种。蕨类植物与其他植物共同构成我们生活的生态环境，加强对蕨类植物的保护是我们不可推卸的责任。

铁线蕨科 Adiantaceae
铁线蕨属 *Adiantum*

荷叶铁线蕨

Adiantum nelumboides X.C. Zhang

分布及生境

特产于四川（万县、涪陵、石柱县），成片生于海拔 350m 覆有薄土的岩石上及石缝中。

形态特征

草本，植株高 5~20cm。根状茎短而直立，先端密被棕色披针形鳞片。叶簇生，单叶；柄深栗色，基部密被与根状茎上相同的鳞片；叶片圆形或圆肾形，叶柄着生处有一或深或浅的缺刻，两侧垂耳有时扩展而彼此重叠，叶片上面围绕着叶柄着生处，形成 1~3 个同心圆圈，叶片的边缘有圆钝齿牙，能育叶由于边缘反卷成假囊群盖而齿牙不明显，叶片下面被稀疏的棕色多细胞的长柔毛。叶脉由基部向四周辐射，多回二岐分枝，两面可见。叶干后草绿色，天然枯死呈褐色，纸质或坚纸质。囊群盖圆形或近长方形，上缘平直，沿叶边分布，彼此接近或有间隔，褐色，膜质，宿存。

保护等级及保护价值

国家Ⅰ级保护植物，中国特有种，IUCN 等级 CR。荷叶铁线蕨植株形体小巧、别致优美，叶片形似荷叶，自发现以来，其不仅作为第四纪孑遗植物引起了植物学家的关注，还作为一种新型的观赏植物引起了园林学家的重视。

乌毛蕨科 Blechnaceae
苏铁蕨属 *Brainea*

苏铁蕨

Brainea insignis（Hook.）J. Sm.

分布及生境

产于广东、广西、福建南部（安溪、平和、云霄）及云南（河口、屏边、澜沧、江城、富宁、孟连），生于海拔 450~1700m 的山坡向阳地方。

形态特征

主轴直立或斜上，单一或有时分叉，黑褐色，顶部与叶柄基部均密被鳞片；鳞片线形，先端钻状渐尖，边缘略具缘毛，膜质。叶簇生于主轴的顶部，略呈二形；叶柄光滑或下部略显粗糙；叶椭圆披针形，一回羽状；羽片对生或互生，线状披针形至狭披针形，先端长渐尖，基部为不对称的心脏形，近无柄，边缘有细密的锯齿，下部羽片略缩短，羽片基部略覆盖叶轴，向上的羽片密接或略疏离，斜展，中部羽片最长，羽片基部紧靠叶轴；能育叶与不育叶同形，边缘有时呈不规则的浅裂。叶脉两面均明显，沿主脉两侧各有 1 行网眼，网眼外的小脉分离，单一或一至二回分叉。叶下面光滑或于下部有少数棕色披针形小鳞片；叶轴上面有纵沟。孢子囊群沿主脉两侧的小脉着生，成熟时逐渐满布于主脉两侧。

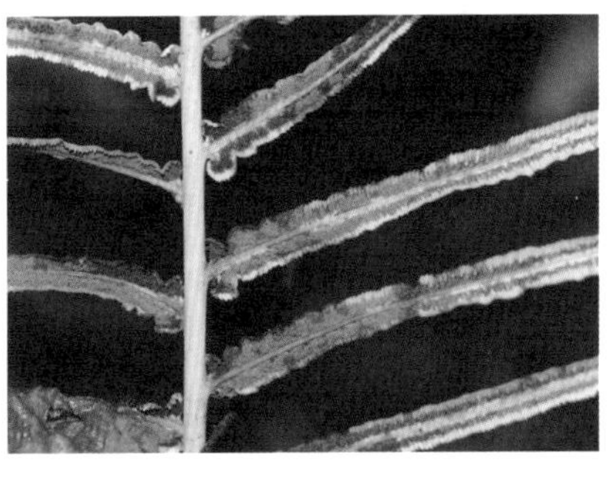

保护等级及保护价值

国家Ⅱ级保护植物，IUCN 等级 VU。苏铁蕨对于研究古植物区系和蕨类植物进化有很重要的学术价值；同时，其形似苏铁，具有较高的观赏价值；苏铁蕨以幼叶、叶柄或根茎入药，具有活血等功效。

金毛狗科 Cibotiaceae
金毛狗属 *Cibotium*

金毛狗蕨

Cibotium barometz（L.）J. Sm.

分布及生境

产于云南、贵州、四川南部、广东、广西、福建、浙江、江西和湖南南部（江华县），生于山麓沟边及林下阴处酸性土上。

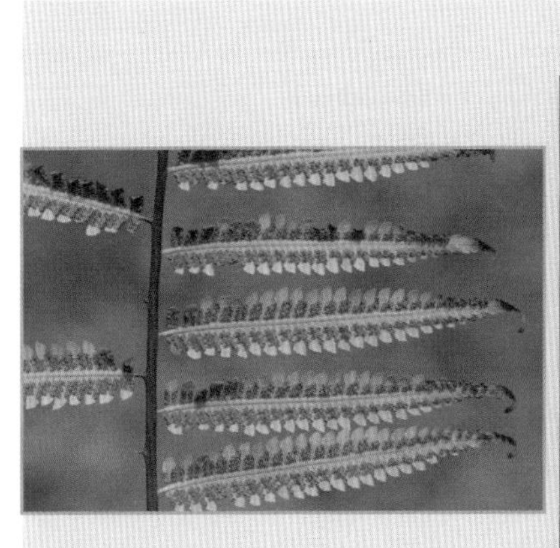
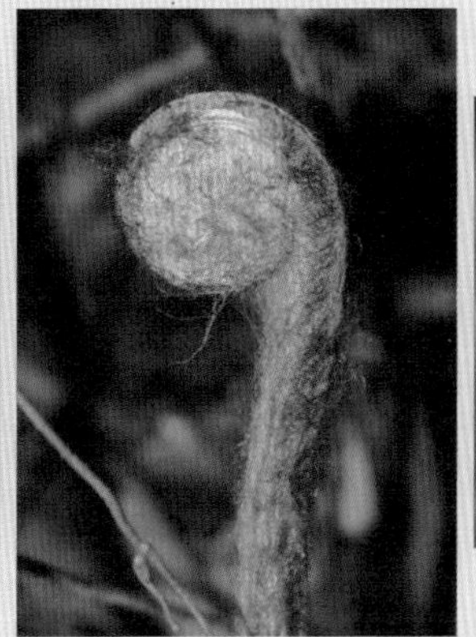
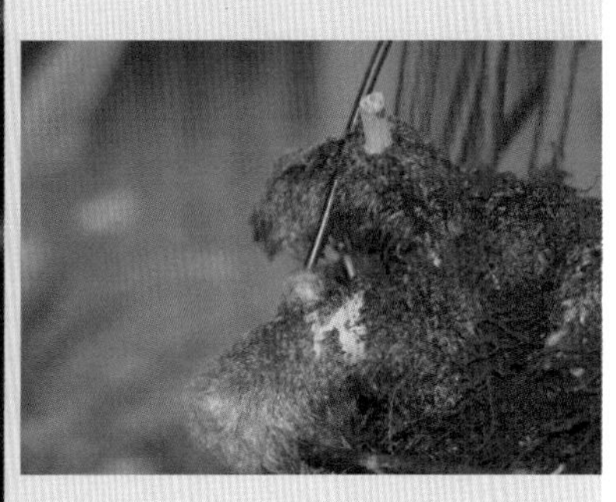

形态特征

多年生草本。根状茎卧生，粗大，顶端生出一丛大叶，基部被有一大丛垫状的金黄色茸毛；叶片大，长宽约相等，广卵状三角形，三回羽状分裂；下部羽片为长圆形，有柄，互生，远离；一回小羽片，互生，开展，接近，有小柄，线状披针形，长渐尖，基部圆截形，羽状深裂几达小羽轴；末回裂片线形略呈镰刀形，尖头，开展，上部的向上斜出，边缘有浅锯齿，向先端较尖，中脉两面凸出，侧脉两面隆起，斜出，单一，但在不育羽片上分为二叉。叶几为革质或厚纸质，干后上面褐色，有光泽，下面为灰白或灰蓝色，两面光滑，或小羽轴上下两面略有短褐毛疏生；孢子囊群在每一末回能育裂片 1~5 对，生于下部的小脉顶端，囊群盖坚硬，两瓣状，内瓣较外瓣小，成熟时张开如蚌壳，露出孢子囊群；孢子为三角状的四面形，透明。

保护等级及保护价值

国家Ⅱ级保护植物，IUCN 等级 LC。具有通血脉、利关节、强腰背、壮筋骨、治顽痹、补肝肾、除湿、利尿通淋等功效。

桫椤科 Cyatheaceae
桫椤属 *Alsophila*

粗齿桫椤

Alsophila denticulata Baker

分布及生境

产于浙江、福建、江西、广东、广西、云南、贵州、四川、重庆，生于海拔 350~1520m 的山谷疏林、常绿阔叶林下及林缘沟边。

形态特征

小乔木。主干短而横卧。叶簇生；叶柄红褐色，稍有疣状突起，基部生鳞片，向疣部光滑；鳞片线形淡棕色，边缘有疏长刚毛；叶片披针形，二回羽状至三回羽状；羽片互生，斜向疣，有短柄，长圆形，基部一对羽片稍缩短；小羽片长 7~8cm，先端短渐尖，无柄，深羽裂近达小羽轴，基部一或二对裂片分离；裂片斜向疣，边缘有粗齿；叶脉分离，单一或很少分叉，基部下侧一小脉出自主脉；羽轴红棕色，有疏的疣状突起，疏生狭线形的鳞片，较大的鳞片边缘有刚毛；小羽轴及主脉密生鳞片；鳞片顶部深棕色，基部淡棕色并为泡状，边缘有黑棕色刚毛。孢子囊群圆形，生于小脉中部或分叉疣；囊群盖缺；隔丝多，稍短于孢子囊。

保护等级及保护价值

国家Ⅱ级保护植物，IUCN 等级 LC。药用和观赏植物。

桫椤科 Cyatheaceae
桫椤属 *Alsophila*

大叶黑桫椤

Alsophila gigantea Wall. ex Hook.

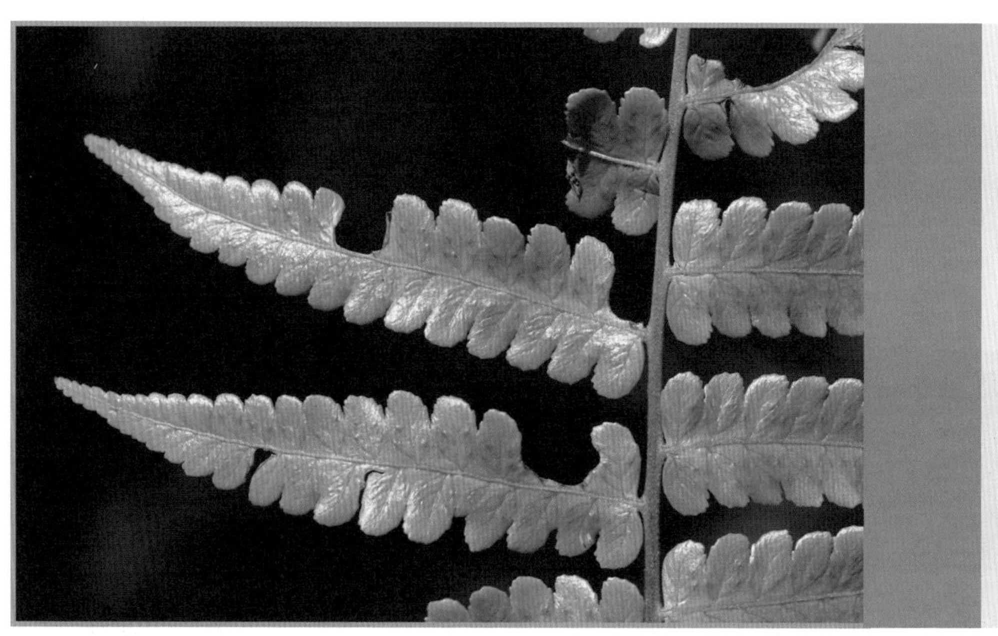

分布及生境

产于云南、广西、广东，通常生于海拔600~1000m溪沟边的密林下。

形态特征

小乔木。叶型大，长达 3m，叶柄长 1m 多，乌木色，粗糙，疏被头垢状的暗棕色短毛，基部、腹面密被棕黑色鳞片；鳞片条形，长达 2cm，光亮，平展；叶片三回羽裂，叶轴下部乌木色，粗糙，向疣渐呈棕色而光滑；羽片平展，有短柄，长圆形，顶端渐尖并有浅锯齿，羽轴下面近光滑，疣面疏被褐色毛；小羽片约 25 对，小羽轴相距 2~2.5cm，条状披针形，长约 10cm，宽 1.5~2cm，顶端渐尖并有浅齿，基部截形，羽裂占 1/2~3/4，小羽轴上面被毛，下面疏被小鳞片，主脉相距 4.5~6mm，阔三角形，向顶端稍变窄，钝头，边缘有浅钝齿；叶脉下面可见；叶为厚纸质，干后疣面深褐色，下面灰褐色，两面均无毛。孢子囊群位于主脉与叶缘之间，排列成 V 字形，无囊群盖，隔丝与孢子囊等长。

保护等级及保护价值

国家Ⅱ级保护植物，IUCN 等级 LC。药用和观赏植物。

桫椤科 Cyatheaceae
桫椤属 *Alsophila*

小黑桫椤

Alsophila metteniana Hance

分布及生境

产于福建、广东、贵州、四川、重庆、云南、江西，生于山坡林下、溪旁或沟边。

形态特征

小乔木。根状茎短而斜升，密生黑棕色鳞片。叶柄黑色，基部生宿存的鳞片；鳞片线形，淡棕色，光亮，有不明显的狭边；叶片三回羽裂；小羽片长 6~9cm，向顶端渐狭，深羽裂，基部一对裂片不分离；裂羽先端有小圆齿；叶脉分离，每裂片有小脉 5~6 对，单一，基部下侧一小脉出自主脉；羽轴红棕色近光滑，残留疏鳞片；鳞片小，灰色，少数较狭的鳞片先端有黑色的长刚毛；小羽轴的基部生鳞片；鳞片黑棕色，有灰色的边，先端呈弯曲的刚毛状，较小的鳞片灰色，基部稍为泡状，先端长刚毛状。孢子囊群生于小脉中部；囊群盖缺；隔丝多，其长度比孢子囊稍长或近相等。

保护等级及保护价值

国家Ⅱ级保护植物，IUCN 等级 DD。小黑桫椤对于研究植物起源、进化和地理区系具有重要价值，被称为“植物活化石”；根、茎可入药；具有园林观赏价值。

桫椤科 Cyatheaceae
桫椤属 *Alsophila*

桫椤

Alsophila spinulosa （Wall.ex Hook.） R. M. Tryon

分布及生境

产于福建、广东、广西、贵州、云南、四川、重庆、江西，生于海拔 260~1600m 山地溪傍或疏林中。

形态特征

小乔木。叶螺旋状排列于茎顶端；茎段端和拳卷叶以及叶柄的基部密被鳞片和鳞毛，鳞片暗棕色，有光泽，狭披针形；叶柄通常棕色，连同叶轴和羽轴有刺状突起；叶片长矩圆形，三回羽状深裂；羽片互生，基部一对缩短，中部羽片长矩圆形，二回羽状深裂；小羽片 18~20 对，基部小羽片稍缩短，披针形，基部宽楔形，无柄或有短柄，羽状深裂；裂片斜展，基部裂片稍缩短，镰状披针形，短尖头，边缘有锯齿；叶脉在裂片上羽状分裂；叶纸质，干后绿色；羽轴、小羽轴和中脉上面被毛，下面被灰白色小鳞片。孢子囊群孢生于侧脉分叉处，有隔丝，囊托突起；囊群盖球形，外侧开裂，成熟时反折覆盖于主脉上面。

保护等级及保护价值

国家Ⅱ级保护植物，IUCN 等级 NT。桫椤在古植被演化和蕨类植物系统发育等研究方面具有重要科研价值，在药用、园林应用中也具有广阔的开发前景。

鳞毛蕨科 Dryopteridaceae
贯众属 *Cyrtomium*

单叶贯众

Cyrtomium hemionitis Christ

分布及生境

产于贵州南部、云南南部，生于海拔 1100~1800m 林下。

形态特征

草本，植株高 4~28cm。根茎直立，密被披针形深棕色鳞片。叶簇生，叶柄长 4~28cm，基部直径 1~3mm，禾秆色，腹面有浅纵沟，通体有披针形深棕色鳞片，鳞片边缘全缘或有睫毛状小齿，常扭曲；叶通常为单叶（即仅具 1 片顶生羽片），三角卵形，心形，下部两侧常有钝角状突起，长 4~12cm，宽 35~10cm，先端急尖或渐尖，基部深心形，边缘全缘；有时下部深裂成一对裂片或成 1 对分离的羽片；具 3 出脉或 5 出脉，小脉联结成多行网眼，腹面微凸出，背面不明显。叶背面有毛状小鳞片。孢子囊群遍布羽片背面；囊群盖圆形，盾状，边缘有小齿。

保护等级及保护价值

国家Ⅱ级保护植物，IUCN 等级 EN。中草药，具有清凉解毒、凉血止血、杀虫之功效。

鳞毛蕨科 Dryopteridaceae
玉龙蕨属 *Sorolepidium*

玉龙蕨

Sorolepidium glaciale Christ

分布及生境

产于四川、云南和西藏，生于海拔 3200~4700m 高山冰川穴洞、岩缝。

形态特征

草本，植株全体密被鳞片或长柔毛，鳞片初为红棕色，老时变为苍白色，卵状或阔披针形，先端纤维状，边缘有睫毛；叶簇生；柄褐棕色，向上禾秆色，上面有2条纵走沟槽，直通叶轴；叶片线形，一回羽状，羽片约28对，互生，近无柄，长圆形，长约1cm，宽约3mm，圆头，基部对称，近圆形，全缘或略浅裂。叶脉分离，羽状，小脉单一，伸达叶边，通常被鳞毛覆盖，不见。叶厚革质，干后黑褐色，两面密被灰白色的长柔毛，羽轴及主脉下面密被淡棕色，阔披针形，先端纤维状鳞片。孢子囊群圆形，生于小脉顶端，位主脉与叶边之间，无囊群盖，通常被鳞片所覆盖。

保护等级及保护价值

国家Ⅰ级保护植物，IUCN等级NT。对研究亚洲高山或喜马拉雅山脉蕨类植物系统演化及东亚植物区系有重要价值，也是研究蕨类形态和生态关系的重要物种。

瓶尔小草科 Ophioglossaceae
瓶尔小草属 *Ophioglossum*

狭叶瓶尔小草

Ophioglossum thermale Kom.

分布及生境

产于陕西、湖北、四川、云南、江西（庐山）及江苏等地，生于山地草坡上或温泉附近。

形态特征

草本。根状茎细短，直立，有一簇细长不分枝的肉质根，向四面横走如匍匐茎，在先端发生新植物。叶单生或2~3叶同自根部生出，总叶柄长3~6cm，纤细，绿色或下部埋于土中，呈灰白色；营养叶为单叶，每梗一片，无柄，长2~5cm，宽3~10mm，倒披针形或长圆倒披针形，向基部为狭楔形，全缘，先端微尖或稍钝，草质，淡绿色，具不明显的网状脉，但在光下则明晰可见。孢子叶自营养叶的基部生出，柄长5~7cm，高出营养叶，孢子囊穗长2~3cm，狭线形，先端尖，由15~28对孢子囊组成。孢子灰白色，近于平滑。

保护等级及保护价值

IUCN等级NT。全草入药，其性味苦、甘、凉，具清热解毒、活血散瘀之功效，用于毒蛇咬伤、胃痛、疔疮、身痒、跌打损伤和瘀血肿痛等的治疗。

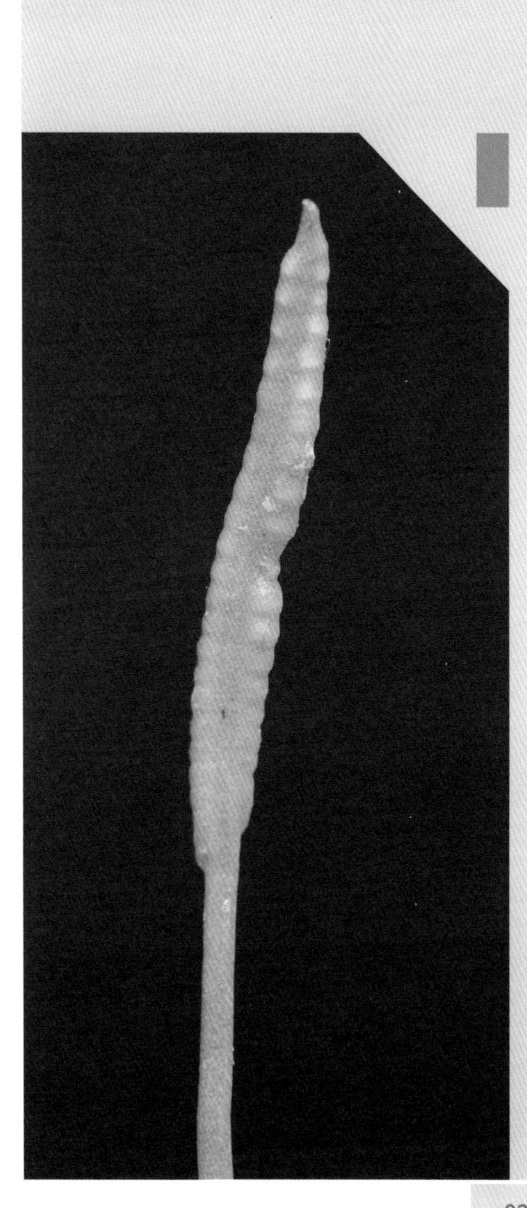

水龙骨科 Polypodiaceae
扇蕨属 *Neocheiropteris*

扇蕨

Neocheiropteris palmatopedatum (Baker) Christ

分布及生境

产于四川、贵州和云南，生于海拔 1500~2700m 密林下或山崖林下。

形态特征

草本，植株高达65cm。根状茎粗壮横走，密被鳞片；鳞片卵状披针形，长渐尖头，边缘具细齿。叶远生；叶柄长30~45cm；叶片扇形，长25~30cm，宽相等或略超过，鸟足状掌形分裂，中央裂片披针形，长17~20cm，宽2.5~3cm，两侧的向外渐短，全缘，干后纸质，下面疏被棕色小鳞片。叶脉网状，网眼密，有内藏小脉。孢子囊群聚生裂片下部，紧靠主脉，圆形或椭圆形。

保护等级及保护价值

国家Ⅱ级保护植物，IUCN等级LC，中国特有种。该属植物的系统位置特殊，对水龙骨科的系统演化，特别是对水龙骨科各类群的系统关系研究具有相当重要的价值。扇蕨叶形奇特，是观赏蕨类中的珍品，也是一种常用的中草药，其根状茎有解毒、消肿祛湿之效。

第二部分

陆生草本植物

中国拥有历史悠久的中医传统和中草药文化。据统计，中国大约有 12000 种药用植物，如果以《中国植物志》所记载我国共有 31142 种植物来计算，我国每三种植物中就有一种是中草药。长江流域以汉族人口为主，同时流域内还有侗、回、布依、瑶、白、纳西、哈尼、傣、傈僳、羌等 50 多个少数民族。大约有 80% 的少数民族都有自己的民族医药，共计 3700 种之多。其中藏药、傣药、彝药、畲药等都分布在长江流域。

长江流域丰富的陆生草本资源为民族医药和流域内人们的身体健康提供了重要的天然珍贵资源，同时它们在维持流域内生态系统的稳定和可持续方面也发挥着重要的作用。中国有天然草地面积 3.31 亿公顷，为世界第二草地大国，其中高寒草甸类草地面积最大，占全国草地面积的 17.8%；其次是温性草原类草地、高寒草原类草地、温性荒漠类草地，三类草地各占全国草地面积的 10% 左右。随着人类活动的加剧，长江流域上游源区及中下游的生态系统都面临着严重的威胁，高寒草甸初级生产力下降，源区草地面积整体减少，生态系统呈现明显的草甸草原化、草原沙漠化等生态退化趋势。

本书收录了长江流域 25 种陆生草本植物，其中国家Ⅰ级保护植物 4 种，国家Ⅱ级保护植物 17 种，其他 4 种。除星叶草、黄山梅、叉叶蓝、独花兰、毛瓣杓兰、斑叶杓兰外，其他都是重要的药用植物。如羽叶点地梅，其藏药名“热衮巴”，藏医用以治疗肝炎、高血压、子宫出血、月经不调及关节炎等症。桃儿七也是传统藏药，具有调经活血功能，可用于治疗血瘀经闭等。

伞形科 Apiaceae
明党参属 *Changium*

明党参

Changium smyrnioides Fedde ex H. Wolff

分布及生境

产于江苏（句容、宜兴、南京、苏州、镇江）、安徽（安庆、芜湖、滁县）、浙江（吴兴、萧山），生于山地土壤肥厚的地方或山坡岩石缝隙中。模式标本采自浙江吴兴（湖州）弁山。

形态特征

多年生草本。主根纺锤形或长索形，内部白色。茎高50~100cm，表面被白色粉末，侧枝上的小枝互生或对生。基生叶有柄；叶片三出式的2~3回羽状全裂，一回羽片广卵形，二回羽片卵形或长圆状卵形，三回羽片卵形或卵圆形；茎上部叶缩小呈鳞片状或鞘状。复伞形花序顶生或侧生；总苞片无或1~3；伞辐4~10；小总苞片顶端渐尖；顶生的伞形花序几乎全孕，侧生的伞形花序多数不育；萼齿小；花瓣长圆形或卵状披针形，顶端渐尖而内折；花柱基隆起，花柱幼时直立，果熟时向外反曲。果实圆卵形至卵状长圆形，果棱不明显，胚乳腹面深凹，油管多数。花期4月。

保护等级及保护价值

国家II级保护植物，中国特有种，IUCN等级VU。明党参是我国东部特有植物，是名贵的药材，有滋补强壮、润肺化痰、养阴和胃及平肝解毒之功效，常作药膳及滋补强壮剂用；明党参是中国特有单种属植物，在研究伞形科植物的亲缘关系上有一定的科学意义。

伞形科 Apiaceae
珊瑚菜属 *Glehnia*

珊瑚菜

Glehnia littoralis Fr. Schmidt ex Miq.

分布及生境

产于我国江苏、浙江、福建、广东等省，常生长于海边沙滩或肥沃疏松的沙质土壤。

形态特征

多年生草本，全株被白色柔毛。根细长，圆柱形或纺锤形，表面黄白色。叶多数基生，厚质，有长柄，叶柄长 5~15cm；叶片轮廓呈圆卵形至长圆状卵形，三出式分裂至三出式二回羽状分裂，末回裂片倒卵形至卵圆形，边缘有缺刻状锯齿，齿边缘为白色软骨质；叶柄和叶脉上有细微硬毛；茎生叶与基生叶相似，叶柄基部逐渐膨大成鞘状，有时茎生叶退化成鞘状。复伞形花序顶生，密生浓密的长柔毛，花序梗有时分枝；伞辐 8~16，不等长；无总苞片；小总苞数片，线状披针形；小伞形花序有花 15~20，花白色；萼齿 5，卵状披针形，被柔毛；花瓣白色或带堇色。果实近圆球形或倒广卵形，密被长柔毛及绒毛，果棱有木栓质翅；分生果的横剖面半圆形。花果期 6–8 月。

保护等级及保护价值

国家Ⅱ级保护植物，IUCN 等级 CR。根药用，商品药材“北沙参”，有清肺、养阴止咳的功效，用于阴虚肺热干咳、虚痨久咳、热病伤津、咽干口渴诸症。在江苏连云港，民间也有将根磨粉供食用的。珊瑚菜对于海岸固沙和盐碱土的改良也极为重要。另外，本种对于研究伞形科植物的系统发育、种群起源，以及东亚与北美植物区系均有一定的科学价值。

小檗科 Berberidaceae
鬼臼属 *Dysosma*

八角莲

Dysosma versipellis（Hance）M. Cheng

分布及生境

产于湖南、湖北、浙江、江西、安徽、广东、广西、云南、贵州、四川、河南、陕西，生于海拔 300~2400m 山坡林下、灌丛中、溪旁阴湿处、竹林下或石灰山常绿林下。

形态特征

多年生草本。根状茎粗壮，横生，多须根；茎直立，不分枝，无毛，淡绿色。茎生叶薄纸质，互生，盾状，4~9 掌状浅裂，裂片阔三角形，卵形或卵状长圆形，长 2.5~4cm，基部宽 5~7cm，先端锐尖，不分裂，叶脉明显隆起，边缘具细齿；花深红色，簇生于离叶基部不远处；萼片长圆状椭圆形，长 0.6~1.8cm，宽 6~8mm，先端急尖；花瓣勺状倒卵形，长约 2.5cm，宽约 8mm，无毛；雄蕊 6，长约 1.8cm，花丝短于花药，药隔先端急尖，无毛；子房椭圆形，无毛，花柱短，柱头盾状。浆果椭圆形，长约 4cm，直径约 3.5cm。种子多数。花期 3–6 月，果期 5–9 月。

保护等级及保护价值

国家Ⅱ级保护植物，中国特有种，IUCN 等级 VU。八角莲根状茎供药用，治跌打损伤、关节酸痛、毒蛇咬伤等，为民间常用的传统中草药。

小檗科 Berberidaceae
桃儿七属 *Sinopodophyllum*

桃儿七

Sinopodophyllum hexandrum （Royle） T. S. Ying

分布及生境

产于云南、四川、西藏、甘肃、青海和陕西，生于海拔2200~4300m林下、林缘湿地、灌丛或草丛中。

形态特征

多年生草本。根状茎粗短，多须根；茎直立，单生，具纵棱。叶 2 枚，薄纸质，非盾状，基部心形，3~5 深裂几达中部，裂片不裂或有时 2~3 小裂，裂片先端急尖或渐尖；叶柄长 10~25cm，具纵棱。花先叶开放，单生，两性，粉红色，不具蜜腺；萼片 6，早萎；花瓣 6，倒卵形或倒卵状长圆形，先端略呈波状；雄蕊 6，花丝较花药稍短，花药线形，纵裂，先端圆钝；雌蕊 1，子房椭圆形，1 室，侧膜胎座，含多数胚珠，花柱短，柱头头状。浆果卵圆形，熟时橘红色，浆果不裂。种子卵状三角形，红褐色，无肉质假种皮。花期 5–6 月，果期 7–9 月。

保护等级及保护价值

国家Ⅱ级保护植物，IUCN 等级 LC，为传统藏药，具有调经活血功能、消肿祛湿之效。现代药理学研究表明，桃儿七果实也具有较好的抗癌、抗肿瘤作用。

石竹科 Caryophyllaceae
金铁锁属 *Psammosilene*

金铁锁

Psammosilene tunicoides W. C. Wu et C. Y. Wu

分布及生境

产于四川、云南、贵州、西藏，生于金沙江和雅鲁藏布江沿岸海拔 2000~3800m 的砾石山坡或石灰质岩石缝中。模式标本采自云南（丽江）。

形态特征

多年生草本。根长倒圆锥形，棕黄色。茎铺散，平卧，长达 35cm，2 叉状分枝，常带紫绿色。叶片卵形，基部宽楔形或圆形，顶端急尖，上面被疏柔毛，下面沿中脉被柔毛。三岐聚伞花序密被腺毛；花直径 3~5mm；花梗短或近无；花萼筒状钟形，基部缺苞片，密被腺毛，纵脉凸起，绿色，直达齿端，萼齿三角状卵形，顶端钝或急尖；花瓣紫红色，狭匙形，全缘；雄蕊 5，明显外露，长 7~9mm，花丝无毛，花药黄色；子房狭倒卵形，长约 7mm；花柱长约 3mm。蒴果棒状，具 1 种子，长约 7mm；种子狭倒卵形，长约 3mm，褐色。花期 6–9 月，果期 7–10 月。

保护等级及保护价值

国家Ⅱ级保护植物，中国特有种，IUCN 等级 EN。金铁锁为我国特有的单种属植物，是研究石竹科系统分类和进化极其宝贵的材料，又是常用的中药材，有一定的经济价值。根入药，主要药用成分总皂苷有镇痛、抗炎、止血、免疫调节等多种药效作用。

星叶草科 Circaeasteraceae
星叶草属 *Circaeaster*

星叶草

Circaeaster agrestis Maxim.

分布及生境

产于西藏东部、云南西北部、四川西部、陕西南部、甘肃南部、青海东部及湖北西部，生于海拔 2100~4000m 山谷沟边、林中或湿草地。

形态特征

一年生小草本，高 3~10cm。宿存的 2 子叶和叶簇生；子叶线形或披针状线形，长 4~11mm，宽 0.6~2mm，无毛；叶菱状倒卵形、匙形或楔形，长 0.35~2.3cm，宽 1~11mm，基部渐狭，边缘上部有小牙齿，齿顶端有刺状短尖，无毛，背面粉绿色。花小，萼片 2~3，狭卵形，长约 0.5mm，无毛；雄蕊 1~2（~3），长 0.6~1mm，无毛，花药椭圆球形，长约 0.1mm，花丝线形；心皮 1~3，比雄蕊稍长，无毛，子房长圆形，花柱不存在，柱头近椭圆球形。瘦果狭长圆形或近纺锤形，长 2.5~3.8mm，有密或疏的钩状毛。偶尔无毛。花期 4–7 月，果期 8–9 月。

保护等级及保护价值

IUCN 等级 LC。被子植物中较原始的类群，在植物系统演化中极具研究价值。

唇形科 Lamiaceae
子宫草属 *Skapanthus*

葶花

Skapanthus oreophilus （Diels） C. Y. Wu et H. W. Li

分布及生境

产于云南西北部，生于海拔 2700~3100m 的松林下或林缘草坡上。模式标本采自云南丽江。

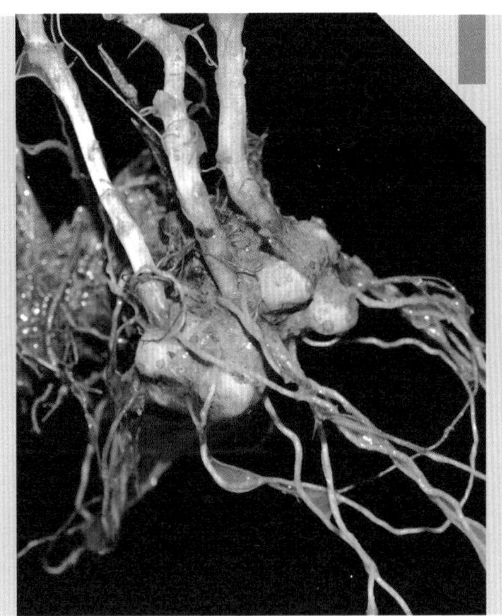

形态特征

多年生草本；根茎细长，末端呈疙瘩状，木质，向下生出纤细须根。茎单一，纤细，花葶状，四棱形，具四槽，密被具节微柔毛。叶常 4~6 片呈密莲座状生于茎基部，阔卵圆形或菱状卵圆形，先端钝，边缘在基部以上具圆齿，草质。聚伞花序 3~5 花，疏离，具梗，下部者最长，向上变短。花萼宽钟形，外面密被腺微柔毛及棕色腺点，内面无毛，深 2 裂，呈 3/2 式二唇形，上唇较短，具 3 齿，下唇较长大，具 2 齿，齿均卵状三角形，先端具胼胝体。花冠紫蓝色，雄蕊 4，二强，均内藏。花柱丝状，先端 2 浅裂。花盘杯状，前方微隆起。小坚果圆球形，径约 1mm，浅黄色，光滑。花期 7–8 月，果期 9–10 月。

保护等级及保护价值

国家Ⅱ级保护植物，中国特有种。在云南丽江此物种以根入药，主治月经不调。

藜芦科 Melanthiaceae
延龄草属 *Trillium*

延龄草

Trillium tschonoskii Maximowicz

分布及生境

产于西藏、云南、四川、陕西、甘肃、安徽及湖北等省、自治区，生于海拔1000~3200m林下、山谷阴湿处、山坡或路旁岩石下。

形态特征

草本。茎丛生于粗短的根状茎上，高 15~50cm。叶大，菱状圆形或菱形，宽 5~17cm，近无柄。花较大，直径 3~5cm；花梗长 1~4cm；外轮花被片卵状披针形，绿色，长 1.5~2cm，宽 5~9mm，内轮花被片白色，少有淡紫色，卵状披针形，长 1.5~2.2cm，宽 4~6(~10)mm；花柱长 4~5mm；花药长 3~4mm，短于花丝或与花丝等长，顶端有稍突出的药隔；子房圆锥状卵形，长 7~9mm，宽 5~7mm。浆果圆球形，直径 1.5~1.8cm，黑紫色，有多数种子。花期 4–6 月，果期 7–8 月。

保护等级及保护价值

著名中药材，IUCN 等级 LC。以干燥根、根茎及果实入药，该药味甘、性平，有小毒，具有镇静安神、活血止血、解毒等功效，主治高血压、神经衰弱、眩晕头痛、跌打损伤、外伤出血等。

兰科 Orchidaceae
独花兰属 *Changnienia*

独花兰

Changnienia amoena S. S. Chien

分布及生境

产于陕西南部、江苏、安徽、浙江、江西、湖北、湖南和四川，生于海拔400~1800m的疏林下腐殖质丰富的土壤上或沿山谷荫蔽处。

形态特征

多年生草本。假鳞茎近椭圆形或宽卵球形，长1.5~2.5cm，宽1~2cm，肉质，有2节，被膜质鞘。叶1枚，宽卵状椭圆形，长6.5~11.5cm，宽5~8.2cm，先端急尖或短渐尖，背面紫红色；花葶长10~17cm，紫色，具2枚鞘；鞘膜质；花大，白色而带肉红色或淡紫色晕，唇瓣有紫红色斑点；萼片长圆状披针形，长2.7~3.3cm；花瓣狭倒卵状披针形，长2.5~3cm，宽1.2~1.4cm；唇瓣略短于花瓣，3裂，基部有距；侧裂片直立，斜卵状三角形；中裂片平展，宽倒卵状方形，先端和上部边缘具不规则波状缺刻；唇盘上在两枚侧裂片之间具5枚褶片状附属物；距角状；蕊柱两侧有宽翅。花期4月。

保护等级及保护价值

国家Ⅱ级保护植物，中国特有种，IUCN等级EN。独花兰是我国特有的单种属植物，不仅对兰科植物系统演化研究有一定的学术价值，而且是优良的野生花卉与珍贵的药用植物，具有较高的经济价值。

兰科 Orchidaceae
杓兰属 *Cypripedium*

毛瓣杓兰

Cypripedium fargesii Franch.

分布及生境

产于甘肃南部（武都）、湖北西部及四川东北部至西部，生于海拔 1900~3200m 灌丛下、疏林中或草坡上腐殖质丰富处。模式标本采自重庆城口。

形态特征

草本，植株高约10cm，具粗壮、较短的根状茎。茎直立，包藏于2~3枚近圆筒形的鞘内，顶端具2枚叶。叶近对生，铺地；叶片宽椭圆形至近圆形，上面绿色并有黑栗色斑点。花葶顶生，具1花；花序柄长3~6cm，无毛；花苞片不存在；子房具3棱，棱上被短柔毛；花较美丽；萼片淡黄绿色，中萼片基部有密集的栗色粗斑点，花瓣带白色，内表面有淡紫红色条纹，外表面有细斑点，唇瓣黄色而有淡紫红色细斑点；中萼片卵形至宽卵形，背面脉上被微柔毛；合萼片椭圆状卵形，先端近急尖，具不甚明显的2齿；花瓣长圆形，内弯而围抱唇瓣；唇瓣深囊状，近球形，腹背压扁，囊的前方表面具小疣状突起。花期5–7月。

保护等级及保护价值

国家Ⅰ级保护植物，IUCN等级EN，中国特有种。潜在花卉开发资源。

兰科 Orchidaceae
杓兰属 *Cypripedium*

斑叶杓兰

Cypripedium margaritaceum Franch.

分布及生境

产于四川西南部和云南西北部，生于海拔 2500~3600m 草坡上或疏林下。

形态特征

草本，植株高约10cm，茎直立，较短，为数枚叶鞘所包，顶端具2枚叶。叶近对生，铺地；叶片宽卵形至近圆形，长10~15cm，宽7~13cm，先端钝或具短尖头，上面暗绿色并有黑紫色斑点。花序顶生，具1花；花序柄长4~5cm，无毛；花苞片不存在；子房多少弯曲，有3棱，棱上疏被短柔毛；花较美丽，萼片绿黄色有栗色纵条纹，花瓣与唇瓣白色或淡黄色而有红色或栗红色斑点与条纹；中萼片宽卵形，先端钝或具短尖头，背面脉上有短毛，边缘有乳突状缘毛；合萼片椭圆状卵形，先端钝并有很小的2齿，边缘亦有乳突状缘毛；花瓣斜长圆状披针形，向前弯曲并围抱唇瓣，先端急尖，背面脉上被短毛；唇瓣囊状，近椭圆形，腹背压扁，囊的前方表面有小疣状突起；退化雄蕊近圆形至近四方形，上面有乳头状突起。花期5–7月。

保护等级及保护价值

国家Ⅰ级保护植物，中国特有种和极小种群种，IUCN等级EN。潜在花卉开放资源。

兰科 Orchidaceae
石斛属 *Dendrobium*

黄石斛

Dendrobium catenatum C.Z.Tang et.S.J.cheng

分布及生境

产于河南西南部（南召）、安徽西南部（霍山），生于山地林中树干上和山谷岩石上。模式标本采自安徽（霍山）。

形态特征

草本，茎直立，肉质，从基部上方向上逐渐变细，不分枝，具3~7节，淡黄绿色，干后淡黄色。叶革质，2~3枚互生于茎的上部，斜出，舌状长圆形，先端钝并且微凹，基部具抱茎的鞘。总状花序1~3个，具1~2朵花；花淡黄绿色，开展；中萼片卵状披针形，先端钝，具5条脉；侧萼片镰状披针形，先端钝，基部歪斜；萼囊近矩形，末端近圆形；花瓣卵状长圆形，具5条脉；唇瓣近菱形，长和宽约相等，1~1.5cm，上部稍3裂，两侧裂片之间密生短毛，近基部处密生长白毛；中裂片半圆状三角形，先端近钝尖，基部密生长白毛并且具1个黄色横椭圆形的斑块；蕊柱淡绿色，长约4mm，具长7mm的蕊柱足；蕊柱足基部黄色，密生长白毛，两侧偶然具齿突；药帽绿白色，近半球形，顶端微凹。花期5月。

保护等级及保护价值

国家Ⅰ级保护植物，IUCN等级CR，中国特有种。著名中草药，含有石斛多糖、石斛碱及人体所需的多种氨基酸，在抗氧化、抗衰老，治疗白内障及降糖保肝等方面有很好的治疗作用。

兰科 Orchidaceae
天麻属 *Gastrodia*

天麻

Gastrodia elata Blume

分布及生境

产于陕西、甘肃、江苏、安徽、浙江、江西、河南、湖北、湖南、四川、贵州、云南和西藏，生于海拔400~3200m疏林下，林中空地、林缘，灌丛边缘。

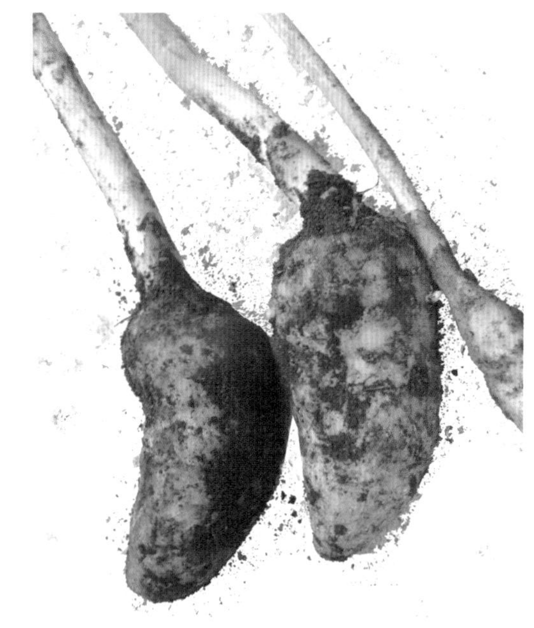

形态特征

多年生草本。根状茎肥厚，块茎状，椭圆形至近哑铃形，肉质，长 8~12cm，直径 3~5（~7）cm，具较密的节，节上被许多三角状宽卵形的鞘。茎直立，橙黄色、黄色、灰棕色或蓝绿色，无绿叶，下部被数枚膜质鞘。总状花序长 5~30（~50）cm；花苞片长圆状披针形，长 1~1. 5cm，膜质；花扭转，橙黄、淡黄、蓝绿或黄白色，近直立；萼片和花瓣合生成的花被筒长约 1cm，直径 5~7mm，近斜卵状圆筒形，顶端具 5 枚裂片；外轮裂片（萼片离生部分）卵状三角形；内轮裂片（花瓣离生部分）近长圆形。蒴果倒卵状椭圆形，长 1. 4~1. 8cm，宽 8~9mm。花果期 5–7 月。

保护等级及保护价值

国家Ⅱ级保护植物，CITES 等级Ⅱ级。天麻是名贵中药，用以治疗头晕目眩、肢体麻木、小儿惊风等症，具有镇静催眠、抗抑郁、抗癫痫、降血压、抗血栓、抗衰老、抗氧化等作用。

罂粟科 Papaveraceae
绿绒蒿属 *Meconopsis*

红花绿绒蒿

Meconopsis punicea Maxim.

分布及生境

产于四川西北部、西藏东北部、青海东南部和甘肃西南部，生于海拔 2800~4300m 山坡草地。模式标本采自四川西北部和西藏东北部的邻近地区。

形态特征

多年生草本，高达 75cm。须根纤维状。茎基部具宿存的叶基，其上被具多短分枝的刚毛。叶基、叶、花葶、萼片、子房及蒴果均密被淡黄或深褐色分枝刚毛。叶全基生，莲座状，倒披针形或窄倒卵形，长 3~18cm，先端尖，基部渐窄下延，全缘，具数纵脉：叶柄长 6~34cm，基部稍鞘状。花葶 1~6, 常具肋，花单生于基生花攀上；萼片卵形，长 1.5~4cm；花瓣 4（6），椭圆形，长 3~10cm，花瓣红色；花丝条形，长 1~3cm；子房长 1~3cm，花柱极短，柱头 4~6 圆裂；蒴果椭圆状长圆形，长 1.8~2.5cm，无毛或密被淡黄色分枝刚毛，顶端 4~6 微裂；种子密被乳突。花果期 6~9 月。

保护等级及保护价值

国家Ⅱ级保护植物，中国特有种，IUCN 等级 LC。花茎及果入药，有镇痛止咳、固涩、抗菌的功效。

蓼科 Polygonaceae
荞麦属 *Fagopyrum*

金荞

Fagopyrum dibotrys（D. Don） Hara

分布及生境

产于我国华东、华中、华南及西南地区，生于海拔 250 ~3200m 山谷湿地、山坡灌丛处。

形态特征

多年生草本。根状茎木质化，黑褐色。茎直立，高 50~100cm，分枝，具纵棱，无毛。叶三角形，长 4~12cm，宽 3~11cm，顶端渐尖，基部近戟形，边缘全缘，两面具乳头状突起或被柔毛；托叶鞘筒状，膜质，褐色，长 5~10mm，偏斜，顶端截形，无缘毛。花序伞房状，顶生或腋生；苞片卵状披针形，顶端尖，边缘膜质，长约 3mm，每苞内具 2~4 花；花梗中部具关节，与苞片近等长；花被 5 深裂，白色，花被片长椭圆形，长约 2.5mm，雄蕊 8，比花被短，花柱 3，柱头头状。瘦果宽卵形，具 3 锐棱，长 6~8mm，黑褐色，无光泽，超出宿存花被 2~3 倍。花期 7–9 月，果期 8–10 月。

保护等级及保护价值

国家Ⅱ级保护植物，IUCN 等级 LC。金荞是我国传统药材，具有重要药用价值。块根供药用，清热解毒、排脓去瘀。现代药理研究发现，金荞具有较强的抗癌活性及增强机体自我免疫力等功能，在临床上可用于治疗糖尿病、高脂血症、风湿病等多种疾病。

报春花科 Primulaceae
羽叶点地梅属 *Pomatosace*

羽叶点地梅

Pomatosace filicula Maxim

分布及生境

产于青海（达日、玛多、兴海、泽库、贵德、湟源）、四川（石渠、德格、松潘）和西藏（比如），生于海拔 2800~4500m 高山草甸和河滩砂地。

形态特征

草本，具粗长的主根和少数须根。叶多数，叶片轮廓线状矩圆形，两面沿中肋被白色疏长柔毛，叶羽状深裂，先端钝或稍锐尖；叶柄甚短或长达叶片的1/2，被疏长柔毛，近基部扩展，略呈鞘状。花葶通常多枚自叶丛中抽出，疏被长柔毛；伞形花序（3）6~12花；苞片线形，疏被柔毛，花梗长1~12mm，无毛；花萼杯状或陀螺状，外面无毛，分裂略超过全长的1/3；花冠白色，5裂，冠筒长约1.8mm，冠檐直径约2mm，裂片矩圆状椭圆形，宽约0.8mm，先端钝圆。雄蕊着生于花冠筒的中下部至中上部；花药先端钝。蒴果近球形，周裂，通常具种子6~12粒。花期5–6月，果期6–8月。

保护等级及保护价值

国家Ⅱ级保护植物，中国特有种，IUCN等级LC。我国特有的单属种，对于研究报春花科的系统进化有一定的科学价值。羽叶点地梅藏药名“热衮巴”，藏医用以治疗肝炎、高血压、子宫出血、月经不调及关节炎等症。

毛茛科 Ranunculaceae
黄连属 *Coptis*

短萼黄连

Coptis chinensis Franch. var. *brevisepala* W. T. Wang et Hsiao

分布及生境

产于广西、广东、福建、浙江、安徽及湖北南部，生于海拔600~1600m山地沟边林下或山谷阴湿处。

形态特征

多年生草本。根状茎黄色，密生多数须根。叶片卵状三角形，三全裂，中央全裂片卵状菱形，长 3~8cm，宽 2~4cm，具长 0.8~1.8cm 的细柄，3 或 5 对羽状深裂，在下面分裂最深，深裂片彼此相距 2~6mm，边缘具细刺尖的锐锯齿，侧全裂片具长 1.5~5mm 的柄，斜卵形，不等二深裂；叶柄长 5~12cm，无毛。花葶 1~2 条，高 12~25cm；二岐或多岐聚伞花序有 3~8 朵花；苞片披针形，三或五羽状深裂；萼片较短，长约 6.5mm，仅比花瓣长 1/3~1/5；花瓣线形或线状披针形，长 5~6.5mm，顶端渐尖，中央有蜜槽；心皮 8~12，花柱微外弯。蓇葖长 6~8mm；种子 7~8 粒，长椭圆形，褐色。2–3 月开花，4–6 月结果。

保护等级及保护价值

国家Ⅱ级保护植物，中国特有种，IUCN 等级 EN。为我国常用中药，有清热燥湿、凉血解毒的功能。根状茎为著名中药“黄连”，含小檗碱、黄连碱、甲基黄连碱、掌叶防己碱等生物碱，可治急性结膜炎、急性细菌性痢疾、急性肠胃炎、吐血、痈疖疮疡等症。

毛茛科 Ranunculaceae
黄连属 *Coptis*

黄连

Coptis chinensis Franch.

分布及生境

产于四川、贵州、湖南、湖北、陕西南部，生于海拔 500~2000m 山地林中或山谷阴处。模式标本采自重庆城口。

形态特征

多年生草本。根状茎黄色，常分枝，密生多数须根。叶有长柄；叶片稍带革质，卵状三角形，宽达 10cm，三全裂，中央全裂片卵状菱形，长 3~8cm，宽 2~4cm，3 或 5 对羽状深裂，在下面分裂最深，深裂片彼此相距 2~6mm，边缘生锐锯齿，侧全裂片具长 1.5~5mm 的柄，斜卵形，比中央全裂片短，不等二深裂。花葶 1~2 条，高 12~25cm；二岐或多岐聚伞花序有 3~8 朵花；萼片长 9~12.5mm，宽 2~3mm；花瓣线形或线状披针形，长 5~6.5mm，顶端渐尖，中央有蜜槽。蓇葖果长 6~8mm，柄约与之等长；种子 7~8 粒，长椭圆形，长约 2mm，宽约 0.8mm，褐色。2–3 月开花，4–6 月结果。

保护等级及保护价值

国家Ⅱ级保护植物，中国特有种，IUCN 等级 VU。中国重要的传统中医用药。根状茎为著名中药“黄连”，含小檗碱、黄连碱、甲基黄连碱、掌叶防己碱等生物碱，可治急性结膜炎、急性细菌性痢疾、急性肠胃炎、痈疖疮疡等症。

毛茛科 Ranunculaceae
黄连属 *Coptis*

峨眉黄连

Coptis omeiensis（Chen）C. Y. Cheng

分布及生境

产于四川峨眉、峨边及洪雅一带，生于海拔 1000~1700m 山地悬崖或石岩上，或生于潮湿处。模式标本采自四川峨眉山。

形态特征

多年生草本植物。根状茎黄色，极少分岐，节间短。叶具长柄；叶片稍革质，轮廓披针形或窄卵形，三全裂，中央全裂片菱状披针形，顶端渐尖至长渐尖，基部有细柄，7~10 对羽状深裂，侧全裂片长仅为中央全裂片的 1/3~1/4，斜卵形，不等二深裂或近二全裂，两面的叶脉均隆起；叶柄无毛。花葶通常单一，直立；花序为多岐聚伞花序；苞片披针形，边缘具栉齿状细齿；萼片黄绿色，狭披针形，顶端渐尖；花瓣 9~12，线状披针形，长约为萼片的 1/2，中央有密槽；雄蕊 16~32，花药黄色；心皮 9~14。蓇葖果与心皮柄近等长；种子 3~4 粒，黄褐色，长椭圆形，光滑。2–3 月开花，4–7 月结果。

保护等级及保护价值

国家 II 级保护植物，中国特有种，IUCN 等级 EN。数量稀少；全草均可入药，峨眉黄连富含多种生物碱，常作为黄连的代用品。

毛茛科 Ranunculaceae
独叶草属 *Kingdonia*

独叶草

Kingdonia uniflora Balf.f. et W. W. Sm.

分布及生境

产于云南西北部（德钦）、四川西部、甘肃南部（舟曲）、陕西南部（太白山），生于海拔 2750~3900m 山地冷杉林下或杜鹃灌丛下。模式标本采自云南德钦。

形态特征

多年生小草本，无毛。根状茎细长，自顶端芽中生出 1 叶和 1 条花葶；芽鳞约 3 个，膜质，卵形。叶基生，有长柄，叶片心状圆形，五全裂，中、侧全裂片三浅裂，最下面的全裂片不等二深裂，顶部边缘有小牙齿，背面粉绿色。花葶高 7~12cm。花直径约 8mm；萼片（4~）5~6（~7），淡绿色，卵形，顶端渐尖；雄蕊退化，长 2~3mm，花药长约 0.3mm；心皮长约 1.4mm，花柱与子房近等长。瘦果扁，狭倒披针形，宿存花柱长 3.5~4mm，向下反曲，种子狭椭圆球形，长约 3mm。5 月至 6 月开花。

保护等级及保护价值

国家Ⅰ级保护植物，中国特有种，IUCN 等级 VU。我国特有单属种，全草供药用。叶脉序、花被片等形态特征特殊，对研究被子植物的进化和毛茛科的系统发育有一定的科学价值。

芸香科 Rutaceae
裸芸香属 *Psilopeganum*

裸芸香

Psilopeganum sinense Hemsl.

分布及生境

产于湖北西北部、四川东北部、贵州（赤水），生于海拔约800m 较温暖、湿润的地方。模式标本采自湖北西部宜昌地区。

形态特征

植株高30~80cm。根纤细。叶有柑橘叶香气，叶柄长8~15mm；小叶椭圆形或倒卵状椭圆形，中间1片最大，长很少达3cm，宽不到1cm，两侧2片甚小，长4~10mm，宽2~6mm，顶端钝或圆，微凹缺，下部狭至楔尖，边缘有不规则亦不明显的钝裂齿，无毛，背面灰绿色。花梗在花蕾及结果时下垂，开花时挺直，花蕾时长约5mm，结果时长至15mm；萼片卵形，长约1mm，绿色；花瓣盛花时平展，卵状椭圆形，长4~6mm，宽约2mm；雄蕊略短于花瓣，花丝黄色，花药甚小；雄蕊心脏形而略长，顶部中央凹陷，花柱淡黄绿色，自雌蕊群的中央凹陷处长出，长不超过2mm。蓇葖果，顶部呈口状凹陷并开裂，2室。花果期5–8月。

保护等级及保护价值

IUCN等级EN，中国特有种。全株有清香柑橘气味，是一种香料植物。蓇葖果用作草药，利水，消肿，驱蛔虫，贵州民间用以治疗气管炎。

虎耳草科 Saxifragaceae
叉叶蓝属 *Deinanthe*

叉叶蓝

Deinanthe caerulea Stapf

分布及生境

产于湖北西部，生于海拔 800~1600m 山地沟边湿润草丛中。模式标本采自湖北兴山。

形态特征

多年生草本；地上茎单生。叶膜质，大，通常 4 片聚集于茎顶部，近轮生，阔椭圆形、卵形或倒卵形，先端具尾状尖头，不分裂或 2 裂，裂片较大，基部钝圆或狭楔形，边缘具粗的锐尖齿；叶柄长 2~4cm，近无毛，上面具浅凹槽。伞房状聚伞花序顶生；总花梗无毛；苞片数枚，披针形，长 1.5~2.5cm，边缘具小齿；不育花花梗纤细，长达 3cm；萼片 3~4，蓝色，圆形或卵圆形，近等大；孕性花常下垂；花梗粗壮；花萼和花冠蓝色或稍带红色；萼筒宽陀螺状，长约 4mm，萼齿 5，大，卵圆形，先端略尖或骤尖；花瓣 6~8 片，卵圆形或扁圆形，宽 10~14mm，内凹；雄蕊极多数，花丝和花药浅蓝色；子房半下位，花柱合生，圆柱状，顶端 5 裂。蒴果扁球形，顶端突出部分宽圆锥状；种子未成熟，褐色。花期 6–7 月。

保护等级及保护价值

IUCN 等级 VU，中国特有种。叶形独特，花色漂亮，可作为观赏植物。此外，叉叶蓝属属于中国—日本间断分布，因此对于研究本属物种的物种区系具有一定的科研价值。

虎耳草科 Saxifragaceae
黄山梅属 *Kirengeshoma*

黄山梅

Kirengeshoma palmata Yatabe

分布及生境

产于安徽（黄山）和浙江（天目山），生于海拔 700~1800m 山谷林中阴湿处。

形态特征

多年生草本，高 80~120m。茎直立，近四棱形。叶生于茎下部的最大，圆心形，掌状 7~10 裂，裂片具粗齿，基部近心形，两面被糙伏毛；叶柄生于茎最下部的最长，生于茎上部的渐短以至于无柄。聚伞花序生于茎上部叶腋及顶端，通常具 3 花，中部的花最大，无小苞片，两侧的花较小，具小苞片；苞片披针形；花黄色；萼筒半球形，被柔毛，裂片三角形；花瓣 5，离生，形状稍不等，长圆状倒卵形或近狭倒卵形，先端急尖；雄蕊 15，外轮的与花瓣近等长，内轮的稍短；花柱线形，向上稍狭，长约 2cm。蒴果阔椭圆形或近球形，直径约 1.3cm，顶端具宿存花柱，干时褐色；种子黄色，扁平，周围具膜质斜翅。花期 3–4 月，果期 5–8 月。

保护等级及保护价值

国家Ⅱ级保护植物，IUCN 等级 LC。黄山梅为单种属植物，是黄山梅亚科 Kirengeshomoideae 唯一的代表种，也是中国—日本间断分布的典型种类。因此，对于阐明虎耳草科的种系演化以及中国和日本植物区系的关系有重要的科研价值。花大美丽，可作为观赏植物。

玄参科 Scrophulariaceae
呆白菜属 *Triaenophora*

崖白菜

Triaenophora rupestris （Hemsl.） Soler.

分布及生境

产于湖北西部，生于海拔 290~1200m 干旱悬崖上。

形态特征

草本。植体密被白色绵毛，高25~50cm。基生叶较厚，多少革质；叶片卵状矩圆形，长椭圆形，长7~13cm，两面被白色绵毛或近于无毛，边缘具浅裂片，顶部钝圆，基部近于圆形或宽楔形。花具长0.6~2cm之梗；小苞片条形，长约5mm，着生于花梗中部；萼长1~1.5cm，小裂齿长3~6mm；花冠紫红色，狭筒状，长约4cm，外面被多细胞长柔毛，上下唇近于相等，上唇明显二裂，下唇不膨大；花丝无毛，着生处被长柔毛；子房卵形，无毛，长约5mm；花柱稍超过雄蕊，先端2裂，裂片近于圆形。蒴果矩圆形。种子小，矩圆形。花期7–9月。

保护等级及保护价值

国家Ⅱ级保护植物，中国特有种，IUCN等级EN。具有收敛止泻、止血止咳、舒筋活络的功效。

茄科 Solanaceae
山莨菪属 *Anisodus*

山莨菪

Anisodus tanguticus（Maxim.）Pascher

分布及生境

产于青海、甘肃、西藏（东部）、云南（西北部），生于海拔2800~4200m 山坡、草坡阳处。

形态特征

多年生宿根草本，茎无毛或被微柔毛；根粗大，近肉质。叶片纸质或近坚纸质，矩圆形至狭矩圆状卵形，宽 4cm，顶端急尖或渐尖，基部楔形或下延，全缘或具 1~3 对粗齿，具啮蚀状细齿，两面无毛；叶柄长 1~3.5cm，两侧略具翅。花俯垂或有时直立，花梗长 2~4cm，常被微柔毛或无毛；花萼钟状或漏斗状钟形，坚纸质，长 2.5~4cm，外面被微柔毛或几无毛，脉劲直，裂片宽三角形，顶端急尖或钝，其中有 1~2 枚较大且略长；花冠钟状或漏斗状钟形，紫色或暗紫色，内藏或仅檐部露出萼外，花冠筒里面被柔毛，裂片半圆形；雄蕊长为花冠长的 1/2 左右；雌蕊较雄蕊略长；花盘浅黄色。果实球状或近卵状，果萼长约 6cm，肋和网脉明显隆起；花期 5–6 月，果期 7–8 月。

保护等级及保护价值

国家Ⅱ级保护植物，IUCN 等级 LC。根供药用，有镇痛作用；本种亦是提取莨菪烷类生物碱的重要资源；地上部分掺入牛饲料中，有催膘作用。

第三部分
水生草本植物

长江流域拥有着众多的支流及湖泊，独特的气候条件和水生环境孕育并造就种类繁多的水生植物。根据不完全统计，长江流域有 30 余科 1000 余种水生植物。

水生草本植物是生活在水中或者水边具饱和水土壤中的植物，根据吃水深浅和生活状态分挺水植物、沉水植物和浮水植物。水生植物具有非常发达的根系，且根内通气组织发达。水生植物对水中营养物质及有毒金属等通过过滤沉淀、吸收富集等作用对水体进行修复和净化。同时，水生植物也为水鸟，鱼类、虾类等动物提供重要的生存环境和食物来源。

长江流域是一个巨大的生态系统，水生植物对长江生态的维持具有举足轻重的作用。但因为历史上对生物资源、水资源的无序开发，造成江湖矛盾突出、湿地锐减，部分水生植物及其他生物面临灭绝的境地。因此，要通过对长江流域水生植物的合理开发，缓解长江流域水生植物、生物与人类生产生活的矛盾，进而实现长江流域人与自然的可持续和谐发展。

本书共收录水生植物 19 种，其中国家Ⅰ级保护植物 6 种，国家Ⅱ级保护植物 10 种，其他 3 种。

泽泻科 Alismataceae
毛茛泽泻属 *Ranalisma*

长喙毛茛泽泻

Ranalisma rostrata Stapf

分布及生境

产于浙江、湖南、江西等省，常生长于池沼浅水环境中。

形态特征

多年生沼生或水生草本。根状茎匍匐。叶多数，基生，叶片薄纸质，全缘；沉水叶披针形，长 3~7cm，宽 1~1.5cm，先端渐尖；浮水叶或挺水叶卵圆形、卵状椭圆形，长 3~4.5cm，宽 3~3.5cm，先端钝尖，基部浅心形。花葶直立，高约 20cm 或更高。花 1~3 朵，着生于花葶顶部，苞片 2 枚，佛焰苞状，长约 7mm。花两性；外轮花被片 3 枚，绿色，广椭圆形，先端钝圆；内轮花被片与外轮近等长，倒卵状椭圆形；心皮多数，密集于花托上，花柱顶生，长于心皮，宿存；雄蕊 9 枚，花药椭圆形；花托突起，呈柱状。果实多少侧扁，近倒三角形，顶端具喙，向上渐尖呈芒状。花果期 8–9 月。

保护等级及保护价值

国家Ⅰ级保护植物，IUCN 等级 CR。本种在我国分布十分稀少，濒临灭绝。

天南星科 Araceae
隐棒花属 *Cryptocoryne*

旋苞隐棒花

Cryptocoryne retrospiralis （Roxb.）Fisch.ex Wydler

分布及生境

仅产于广东从化市，生于路旁水中。

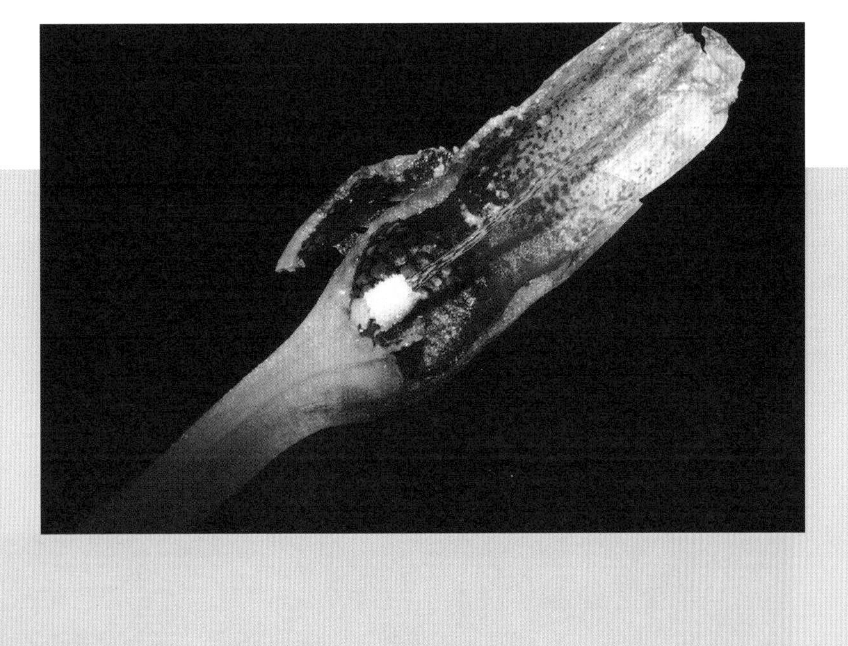

形态特征

草本，根茎直立或斜伸，节间长0.5~1cm或极短；根茎上部生多数圆柱形肉质根。叶多数，丛生，叶柄长1~5cm，鞘状，膜质，基部展开宽达1cm，向上略狭；叶片线状披针形，淡绿色，薄，近于透明（干时），长10~30cm，中部宽，向两头渐狭，侧脉上升，与中肋相交成极小的锐角，极细弱。花序柄短，长1~2cm；佛焰苞淡绿带淡红色，管下部含花序部分长1~1.5cm，粗4~5mm，上部无花部分长3~10cm，中部粗仅2mm；檐部线状披针形，长7~8cm，宽3~7mm，螺旋状上升。肉穗花序：雌花序心皮4~6，绿色，雄花序短圆柱状，淡绿色，长约2mm；附属器极短。子房长圆形，胚珠2列，花柱短，柱头近圆形。合生心皮卵球形。花期11月。

保护等级及保护价值

国家Ⅱ级保护植物，IUCN等级EN。数量稀少。

天南星科 Araceae
隐棒花属 *Cryptocoryne*

广西隐棒花

Cryptocoryne crispatula var. *balansae* （Gagnepain） N. Jacobsen

分布及生境

产于广西西北部，水生。

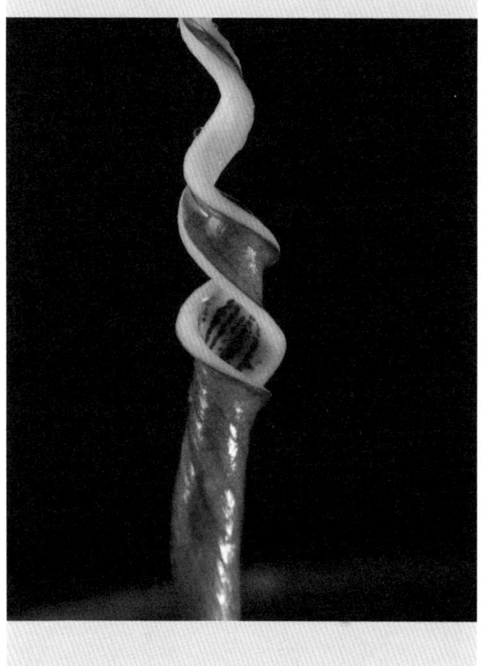

形态特征

多年生草本。根茎不详。叶少，丛生，叶柄明显，长10~12cm，干时稻黄色，膜质，鞘状，宽7~8mm，向上渐狭，叶片薄膜质，线形，干时黑褐色，长16~19cm，宽1.1~1.7cm，先端锐尖，基部楔形，全缘；中肋明显，宽1.5~2mm，侧脉细弱上举，网脉极稀少，微弱。佛焰苞长约20cm，短于叶，不具花序的管部（上部）长16~18cm，粗2.5mm；檐部长3~4cm，螺状左旋，展开宽约4mm，线形，长渐尖，边缘浅波状。

保护等级及保护价值

国家II级保护植物，中国特有种。数量稀少。

莼菜科 Cabombaceae
莼属 *Brasenia*

莼菜

Brasenia schreberi J. F. Gmel.

分布及生境

产于江苏、浙江、江西、湖南、四川、云南，生于池塘、河湖或沼泽中。

形态特征

多年生水生草本；根状茎具叶及匍匐枝，后者在节部生根，并生具叶枝条及其他匍匐枝。叶椭圆状矩圆形，长 3.5~6cm，宽 5~10cm，下面蓝绿色，两面无毛，从叶脉处皱缩；叶柄长 25~40cm，与花梗均有柔毛。花直径 1~2cm，暗紫色；花梗长 6~10cm；萼片及花瓣条形，长 1~1.5cm，先端圆钝；花药条形，约长 4mm；心皮条形，具微柔毛。坚果矩圆卵形，有 3 个或更多成熟心皮；种子 1~2 粒，卵形。花期 6 月，果期 10–11 月。

保护等级及保护价值

国家Ⅰ级保护植物，IUCN 等级 CR。本种富胶质，嫩茎叶作蔬菜食用。莼菜含有众多的营养成分，不仅是一种可口的绿色食品，而且还是一种民间常用中草药。

水鳖科 Hydrocharitaceae
水车前属 *Ottelia*

海菜花

Ottelia acuminata （Gagnepain） Dandy

分布及生境

产于广东、广西、四川、贵州和云南，生于湖泊、池塘、沟渠及水田中。

形态特征

沉水草本。茎短缩。叶基生，叶形变化较大，有线形、长椭圆形、披针形、卵形以及阔心形，全缘或有细锯齿；叶柄上及叶背沿脉常具肉刺。花单生，雌雄异株；佛焰苞无翅，具2~6棱；雄佛焰苞内含40~50朵雄花，花梗长4~10cm，萼片绿色，披针形，长8~15mm，宽2~4mm，花瓣3，白色，基部黄色或深黄色，倒心形，长1~3.5cm，宽1.5~4cm；雄蕊9~12枚，黄色；雌佛焰苞内含2~3朵雌花，2裂至基部，裂片线形，长约1.4cm；子房下位，三棱柱形，有退化雄蕊3枚，线形，黄色，长3~5mm。果为三棱状纺锤形，褐色，棱上有明显的肉刺和疣凸。种子多数，无毛。花果期5–10月。

保护等级及保护价值

中国特有种，IUCN等级VU。可分泌化感物质抑制藻类生长，对水体有很强的净化作用，还可为其他水生植物提供赖以生存的环境基础，有积极的环境保护功能。

水韭科 Isoetaceae
水韭属 *Isoetes*

高寒水韭

Isoetes hypsophila Hand.-Mazz.

分布及生境

产于云南西北及四川西南部，生于海拔约 4300m 高山草甸水浸环境中。

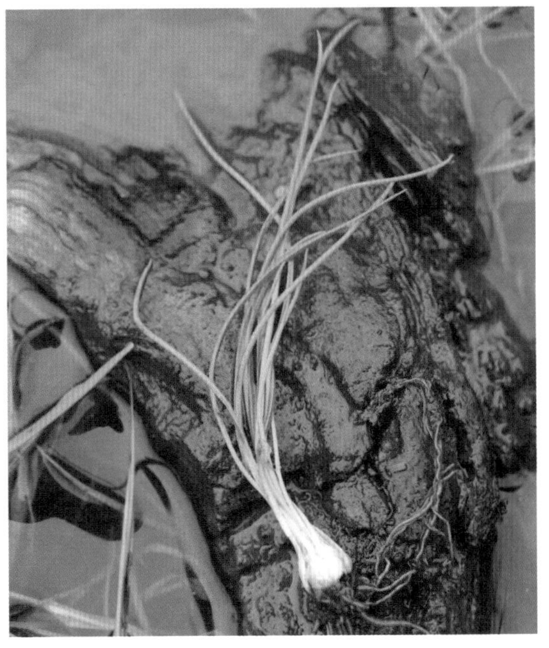

形态特征

小型蕨类，多年生沼地生植物。植株高不及 5cm；根茎肉质，块状，长约 4mm，呈 2~3 瓣裂。叶多汁，草质，线形，长 3~4.5cm，宽约 1mm，基部以上鲜绿色，内具 4 个纵行气道围绕中肋，并有横隔膜分隔成多数气室，先端尖，基部广鞘状，膜质，宽约 4mm。孢子囊单生于叶基部，黄色。大孢子囊矩圆形，长约 3mm，直径约 2mm；小孢子囊矩圆形，长约 2.5mm，直径约 1.5mm。大孢子球状四面形，表面光滑无纹饰。

保护等级及保护价值

国家Ⅰ级保护植物，中国特有种，IUCN 等级 VU。本种为我国特有濒危水生蕨类植物，大孢子表面光滑无纹饰，应为我国水韭种类中较为原始的种。

水韭科 Isoetaceae
水韭属 *Isoetes*

东方水韭

Isoetes orientalis H. Liu et Q. F. Wang

分布及生境

产于浙江（松阳），常生于海拔 1200m 沼泽地中。

形态特征

沼泽生蕨类。根状茎分裂。叶 20~40 个簇生，10~20cm 长，中部约 2mm 宽，叶舌卵状三角形，长 1.5~2mm，宽 2~3mm，盖膜不完整，仅覆盖孢子囊的上侧边；大孢子表面具网状纹饰，小孢子表面具带刺的瘤状突起。大孢子 5–9 月成熟，小孢子 6–10 月成熟。孢子期 5–10 月。

保护等级及保护价值

国家Ⅰ级保护植物，IUCN 等级 CR，中国特有种。

水韭科 Isoetaceae
水韭属 *Isoetes*

中华水韭

Isoetes sinensis Palmer

分布及生境

产于江苏南京，安徽休宁、屯溪、当涂，浙江杭州、诸暨、建德、丽水等地，主要生于浅水、池塘边和山沟淤泥土中。

形态特征

多年生沼地生植物，植株高15~30cm；根茎肉质，块状，略呈2~3瓣，具多数二叉分歧的根；向上丛生多数向轴覆瓦状排列的叶。叶多汁，草质，鲜绿色，线形，长15~30cm，宽1~2mm，内具4个纵行气道围绕中肋，并有横隔膜分隔成多数气室，先端渐尖，基部广鞘状，膜质，黄白色，腹部凹入，上有三角形渐尖的叶舌，凹入处生孢子囊。孢子囊椭圆形，长约9mm，直径约3mm，具白色膜质盖；大孢子囊常生于外围叶片基的向轴面，内有少数白色粒状的四面形大孢子；小孢子囊生于内部叶片基部的向轴面，内有多数灰色粉末状的两面形小孢子。

保护等级及保护价值

国家Ⅰ级保护植物，IUCN等级EN，中国特有种。为湿地环境灵敏指示植物。

水韭科 Isoetaceae
水韭属 *Isoetes*

云贵水韭

Isoetes yunguiensis Q. F. Wang et W. C. Taylor

分布及生境

仅产于云南昆明、寻甸，贵州平坝，生于海拔 1800~1900m 山沟溪流水中及流水的沼泽地中。

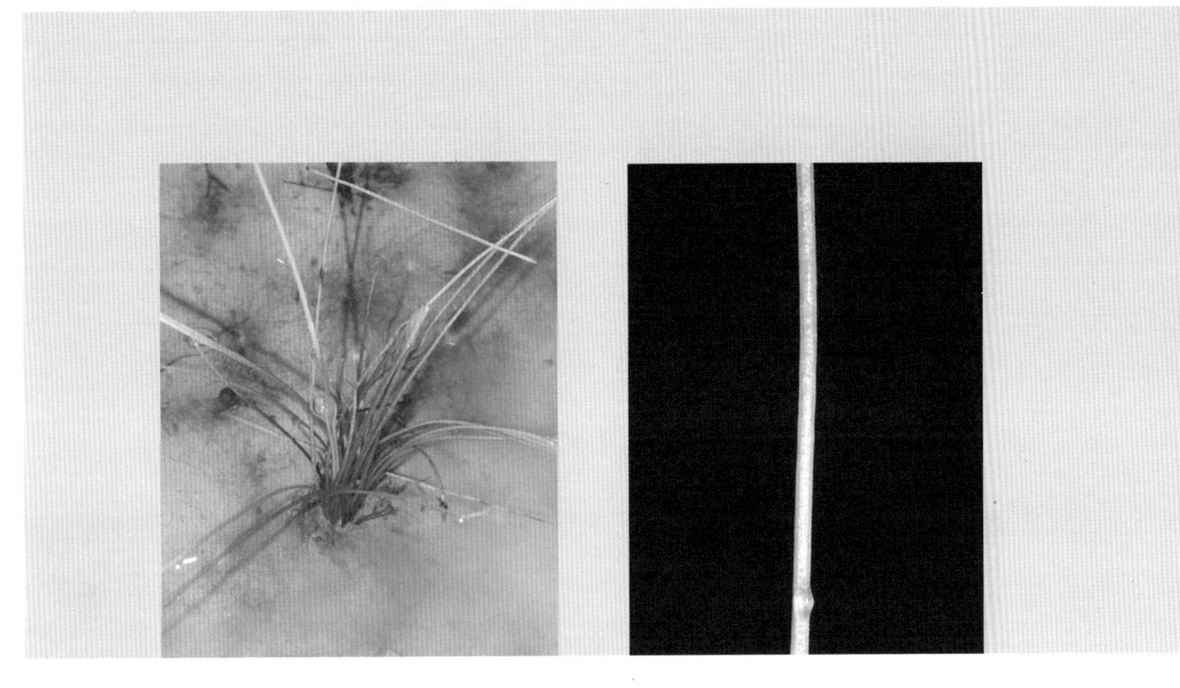

形态特征

多年沉水植物，植株高 15~30cm；根茎短而粗，肉质块状，略呈三瓣，基部有多条白色须根。叶多数，丛生，草质，线形，半透明，绿色，长 20~30cm，宽 5~10mm，横切面三角状半圆 2 形，有薄膜隔为 4 条纵行气道，内有长 2~4mm 的横向隔膜，叶基部向两侧扩大呈阔膜质鞘状，腹部凹入，其上有三角形叶舌，凹入处生长圆形孢子囊，无膜质盖。植株外围的叶生大孢子囊，大孢子球状四面形，表面具不规则的网状纹饰（网脊不平），直径 360~450μm。小孢子囊生于内部叶片基部的向轴面，内生多数灰色粉末状小孢子。

保护等级及保护价值

国家Ⅰ级保护植物，IUCN 等级 CR，中国特有种。

睡莲科 Nymphaeaceae
莲属 *Nelumbo*

莲

Nelumbo nucifera Gaertner

分布及生境

长江流域均有分布，生于池塘或水田内。

形态特征

多年生水生草本；根状茎横生，节间膨大，内有多数纵行通气孔道，节部缢缩，上生黑色鳞叶，下生须状不定根。叶圆形，直径 25~90cm，全缘稍呈波状，上面光滑，具白粉，下面叶脉从中央射出，有 1~2 次叉状分枝；叶柄粗壮，圆柱形，长 1~2m，中空，外面散生小刺。花梗和叶柄也散生小刺；花直径 10~20cm，美丽，芳香；花瓣红色、粉红色或白色，矩圆状椭圆形至倒卵形，长 5~10cm，宽 3~5cm，由外向内渐小，有时变成雄蕊。坚果椭圆形或卵形，长 1.8~2.5cm，果皮革质，熟时黑褐色；种子（莲子）卵形或椭圆形，长 1.2~1.7cm，种皮红色或白色。花期 6–8 月，果期 8–10 月。

保护等级及保护价值

国家Ⅱ级保护植物。根状茎（藕）作蔬菜或提制淀粉（藕粉）；种子供食用。全株药用；藕及莲子为营养品，叶（荷叶）及叶柄（荷梗）煎水喝可清暑热，藕节、荷叶、荷梗、莲房、雄蕊及莲子都富有鞣质，作收敛止血药。叶为茶的代用品，又作包装材料。

睡莲科 Nymphaeaceae
萍蓬草属 *Nuphar*

贵州萍蓬草

Nuphar bornetii H. Lévl.

分布及生境

产于贵州、江西，生在池沼中。模式标本采自贵州青岩镇及安顺市平坝区。

形态特征

多年水生草本；根状茎直径 2~3cm。叶草质，圆形或心状卵形，长 4.5~6.5cm，先端圆钝，基部弯缺约占全叶片 1/3，裂片开展或重合，下面微有柔毛心形，裂片远离，圆钝，上面光亮，无毛，下面密生柔毛，侧脉羽状；叶柄长 20~50cm，有柔毛。花直径 3~4cm；花梗长 40~50cm，有柔毛；萼片黄色，外面中央绿色，矩圆形或椭圆形，长 1~2cm；花瓣窄楔形，长 5~7mm，先端微凹；柱头盘常 10 浅裂，淡黄色或带红色。浆果卵形，长约 3cm；种子矩圆形，长 5mm，褐色。花期 5–7 月，果期 7–9 月。

保护等级及保护价值

国家Ⅱ级保护植物，中国特有种。根状茎入药，具补虚止血的功效，常用以治疗神经衰弱、刀伤等。

睡莲科 Nymphaeaceae
萍蓬草属 *Nuphar*

萍蓬草

Nuphar pumila （Timm） DC.

分布及生境

产于江苏、浙江、江西、福建、广东，生于湖沼中。

形态特征

多年水生草本；根状茎直径 2~3cm。叶纸质，宽卵形或卵形，少数椭圆形，长 6~17cm，宽 6~12cm，先端圆钝，基部具弯缺，心形，裂片远离，圆钝，上面光亮，无毛，下面密生柔毛，侧脉羽状，几次二歧分枝；叶柄长 20~50cm，有柔毛。花直径 3~4cm；花梗长 40~50cm，有柔毛；萼片黄色，外面中央绿色，矩圆形或椭圆形，长 1~2cm；花瓣窄楔形，长 5~7mm，先端微凹；柱头盘常 10 浅裂，淡黄色或带红色。浆果卵形，长约 3cm；种子矩圆形，长 5mm，褐色。花期 5–7 月，果期 7–9 月。

保护等级及保护价值

国家 II 级保护植物，IUCN 等级 VU。萍蓬草根及萍蓬草籽甘、平、无毒，均可入药，用于治疗病后体弱、刀伤等症；其中的生物碱成分有显著的肿瘤细胞转移抑制作用；花供观赏。

睡莲科 Nymphaeaceae
萍蓬草属 *Nuphar*

中华萍蓬草

Nuphar pumila subsp. *sinensis* （Handel-Mazzetti） D. Padgett

分布及生境

产于湖南、江西、贵州，常生于池塘中。模式标本采自湖南长沙附近。

形态特征

多年水生草本。叶纸质，心状卵形，长 8.5~15cm，基部弯缺约占叶片的 1/3，裂片开展，下面边缘密生柔毛，有的部分近无毛；叶柄长约 40cm，基部有膜质翅，具长柔毛。花直径 5~6cm；萼片矩圆形或倒卵形，长 2cm；花瓣宽条形，长 7mm，先端微缺；柱头盘 13 裂，离生且远离，超出柱头边缘。浆果直径 2cm；种子卵形，长约 3mm，浅褐色。花果期 5–9 月。

保护等级及保护价值

IUCN 等级 VU，中国特有种。可缓解水体富营养化，并有很好的观赏性。

禾本科 Poaceae
水禾属 *Hygroryza*

水禾

Hygroryza aristata （Retz.） Nees

分布及生境

产于广东、福建等省，生于池塘、湖沼和小溪中。

形态特征

水生漂浮草本；根状茎细长，节上生羽状须根。茎露出水面的部分长约 20cm。叶鞘膨胀，具横脉；叶舌膜质，长约 0.5mm；叶片卵状披针形，长 3~8cm，下面具小乳状突起，顶端钝，基部圆形，具短柄。圆锥花序长与宽近相等，为 4~8cm，具疏散分枝，基部为顶生叶鞘所包藏；小穗含 1 小花，颖不存在，外稃长 6~8mm，草质，具 5 脉，脉上被纤毛，脉间生短毛，顶端具长 1~2cm 的芒，基部有长约 1cm 的柄状基盘；内稃与其外稃同质且等长，具 3 脉，中脉被纤毛，顶端尖；鳞被 2，具脉；雄蕊 6，花药黄色，长 3~3.5mm。秋季开花。

保护等级及保护价值

IUCN 等级 VU。叶具有独特的观赏价值。

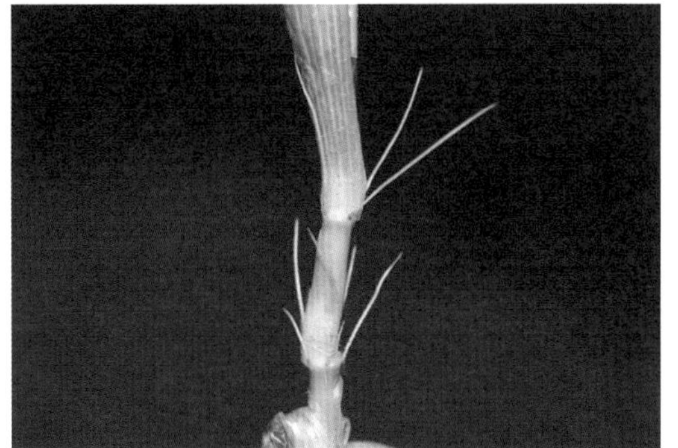

禾本科 Poaceae
稻属 *Oryza*

药用稻

Oryza officinalis Wall. ex Watt

分布及生境

产于广东、广西、云南，生于海拔 600~1100m 丘陵山坡中下部的冲积地和沟边。

形态特征

多年生草本。秆直立或下部匍匐，高 1.5~3m，基部 2~3 节具不定根。叶鞘长约 40cm；叶舌膜质，无毛；叶片宽大，线状披针形，质地较厚，基部渐窄呈柄状，顶端尖，下面粗糙，上面散生长柔毛，边缘具锯齿状粗糙。圆锥花序大型，疏散，长 30~50cm，基部常为顶生叶鞘所包，分枝 3~5 枚着生于各节，具细毛状粗糙；顶端具 2 枚半月形退化颖片；小穗长 4~5mm，黄绿色或带褐黑色，成熟时易脱落，不孕外稃线状披针形，顶端渐尖，成熟花外稃阔卵形，脉纹粗厚隆起，脊上部或边脉生疣基硬毛；芒自外稃顶端伸出；内稃与外稃同质，宽约为外稃之半，边缘干膜质。颖果扁平，红褐色。

保护等级及保护价值

国家Ⅱ级保护植物，IUCN 等级 EN。药用野生稻是原产中国的三种野生稻之一，与栽培稻有基因交换的类型，为丰富栽培稻的种质资源提供了重要的育种遗传材料。另外，药用野生稻由于长期处于野生状态，经受了各种灾害和环境的自然选择，因此具有抗病虫害、抗旱、土壤耐贫瘠等特性。

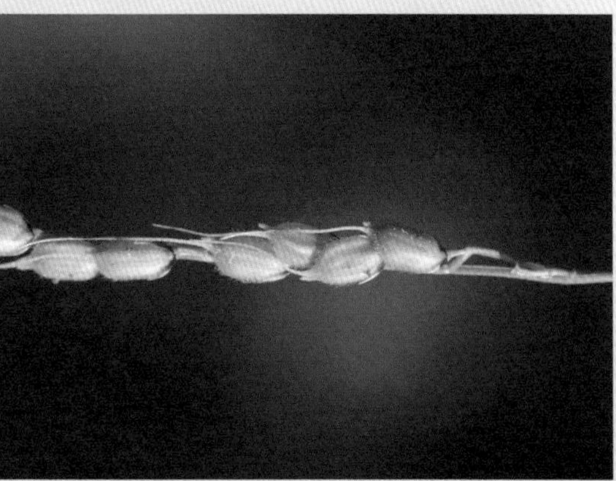

禾本科 Poaceae
稻属 *Oryza*

野生稻

Oryza rufipogon Griff.

分布及生境

产于广东、广西、云南，生于海拔 600m 以下的江河流域平原地区的池塘、溪沟、藕塘、稻田、沟渠、沼泽等低湿地带。

形态特征

多年水生草本。秆高约1.5m，下部海绵质或于节上生根。叶鞘圆筒形，疏松、无毛；叶舌长达17mm；叶耳明显；叶片线形、扁平，长达40cm，边缘与中脉粗糙，顶端渐尖。小穗长8~9mm，基部具2枚微小半圆形的退化颖片；第一和第二外稃退化呈鳞片状，长约2.5mm，顶端尖，边缘微粗糙；孕性外稃长圆形厚纸质，长7~8mm，遍生糙毛状粗糙，沿脊上部具较长纤毛；芒着生于外稃顶端并具一明显关节，长5~40mm不等；鳞被2枚；雄蕊6，花药长约5mm；柱头2，羽状。颖果长圆形，易落粒。花果期4–5月和10–11月。

保护等级及保护价值

国家II级保护植物，IUCN等级CR。普通野生稻是栽培水稻的原始近缘种。我国首次育成的水稻系中的不育系，是利用“野败”作为亲源突破的。充分利用和保护原始种质基因，将为水稻育种提供珍贵的遗传研究材料，并为阐明水稻起源和演化提供理论基础。

凤尾蕨科 Pteridaceae
水蕨属 *Ceratopteris*

粗梗水蕨

Ceratopteris pteridoides（Hook.）Hieron.

分布及生境

产于安徽（黄山、东流）、湖北（武汉）、江苏（南京），常浮生于沼泽、河沟和水塘。

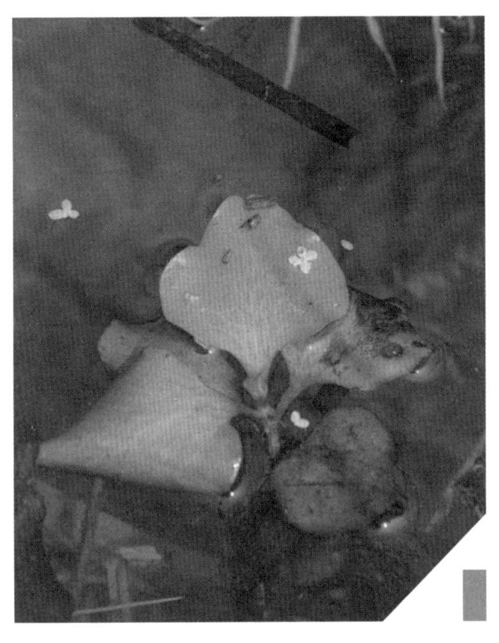

形态特征

草本。通常漂浮，植株高 20~30cm；叶柄、叶轴与下部羽片的基部均显著膨胀成圆柱形，叶柄基部尖削，布满细长的根。叶二型；不育叶为深裂的单叶，绿色，光滑，柄长约 8cm，粗约 1.6cm，叶片卵状三角形，裂片宽带状；能育叶幼嫩时绿色，成熟时棕色，光滑，柄长 5~8cm，粗 1.2~2.7cm；叶片长 15~30cm，阔三角形，2~4 回羽状；末回裂片边缘薄而透明，强裂反卷达于主脉，覆盖孢子囊，呈线形或角果形，渐尖头，长 2~7cm，宽约 2mm。孢子囊沿主脉两侧的小脉着生，幼时为反卷的叶缘所覆盖，成熟时张开，露出孢子囊。

保护等级及保护价值

国家Ⅱ级保护植物，IUCN 等级 EN。本种可供药用，茎叶入药可治胎毒，消痰积；嫩叶可做蔬菜。既是重要的食用、药用和观赏植物，更是研究植物性别决定、配子体的形态建成、遗传学、分子生物学、生物化学和细胞生物学等的模式植物之一。

凤尾蕨科 Pteridaceae
水蕨属 *Ceratopteris*

水蕨

Ceratopteris thalictroides（L.）Brongn.

分布及生境

产于广东、福建、江西、浙江、江苏、安徽、湖北、四川、广西、云南等省、自治区，生于池沼、水田或水沟的淤泥中，有时漂浮于深水面上。

形态特征

草本。根状茎短而直立，有一簇粗根。叶簇生，二型。不育叶绿色，圆柱形，不膨胀，无毛；叶片直立或幼时漂浮，有时略短于能育叶，狭长圆形，先端渐尖，基部圆楔形，二至四回羽状深裂，互生，斜展，彼此远离；叶片长圆形或卵状三角形，先端渐尖，基部圆楔形，柄长可达 2cm；第二对羽片距第一对 1.5~6cm，向上各对羽片均逐渐变小；裂片狭线形，渐尖头，角果状，边缘透明，无色，强度反卷达于主脉。主脉两侧的小脉联结成网状，不具内藏小脉。叶两面均无毛；孢子囊沿能育叶的裂片主脉两侧的网眼着生，棕色，孢子四面体形，不具周壁，外壁很厚，分内外层，外层具肋条状纹饰。

保护等级及保护价值

国家Ⅱ级保护植物，中国特有种，IUCN 等级 VU。既具有重要的系统学和遗传学研究价值，也有药用价值（治胎毒，消痰积）和食用价值（嫩叶可做蔬菜）。

菱科 Trapaceae
菱属 *Trapa*

细果野菱

Trapa incisa Sieb. et Zucc.

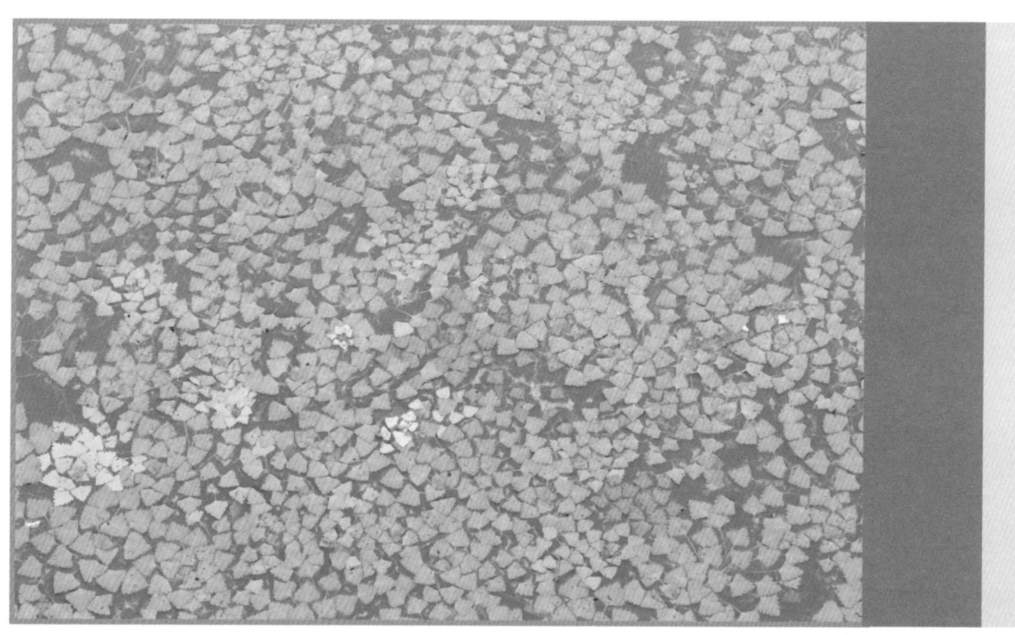

分布及生境

产于江苏、浙江、安徽、湖南、江西、福建等省，生于池塘、稻田、河沟等水体。

形态特征

一年生浮水水生草本。浮水叶互生，聚生于茎顶形成莲座状的菱盘，叶片斜方形或三角状菱形，表面深绿、光滑，背面淡绿带紫，脉间有棕色斑块，边缘中上部具不整齐的缺刻状的锯齿，叶缘中下部宽楔形或近圆形，全缘；叶柄中上部膨大或稍膨大，长 3.5~10cm，被短毛；沉水叶小，早落。花单生叶腋，花小，两性；萼筒 4 裂，无毛或少毛；花瓣 4，白色；雄蕊 4，花丝纤细，花药丁字型着生，药背着生，内向；子房半下位，2 室，花柱钻状，柱头头状；花盘鸡冠状；花梗无毛。果三角形，具 4 刺角，2 肩角斜上伸，2 腰角圆锥状，斜下伸，刺角长约 1cm；果柄细而短，长 1~1.5cm；果喙圆锥状，无果冠。7–8 月开花，8–10 月结果。

保护等级及保护价值

国家Ⅱ级保护植物，IUCN 等级 DD。野菱长期处于自然生长状态，经受了自然界各种不良环境的考验，形成独特的优良性状，蕴藏独有的优异基因。果实小，富含淀粉。

第四部分
灌木类及藤本类植物

灌木层植物是生态系统的重要组成部分。灌丛生长环境多样，沟谷、阶地、谷坡、山脊、阴坡、阳坡均能见到。长江流域灌丛分布广泛，从青藏高原一直到长江三角洲都有它们的身影。寒温性落叶灌丛分布在高海拔林线之上，其群落组成种类以高中山灌丛、草甸成分为主体；温性落叶阔叶灌丛地理分布广泛，从暖温带落叶阔叶林地带到温带森林草原区普遍生长。

灌丛是山区居民特别是不发达及交通欠发达地区人们樵采薪炭的原料。灌丛与居民的生活关系密切，可用于田埂地头的防护栅，更重要的是作为居民生活用柴主要来源。灌木比乔木低矮，通常呈簇状生长、片状分布，其在防风固沙、防止水土流失和改善农业生态环境方面有着极其重要的生态经济价值，如胡枝子、沙棘、枸杞等植物。

灌木植物除了受柴薪砍伐，开山种植等威胁外，因其在经济用材方面的天然弱势，在森林抚育中很多灌木、藤蔓、杂草等也会一并被砍除割掉，以便保持林内通风良好，为经济林木的生长创造良好的环境。因此在我们的野外调查中发现很多保护植物，如珙桐、连香树、领春木等常常作为杂木进行砍伐。

本书共收录长江流域灌木植物 26 种，其中国家Ⅱ级保护植物 14 种，国家Ⅲ级保护植物 2 种，其他 10 种。另外，收录藤本类保护植物 3 种，即国家Ⅱ级保护物种野大豆、国家Ⅱ级保护物种永瓣藤、IUCN 红色名录“EN（濒危）”等级物种青牛胆。野大豆多荚、繁殖性强、抗逆性强、适应性广，是大豆重要的育种种质资源；永瓣藤野外资源极其稀少，野外只在安徽、江西、湖北少数地方有发现；青牛胆是重要的中药材。

棕榈科 Arecaceae
棕榈属 *Trachycarpus*

龙棕

Trachycarpus nanus Becc.

分布及生境

仅见于云南西部至西北部的大姚、宾川（鸡足山）、永胜以及中部的峨山等地区，在海拔 1800~2300m 范围内有少量分布。

形态特征

灌木状；无地上茎，地下茎节密集，多须根，向上弯曲，犹如龙状，故名龙棕。叶簇生于地面，形状如棕榈叶，但较小和更深裂，裂片为线状披针形，上面绿色，背面苍白色；叶柄长25~35cm。花序从地面直立伸出，较细小，只二次分枝；花雌雄异株，雄花序的花比雌花序的花密集；雄花球形，黄绿色，无毛，萼片3，几离生，花瓣2倍长于萼片，发育雄蕊6，退化雄蕊3；雌花淡绿色，球状卵形，花瓣稍长于花萼，心皮3，被银色毛，胚珠3，只1颗发育。果实肾形，蓝黑色，有脐。种子形状如果实，胚乳均匀，胚侧生，偏向种脐。花期4月，果期10月。

保护等级及保护价值

国家Ⅱ级保护植物，中国特有种，IUCN等级EN。由于植株低矮、树形美观，适宜做高级盆景观赏和庭园绿化植物；是珍贵种质资源，对植物地理区系、群落结构及生境适应性研究具有现实意义。

菊科 Asteraceae
栌菊木属 *Nouelia*

栌菊木

Nouelia insignis Franch.

分布及生境

产于云南（江川、元谋、大姚、宾川、鹤庆、永胜、丽江、中甸）和四川西部（木里、九龙），生于海拔 1000~2500m 山区灌丛中。

形态特征

灌木或小乔木。叶片厚纸质，长圆形或近椭圆形，顶端短尖或钝而中脉延伸成一短硬尖头，基部钝、圆，上面无毛，下面薄被灰白色绒毛；中脉在上平坦，在下面极凸起高达 2mm；叶柄长 2~3cm。头状花序多花，全为能育的两性花；总苞钟形，基部圆；总苞片多数、多层，大小极不等；花托凹陷，无毛。花白色；边缘花花冠具舌片；盘花花冠管状或不明显二唇形，檐部 5 裂；花药尾部长约 2mm，内侧被毛；花柱分枝扁，顶端圆。瘦果圆柱形，长 12~14mm，有纵棱，被倒伏的绢毛。冠毛为具齿的糙毛。花期 2–6 月。

保护等级及保护价值

国家Ⅱ级保护植物，中国特有种，IUCN 等级 VU。在干热河谷植物区系研究以及植物对特殊环境的适应性等研究方面有极其重要的价值。

忍冬科 Caprifoliaceae
七子花属 *Heptacodium*

七子花

Heptacodium miconioides Rehd.

分布及生境

产于湖北兴山县，浙江天台山、四明山、义乌北山、昌化汤家湾，安徽泾县、宣城，生于海拔600~1000m悬崖峭壁、山坡灌丛和林下。模式标本采自湖北兴山。

形态特征

落叶灌木。幼枝略呈 4 棱形，红褐色，疏被短柔毛；茎干树皮灰白色，片状剥落。叶厚纸质，卵形或矩圆状卵形，长 8~15cm，宽 4~8.5cm，顶端长尾尖，基部钝圆或略呈心形，具长 1~2cm 的柄。圆锥花序近塔形，长 8~15cm，宽 5~9cm，具 2~3 节；花序分枝开展，上部的长约 1.5cm，下部的长 2.5~4cm；小花序头状，各对小苞片形状、大小不等，最外一对有缺刻；花芳香；萼裂片长 2~2.5mm，与萼筒等长，密被刺刚毛；花冠长 1~1.5cm，外面密生倒向短柔毛。果实长 1~1.5cm，直径约 3mm，具 10 枚条棱，疏被刺刚毛状绢毛，宿存萼有明显的主脉；种子长 5~6mm。花期 6–7 月，果熟期 9–11 月。

保护等级及保护价值

国家Ⅱ级保护植物，中国特有种，IUCN 等级 EN。在忍冬科系统演化和区系分类研究方面有重要的学术价值，同时花、果实艳丽，是优良的观赏树种。

三尖杉科 Cephalotaxaceae
三尖杉属 *Cephalotaxus*

篦子三尖杉

Cephalotaxus oliveri Mast.

分布及生境

产于广东北部、江西东部、湖南、湖北西北部、四川南部及西部、贵州、云南东南部及东北部海拔 300~1800m 地带，生于阔叶树林或针叶树林内。

形态特征

灌木，树皮灰褐色。叶条形，质硬，平展成两列，排列紧密，通常中部以上向上方微弯，稀直伸，长 1.5~3.2cm，宽 3~4.5mm，基部截形或微呈心形，几无柄，先端凸尖或微凸尖，上面深绿色，微拱圆，中脉微明显或中下部明显，下面气孔带白色，较绿色边带宽 1~2 倍。雄球花 6~7 聚生成头状花序，径约 9mm，总梗长约 4mm，基部及总梗上部有 10 余枚苞片，每一雄球花基部有 1 枚广卵形的苞片，雄蕊 6~10 枚，花药 3~4，花丝短；雌球花的胚珠通常 1~2 枚发育成种子。种子倒卵圆形、卵圆形或近球形，长约 2.7cm，径约 1.8cm，顶端中央有小凸尖，有长梗。花期 3–4 月，种子 8–10 月成熟。

保护等级及保护价值

国家Ⅱ级保护植物，IUCN 等级 VU，中国特有种。篦子三尖杉是孑遗植物，对于研究古植物区系和三尖杉属系统分类具有科学意义。同时，它的叶、枝、种子、根可提取多种植物碱，对白血病及淋巴肉瘤等有一定疗效。

十齿花科 Dipentodontaceae
十齿花属 *Dipentodon*

十齿花

Dipentodon sinicus Dunn

分布及生境

产于贵州、广西及云南南部，生长于海拔 900~3200m 山坡沟边、溪边和路旁。

形态特征

落叶或半常绿灌木或小乔木。叶纸质，较窄小，窄椭圆形或披针形，长12cm以下，先端长渐尖，基部楔形或阔楔形，边缘有细密浅锯齿；叶柄长7~10mm。聚伞花序近圆球状；花序较小，直径10~14mm，花序梗长2.5~3.5cm，小花梗长3~4mm；总苞片4~6，卵形；花白色，直径2~3mm；花萼花冠密接，萼片与花瓣均为5（~7），形状相似；花盘肉质，浅杯状，上部5（~7）裂，裂片淡黄色，长方形，直立；雄蕊5（~7），具长花丝，伸出花冠之外；子房具短花柱，柱头小。蒴果密被灰棕色短绒毛；果喙短壮，长3~5mm；种子卵状。

保护等级及保护价值

国家Ⅱ级保护植物，IUCN等级LC。十齿花为单种属植物，其分类地位尚有不同意见。

杜鹃花科 Ericaceae
杜鹃属 *Rhododendron*

蓝果杜鹃

Rhododendron cyanocarpum （Franch.） W. W. Sm.

分布及生境

产云南西部，生于海拔 3000~4000m 云杉或冷杉林下、高山杜鹃林中。模式标本采自云南大理（点苍山）。

形态特征

常绿灌木或小乔木。叶革质，叶片较大，长 8~13cm，宽倒卵形或近于圆形，先端短尖，基部圆形，边缘微向下反卷，上面深绿色，下面粉绿色，中脉在上面平坦或微凸起，在下面显著隆起；叶柄扁平，宽 3~4mm。总状伞形花序，有花 5~9 朵，总轴长 8~15mm；花梗长 1~2cm，粗约 2mm，无毛；花萼浅裂，不整齐；花冠钟状或管状钟形，白色或淡红色，5 裂，裂片扁圆形，顶端有凹缺；雄蕊 10，不等长，花丝线形，无毛，花药卵圆形；子房圆柱状锥形，无毛，有腺体，花柱无毛，柱头微膨大。蒴果圆柱状，成熟后 5~6 裂，花萼宿存，包围果实的 1/3 至 1/2。花期 4–5 月，果期 8–10 月。

保护等级及保护价值

国家Ⅱ级保护植物，中国特有种，IUCN 等级 VU。花色鲜艳悦目，是著名的观赏花卉。

古柯科 Erythroxylaceae
粘木属 *Ixonanthes*

粘木

Ixonanthes reticulata Jack

分布及生境

产于福建、广东、广西、湖南、云南和贵州，生于海拔30~750m路旁、山谷、山顶、溪旁、沙地、丘陵和疏密林中。

形态特征

灌木或乔木；树皮干后褐色，嫩枝顶端压扁状。单叶互生，纸质，无毛，椭圆形或长圆形，长 4~16cm，宽 2~8cm，顶部急尖为镰刀状或圆而微凹，侧脉 5~12 对，通常侧脉有间脉。叶柄长 1 至 3cm，有狭边。二岐或三岐聚伞花序，生于枝近顶部叶腋内；花梗长 5~7mm；花白色；萼片 5，基部合生，卵状长圆形或三角形；花瓣 5，卵状椭圆形或阔圆形；雄蕊 10，花蕾期花丝内卷，花期伸出花冠外；子房近球形。蒴果卵状圆锥形或长圆形，长 2~3.5cm，宽 1~1.7cm，室背有较宽的纵纹凹陷。种子长圆形，长 8~10mm，一端有膜质种翅，种翅长 10~15mm。花期 5–6 月，果期 6–10 月。

保护等级及保护价值

IUCN 等级 VU。粘木木材通直，纹理细致，株形美观，是优良的用材和观赏树种。

豆科 Fabaceae
山豆根属 *Euchresta*

山豆根

Euchresta japonica Hook. f. ex Regel

分布及生境

产于广西、广东、四川、湖南、江西、浙江，生于海拔800~1350m山谷或山坡密林中。

形态特征

藤状灌木，几不分枝，茎上常生不定根。叶仅具小叶 3 枚；叶柄长 4~5.5cm，近轴面有一明显的沟槽；小叶厚纸质，椭圆形，长 8~9.5cm，宽 3~5cm，先端短渐尖至钝圆；顶生小叶柄长 0.5~1.3cm；总状花序长 6~10.5cm；花萼杯状，长 3~5mm，宽 4~6mm，裂片钝三角形；花冠白色，旗瓣瓣片长圆形，长 1cm，宽 2~3mm，先端钝圆，匙形，基部外面疏被短柔毛瓣柄线形，长约 2mm，翼瓣椭圆形，龙骨瓣上半部粘合，极易分离，瓣片椭圆形，基部有小耳，瓣柄长约 2mm；子房扁长圆形或线形，长 5mm。果序长约 8cm，荚果椭圆形，长 1.2~1.7cm，宽 1.1cm。

保护等级及保护价值

国家Ⅱ级保护植物，IUCN 等级 VU。本种间断分布于中国—日本，因此本种对研究豆科植物的系统发育及中国—日本植物区系等有一定的意义。另外，山豆根中富含生物碱、黄酮等多种成分，具有增强免疫、抗心律失常等药理效用，具有潜在药用价值。

绣球科 Hydrangeaceae
蛛网萼属 *Platycrater*

蛛网萼

Platycrater arguta Sieb. et Zucc.

分布及生境

产于安徽（黄山）、浙江（云和、龙泉）、江西（上饶）、福建（武夷山），生于山谷水旁林下或山坡石旁灌丛中，海拔 800~1800m。

形态特征

落叶灌木，茎下部近平卧或匍匐状。叶对生或交互对生，薄纸质，披针形或椭圆形，长 9~15cm，宽 3~6cm，先端尾尖，基部窄楔形，具锯齿，上面疏生粗毛或近无毛，下面疏被柔毛，侧脉 7~9 对；叶柄长 1~7cm，扁平。伞房状聚伞花序有少数分枝；苞片线形，宿存。花二型；不育花位于花序外侧，常有退化花瓣和雌蕊，萼片 3~4，合生，三角形或四方形，先端 3~4 裂或 3~4 浅缺刻；孕性花位于花序内侧，萼筒与子房贴生，萼齿 4~5，三角状卵形或窄三角形，宿存；花瓣 4，白色，卵圆形，先端略尖，镊合状排列，早落；雄蕊多数，多轮，花丝基部稍合生，花药宽长圆形，花柱 2，细长，柱头乳头状。蒴果倒圆锥形，具纵纹。种子多数，小，椭圆形，两端具翅。

保护等级及保护价值

国家Ⅱ级保护植物，IUCN 等级 LC。蛛网萼系东亚特有单种属植物，间断分布于中国与日本，对研究植物地理、植物区系有科学价值。

北极花科 Linnaeaceae
蝟实属 *Kolkwitzia*

蝟实

Kolkwitzia amabilis Graebn.

分布及生境

产于山西、陕西、甘肃、河南、湖北及安徽等省，生于海拔350~1340m 山坡、路边和灌丛中。模式标本采自陕西华山。

形态特征

多分枝直立灌木，高达3m；幼枝红褐色，被短柔毛及糙毛，老枝光滑，茎皮剥落。叶椭圆形至卵状椭圆形，长3~8cm，宽1.5~2.5cm，顶端尖或渐尖，基部圆或阔楔形，全缘，少有浅齿状，上面深绿色，两面散生短毛，脉上和边缘密被直柔毛和睫毛；叶柄长1~2mm。伞房状聚伞花序具长1~1.5cm的总花梗，花梗几不存在；苞片披针形，紧贴子房基部；萼筒外面密生长刚毛，上部缢缩似颈，裂片钻状披针形，长0.5cm，有短柔毛；花冠淡红色，长1.5~2.5cm，直径1~1.5cm，基部甚狭，中部以上突然扩大，外有短柔毛，裂片不等，其中二枚稍宽短，内面具黄色斑纹；花药宽椭圆形；花柱有软毛，柱头圆形，不伸出花冠筒外。果实密被黄色刺刚毛，顶端伸长如角，冠以宿存的萼齿。花期5–6月，果熟期8–9月。

保护等级及保护价值

IUCN等级VU，是中国特有单种属植物，对于北极花科的系统进化及区系地理研究有重要的科学价值；具观赏价值。

木犀科 Oleaceae
丁香属 *Syringa*

羽叶丁香

Syringa pinnatifolia Hemsl.

分布及生境

产于陕西南部、甘肃、青海东部和四川西部，生于海拔2600~3100m 山坡灌丛中。模式标本采自四川宝兴。

形态特征

直立灌木。叶为羽状复叶，具小叶 7~11（~13）枚；叶轴有时具狭翅，无毛；叶柄长 0.5~1.5cm，无毛；小叶片对生或近对生，卵状披针形、卵状长椭圆形至卵形，先端锐尖至渐尖或钝，常具小尖头，基部楔形至近圆形，常歪斜，上面无毛或疏被短柔毛，下面无毛，无小叶柄。圆锥花序由侧芽抽生，稍下垂，长 2~6.5cm，宽 2~5cm；花序轴、花梗和花萼均无毛；花梗长 2~5mm；花萼长约 2.5mm，萼齿三角形，先端锐尖、渐尖或钝；花冠紫色、红色、粉红色或白色，花冠管远比花萼长；花药全部或部分藏于花冠管内，稀全部伸出。果长圆形，先端凸尖或渐尖，光滑。花期 5–6 月，果期 8–9 月。

保护等级及保护价值

中国特有种，IUCN 等级 LC。根茎作为中医和蒙医的名贵药材，具降气、温中、暖胃等功效；同时，在丁香属系统演化及对我国植物区系的研究上，也有重要的学术价值。

芍药科 Paeoniaceae
芍药属 *Paeonia*

滇牡丹

Paeonia delavayi Franch.

分布及生境

产于云南、四川西南部及西藏东南部，生于海拔 2500~3500m 山地林缘。模式标本采自云南洱源。

形态特征

亚灌木，全体无毛。茎高 1.5m；当年生小枝草质，小枝基部具数枚鳞片。叶为二回三出复叶；叶片轮廓为宽卵形或卵形，羽状分裂，裂片披针形至长圆状披针形；叶柄长 4~8.5cm。花 2~5 朵，生于枝顶和叶腋；苞片 3~4（~6），披针形；萼片 3~4，宽卵形；花瓣 9（~12），黄、橙、红或红紫色，倒卵形，有时边缘红色或基部有紫色斑块。雄蕊长 0.8~1.2cm，花丝长 5~7mm，干时紫色；花盘肉质，包住心皮基部，顶端裂片三角形或钝圆；心皮 2~5，无毛。蓇葖果长 3~3.5cm。花期 5 月；果期 7–8 月。

保护等级及保护价值

国家II级保护植物，中国特有种，IUCN 等级 LC。花色漂亮，可作为花卉。根药用，根皮（“赤丹皮”）可治吐血、尿血、血痢、痛经等症；去掉根皮的部分（“云白芍”）可治胸腹胁肋疼痛、泻痢腹痛、自汗盗汗等症。

芍药科 Paeoniaceae
芍药属 *Paeonia*

紫斑牡丹

Paeonia rockii（S. G. Haw et Lauener）T. Hong et J. J. Li ex D. Y.Hong

分布及生境

产于四川北部、甘肃南部、陕西南部，生于海拔 1100~2800m 山坡林下灌丛中。

形态特征

落叶灌木，茎高达 2m；分枝短而粗。叶通常为二回三出复叶，偶尔近枝顶的叶为 3 小叶；顶生小叶通常不裂，稀 3 裂，小叶柄长 1.2~3cm；侧生小叶狭卵形或长圆状卵形，不等 2 裂至 3 浅裂或不裂，近无柄；叶柄长 5~11cm，和叶轴均无毛。花单生枝顶，直径 10~17cm；花梗长 4~6cm；苞片 5，长椭圆形，大小不等；萼片 5，绿色，宽卵形，大小不等；花瓣 5，或为重瓣，内面基部具深紫色斑块，雄蕊长 1~1.7cm，花丝紫红色、粉红色，上部白色，长约 1.3cm，花药长圆形，长 4mm；花盘革质，心皮 5，密生淡黄色柔毛。蓇葖长圆形，密生黄褐色硬毛。花期 5 月，果期 6 月。

保护等级及保护价值

国家Ⅱ级保护植物，中国特有种，IUCN 等级 VU。花色、花形美丽，可做观赏植物栽培。此外，紫斑牡丹加工而成的牡丹籽油中含有丰富的不饱和脂肪酸，具有较好的营养价值和保健功效。

禾本科 Poaceae
筇竹属 *Chimonobambusa*

筇竹

Chimonobambusa tumidissinoda J.R.xue et T. P. Yi ex Ohrnb.

分布及生境

本种自然分布于四川宜宾地区和云南昭通地区，即云贵高原东北缘向四川盆地过渡的亚高山地带。模式标本采自四川雷波。

形态特征

灌木状竹类，地下茎复轴型；节间长 15~25cm，秆壁甚厚；竿基部的节间为圆筒形，自第 1 节起竿环即极度隆起，具有呈扣盘状的锐脊，其脊粗几为节间的一倍，在脊上有着容易横向脆断的浅沟状关节，断开后截口平整；秆箨早落，厚纸质；箨鞘背部被棕色刺毛，向基部则刺毛尤密；每节分枝 3，有时因次生枝发生而可为多枚；小枝纤细，具叶 2~4 片。叶宽 6~12mm，次脉 2~4 对，横脉清晰。花序轴各节具一大型苞片，并着生 1 至数枚短分枝，其顶端具 1 小穗，下部为一组小苞片所包被；雄蕊 3；花柱 1，柱头 2，羽毛状。坚果厚皮质，顶端具宿存花柱。笋期 4 月，花期 4 月，果期 5 月。

保护等级及保护价值

国家Ⅲ级保护植物，中国特有种，IUCN 等级 LC。其笋味鲜美、秆状奇特，具有极高的经济价值。是目前竹亚科中仅有的两种国家Ⅲ级重点保护植物之一；该种还是很好的观赏竹种。目前该种仍属野生状态。

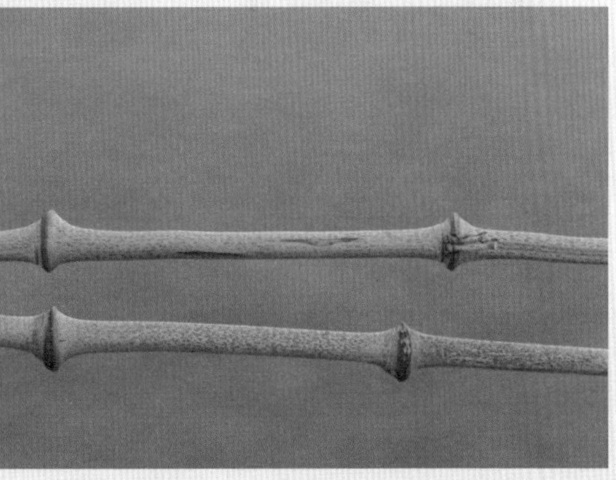

禾本科 Poaceae
短穗竹属 *Semiarundinaria*

短穗竹

Semiarundinaria densiflora （Rendle） T. H. Wen

分布及生境

产于江苏、安徽、浙江、江西、湖北、广东等省，生于低海拔的平原和向阳山坡路边。模式标本采自江苏和浙江太湖沿岸地区。

形态特征

秆散生；节间圆筒形，无沟槽，在箨环下方具白粉，以后变为黑垢。箨鞘背面绿色，老则渐变黄色，无斑点，边缘生紫色纤毛；箨耳发达，边缘具长 3~5mm 的弯曲繸毛；箨舌呈拱形，褐棕色，边缘生极短的纤毛；箨片披针形或狭长披针形，绿色带紫色，向外斜举或水平展开。秆每节通常分 3 枝，上举，彼此长短近相等。叶舌截形，高 1~1.5mm；叶片长卵状披针形，先端短渐尖，基部圆形或圆楔形。假小穗 2~8 枚，含 5~7 小花；颖片 1~3 片，第一颖为鳞片状，具 1 脉，其余 2 颖与外稃相类似而稍短；外稃卵状披针形，具 9~11 脉；内稃稍长或近等长于其外稃，背部具 2 脊；鳞被 3，其中 1 枚稍小，呈倒卵形或匙形，下面具脉纹数条，背部被较密的细毛，边缘具较粗纤毛；花柱较长；柱头 3，羽毛状。笋期 5–6 月，花期 3–5 月。

保护等级及保护价值

国家Ⅲ级保护植物，IUCN 等级 LC，中国特有种。秆可做伞柄、钓鱼竿，也可劈篾编织家庭用具，笋味略苦。

鼠李科 Rhamnaceae
小勾儿茶属 *Berchemiella*

小勾儿茶

Berchemiella wilsonii （C. K. Schneid.） Nakai

分布及生境

产于湖北兴山，生于海拔 1300m 林中。模式标本采自湖北兴山。

形态特征

落叶灌木，高3~6m；小枝无毛，褐色，具密而明显的皮孔，有纵裂纹，老枝灰色。叶纸质，互生，椭圆形，叶大，长7~10cm，宽3~5cm，侧脉每边8~10条，仅脉腋微被髯毛；叶柄长4~5mm，无毛，上面有沟槽；托叶短，三角形，背部合生而包裹芽。顶生聚伞总状花序，长3.5cm，无毛；花芽圆球形，直径1.5mm，短于花梗；花淡绿色，萼片三角状卵形，内面中肋中部具喙状突起，花瓣宽倒卵形，顶端微凹，基部具短爪，与萼片近等长，子房基部为花盘所包围，花柱短，2浅裂。花期7月。

保护等级及保护价值

国家Ⅱ级保护植物，IUCN等级LC，中国特有种。小勾儿茶为分布微域的特有种，该属花的构造既与猫乳属 *Rhamnella* 有相同的特征，又与勾儿茶属 *Berchemia* 有相似的结构，对研究鼠李科枣族 Zizipheae 中某些属间的亲缘关系有科学意义。

蔷薇科 Rosaceae
蔷薇属 *Rosa*

香水月季

Rosa odorata (Andr.) Sweet

分布及生境

产于云南。江苏、浙江、四川有栽培。

形态特征

常绿或半常绿攀缘灌木，有长匍匐枝，枝粗壮，无毛，有散生而粗短钩状皮刺。小叶 5~9，连叶柄长 5~10cm；小叶片椭圆形、卵形或长圆卵形，长 2~7cm，先端急尖或渐尖，稀尾状渐尖，基部楔形或近圆形，边缘有紧贴的锐锯齿，两面无毛，革质。花单生或 2~3 朵，直径 5~8cm；花梗长 2~3cm，无毛或有腺毛；萼片全缘，稀有少数羽状裂片，披针形，先端长渐尖，外面无毛，内面密被长柔毛；花瓣芳香，白色或带粉红色，倒卵形；心皮多数，被毛；花柱离生，伸出花托口外，约与雄蕊等长。果实呈压扁的球形，稀梨形，外面无毛，果梗短。花期 6–9 月。

保护等级及保护价值

中国特有种。香水月季是重要的园林绿化和月季育种资源；精油可用于芳香治疗。

茜草科 Rubiaceae
丁茜属 *Trailliaedoxa*

丁茜

Trailliaedoxa gracilis W. W. Smith et Forrest

分布及生境

产于四川和云南（金沙江及其支流），生于干暖河谷两旁的岩石中和山坡草丛中。模式标本采自云南丽江虎跳峡大具。

形态特征

直立亚灌木，多分枝，高 20~45cm，间有达 60cm，基部木质；茎纤细，稠密，圆柱形，密被微细卷毛。叶革质，倒卵形或倒披针形，长 5~10mm，宽 3~4mm，顶端圆或钝，基部渐狭成 1 柄，全缘，上面无毛或被疏毛，下面色较淡，沿中脉被长毛，两面叶脉均不明显；叶柄极短，长不及 1mm；托叶锥形，2 裂，长约 6mm，被微柔毛。花序近球形，花 6~12 朵，被曲卷毛并有长约 5mm 的总花梗和微小、线形的苞片；花梗长 1~2mm，被长毛；萼管长约 1mm，被浓密钩毛，萼檐裂片线形，短尖，基部略收缩；花冠红白色或浅黄色，延长漏斗形。果密被钩毛，顶部冠以宿存萼檐裂片。花期 7–8 月。

保护等级及保护价值

国家Ⅱ级保护植物，IUCN 等级 VU，中国特有种。金沙江河谷特有单种属，并呈金沙江—红河间断分布。

梧桐科 Sterculiaceae
平当树属 *Paradombeya*

平当树

Paradombeya sinensis Dunn

分布及生境

产于云南（泸水）和四川南部（屏山），生于海拔 280~1500m 山坡上的稀树灌丛草坡中。

形态特征

小乔木或灌木；小枝被稀疏的星状短柔毛。叶膜质，卵状披针形至椭圆状倒披针形，顶端长渐尖，边缘有密的小锯齿，上面无毛或几无毛，下面被稀疏的星状柔毛；叶柄长 3~5mm 或无柄。花簇生于叶腋；小苞片披针形；萼 5 裂几至基部，萼片卵状披针形；花瓣 5 片，黄色，广倒卵形，不相等，顶端截形，凋而不落；雄蕊 15 枚，每 3 枚集合成群并与舌状的退化雄蕊互生，退化雄蕊比花瓣略短；子房圆球形，2 室，被星状茸毛。蒴果近圆球形，每果瓣有种子 1 个；种子矩圆状卵形，深褐色。花期 9–10 月。

保护等级及保护价值

国家 II 级保护植物，中国特有种，IUCN 等级 EN。数量稀少。

安息香科 Styracaceae
秤锤树属 *Sinojackia*

黄梅秤锤树

Sinojackia huangmeiensis J. W. Ge et X. H. Yao

分布及生境

产于湖北黄梅，生于海拔约 30m 湖边杂木林下。

形态特征

落叶乔木，树干有刺。单叶互生，叶片宽卵形或窄卵形；长 5~12cm，先端渐尖，边缘有锯齿。总状花序有花 4~6 朵；萼片通常 6 齿，齿三角形；花冠白色，5~7 深裂，花瓣宽卵形，长 10~12mm，先端微急尖；雄蕊 10~12；子房下位，3 室，每室 6~8 胚珠。果实卵球形，长 1.6~1.8cm，茎 9~12mm，灰褐色，有长 3~4mm 的短喙，喙有乳突；外果皮厚约 1mm，密被皮孔；中果皮海绵质，厚约 4mm，内果皮木质；种子 1~2；种皮光滑。花期 3–4 月；果期 10–11 月。

保护等级及保护价值

IUCN 等级 VU，中国特有种。目前仅存一个种群，且个体数量极少（约 200 株），周边自然生态破坏严重；观赏树种；对于研究安息香科的系统发育有科研价值。

安息香科 Styracaceae
秤锤树属 *Sinojackia*

细果秤锤树

Sinojackia microcarpa T. Chen et G. Y. Li

分布及生境

产于浙江（建德、临安），生于海拔 200m 以下溪边灌丛中。

形态特征

落叶灌木；茎直径 2~4cm，有刺。叶卵圆形或椭圆形，长 6~12cm，顶端渐尖，基部楔形或圆形，边缘有疏锯齿。总状花序，有花 3~7 朵；花两性，下垂；萼片通常 6 齿；花冠白色，通常 6 深裂，裂片长圆状披针形，长 7~8cm；雄蕊通常 12。子房下位，3 室。果梗长 0.5~2cm。果实不裂，纺锤状，灰褐色，干后有 6~12 条棱，长 1.5~2cm，直径 3~4mm，顶端钻形，喙长 0.5~1cm；外果皮薄，疏被星状毛；中果皮不发育；内果皮薄，骨质；种子单生，长约 1cm；种皮光滑。花期 3–4 月，果期 10–11 月。

保护等级及保护价值

中国特有种，IUCN 等级 CR。可作为观赏树种。

安息香科 Styracaceae
秤锤树属 *Sinojackia*

秤锤树

Sinojackia xylocarpa Hu

分布及生境

产于江苏（南京），杭州、上海、武汉等有栽培；自然情况下生于海拔 500~800m 林缘或疏林中。

形态特征

灌木或小乔木。叶纸质，倒卵形或椭圆形，顶端急尖，基部楔形或近圆形，生于具花小枝基部的叶卵形而较小，基部圆形或稍心形，侧脉每边 5~7 条；叶柄长约 5mm。总状聚伞花序生于侧枝顶端，有花 3~5 朵；花梗柔弱而下垂；花萼倒圆锥状，萼管长约 4mm；花冠裂片长圆状椭圆形，顶端钝；雄蕊 10~14 枚，花丝长约 4mm，下部宽扁，联合成短管，疏被星状毛，花药长圆形，长约 3mm，无毛；花柱线形，柱头不明显 3 裂。果实卵形，无毛，具圆锥状的喙，果皮厚，木质；种子 1 颗，长圆状线形，栗褐色。花期 3–4 月，果期 7–9 月。

保护等级及保护价值

国家Ⅱ级保护植物，中国特有种，IUCN 等级 EN。秤锤树具有很高的观赏价值，且该种在研究安息香科系统发育上有一定的科学意义。

桎柳科 Tamaricaceae
水柏枝属 *Myricaria*

疏花水柏枝

Myricaria laxiflora（Franch.）P. Y. Zhang et Y. J. Zhang

分布及生境

产于湖北秭归、巴东及四川巫山峡口长江两岸地区，生长于路旁及河岸边。模式标本采于四川巫山峡口长江沿岸。

形态特征

直立灌木，高约 1.5m；老枝红褐色或紫褐色，光滑，当年生枝绿色或红褐色。叶密生于当年生绿色小枝上，叶披针形或长圆形，长 2~4mm，宽 0.8~1mm，先端钝或锐尖，常内弯，基部略扩展，具狭膜质边。总状花序通常顶生，长 6~12cm，较稀疏；苞片披针形或卵状披针形，长约 4mm，宽约 1.5mm，渐尖，具狭膜质边；花梗长约 2mm；萼片披针形或长圆形，长 2~3mm，宽约 1mm，先端钝或锐尖，具狭膜质边；花瓣倒卵形，长 5~6mm，宽 2mm，粉红色或淡紫色；花丝 1/2 或 1/3 部分合生；子房圆锥形，长约 4mm。蒴果狭圆锥形，长 6~8mm。种子长 1~1.5mm，顶端芒柱一半以上被白色长柔毛。花、果期 6–8 月。

保护等级及保护价值

IUCN 等级 EN，中国特有种。人工水利工程导致生境被破坏，物种濒危。

红豆杉科 Taxaceae
穗花杉属 *Amentotaxus*

穗花杉

Amentotaxus argotaenia （Hance） Pilger

分布及生境

产于江西西北部、湖北西部及西南部、湖南、四川东南部及中部、西藏东南部、甘肃南部、广西、广东等地，生于海拔 300~1100m 地带的荫湿溪谷两旁或林内。

形态特征

小乔木。树皮灰褐色或淡红褐色，裂成片状脱落；小枝斜展或向上伸展，圆或近方形，一年生枝绿色，二、三年生枝绿黄色或淡黄红色。叶基部扭转列成两列，条状披针形，直或微弯镰状，长3~11cm，宽6~11mm，先端尖或钝，基部渐窄，楔形，有极短的叶柄，边缘微向下曲，下面白色气孔带与绿色边带等宽或较窄；萌生枝的叶较长，通常镰状，先端有渐尖的长尖头，气孔带较绿色边带为窄。雄球花穗1~3穗，长5~6.5cm，雄蕊有2~5花药。种子椭圆形，成熟时假种皮鲜红色，长2~2.5cm，顶端有小尖头露出，基部宿存苞片的背部有纵脊，梗扁四棱形。花期4月，种子10月成熟。

保护等级及保护价值

穗花杉形态特殊，树姿优美，种子成熟时具鲜红色的假种皮，材质优良，可作为优良的庭园观赏树种及上等的用材树种；同时，对研究我国南方植物区系的发生、演化有重要的价值，是湖北省重点保护野生植物。

山茶科 Theaceae
山茶属 *Camellia*

长瓣短柱茶

Camellia grijsii Hance

分布及生境

产于福建、四川巫溪、江西黎川、湖北及广西北部，生于向阳的山坡、林中。

形态特征

灌木或小乔木。叶革质，长圆形，先端渐尖或尾状渐尖，基部阔楔形或略圆，上面干后橄榄绿色，有光泽，无毛，或中脉基部有短毛，下面同色，中脉有稀疏长毛，边缘有尖锐锯齿，叶柄长 5~8mm，有柔毛。花顶生，白色，直径 4~5cm，花梗极短；苞被片 9~10 片，半圆形至近圆形，最外侧的长 2~3mm，最内侧的长 8mm，革质，无毛，花开后脱落；花瓣 5~6 片，倒卵形，先端凹入，基部与雄蕊连生 2~5mm；雄蕊长 7~8mm，基部连合或部分离生，无毛，花药基部着生；子房有黄色长粗毛；花柱长 3~4mm，无毛，先端 3 浅裂。蒴果球形，1~3 室。花期 1–3 月，果期 9–10 月。

保护等级及保护价值

中国特有种，IUCN 等级 NT。长瓣短柱茶与短柱茶以及油茶组中的某些种类有一定亲缘关系，花有微香。种子的油含量较高，可作为食用和工业用油；花大而洁白，可作观赏植物。

荨麻科 Urticaceae
舌柱麻属 *Archiboehmeria*

舌柱麻

Archiboehmeria atrata（Gagnep.）C. J. Chen

分布及生境

产于广西、广东和湖南南部，生于海拔 300~1500m 山谷半阴坡疏林中较潮湿肥沃土上或石缝内。

形态特征

灌木或半灌木，高 0.6~4m；小枝上部被近贴生的短柔毛，后渐脱落。叶膜质或近膜质，卵形至披针形，先端尾状渐尖，边缘除基部全缘外有粗牙齿或钝牙齿；叶柄疏生短毛；托叶 2 裂至中部，披针形。雄花序生于下部叶腋，雌花序生于上部叶腋。花单性，稀杂性，两性花生于雌雄花混生的花序中；花被片合生至中部，卵状椭圆形，外面疏生微柔毛；退化雌蕊半透明，宽倒卵形。花被近膜质，合生成坛状，与子房离生，在口部稍收缩，外面疏短粗毛；柱头舌状，压扁后，在其一侧稍凹陷，其内密生曲柔毛。瘦果卵形，有疣状突起。花期（5–）6–8 月，果期（8–）9–10 月。

保护等级及保护价值

IUCN 等级 VU。舌柱麻属为荨麻科一新属，仅此一种，花杂性，有两性花，是荨麻族中较原始的类群，对于研究该科分类系统有科学价值。茎皮纤维为麻的代用品和人造棉的原料。

豆科 Fabaceae
大豆属 *Glycine*

野大豆

Glycine soja Sieb. et Zucc.

分布及生境

除新疆、青海和海南外，遍布全国。生于海拔 150~2650m 潮湿的田边、园边、沟旁、河岸、湖边、沼泽、草甸、沿海和岛屿向阳的矮灌木丛或芦苇丛中。

形态特征

一年生缠绕草本。茎、小枝纤细，全体疏被褐色长硬毛。叶具 3 小叶，长可达 14cm，托叶卵状披针形，急尖顶生小叶卵圆形或卵状披针形，长 3.5~6cm，宽 1.5~2.5cm，侧生小叶斜卵状披针形。总状花序稀长可达 13cm；花小，长约 5mm；花梗密生黄色长硬毛；花萼钟状，裂片 5，三角状披针形，先端锐尖；花冠淡红紫色或白色，旗瓣近圆形，先端微凹，基部具短瓣柄，翼瓣斜倒卵形，有明显的耳，龙骨瓣比旗瓣及翼瓣短小，密被长毛。荚果长圆形，长 17~23mm，宽 4~5mm，密被长硬毛；种子 2~3 颗，椭圆形，长 2.5~4mm，宽 1.8~2.5mm，褐色至黑色。花期 7–8 月，果期 8–10 月。

保护等级及保护价值

国家Ⅱ级保护植物，IUCN 等级 LC。野大豆是大豆（*Glycine max* （Linn.） Merr.）育种的重要材料，具有多荚、繁殖性强、抗逆性强、适应性广、高蛋白、抗病虫等优良性状。全株为家畜喜食的饲料，可栽作牧草、绿肥和水土保持植物。全草还可药用，有补气血、强壮、利尿等功效。

卫矛科 Celastraceae
永瓣藤属 *Monimopetalum*

永瓣藤

Monimopetalum chinense Rehd.

分布及生境

产于安徽（祁门）、江西北部（景德镇）以及湖北通山，生于山坡、路边及山谷杂林中。

形态特征

藤本灌木；小枝基部常有多数宿存芽鳞，芽鳞边缘有线状细齿，呈尖尾状。叶互生，纸质，卵形，窄卵形，间有长方卵形或椭圆形，长 5~9cm，宽 1.5~5cm. 先端长渐尖至短渐尖或近急尖，基部圆形或阔楔形，边缘有浅细锯齿，锯齿端常呈纤毛状；叶柄细长，长 8~12mm，托叶细丝状，长 5~6mm，宿存。聚伞花序 2~3 次分枝，花序梗长 2~12mm，小花梗长 3~8mm；苞片小苞片均窄卵形或锥形，边缘有长流苏状细齿；花小，直径 3~4mm，淡绿色；花瓣卵圆形或倒卵形。蒴果下有 4 片增大花被；花被匙形或长倒卵形，长 10~12mm；种子黑色，基部有细小环状假种皮。花期 5–6 月，果期 7–11 月。

保护等级及保护价值

国家Ⅱ级保护植物，中国特有种，IUCN 等级 EN。永瓣藤在江西作为一味民间草药，常用于治疗风湿性关节炎。永瓣藤是卫矛科单种属植物，在系统净化方面具有一定的科研价值。

防己科 Menispermaceae
青牛胆属 *Tinospora*

青牛胆

Tinospora sagittata （Oliv.） Gagnep.

分布及生境

产于湖北、陕西、四川、西藏、贵州、湖南、江西、福建、广东、广西，常散生于林下、林缘、竹林及草地上。模式标本采自湖北宜昌。

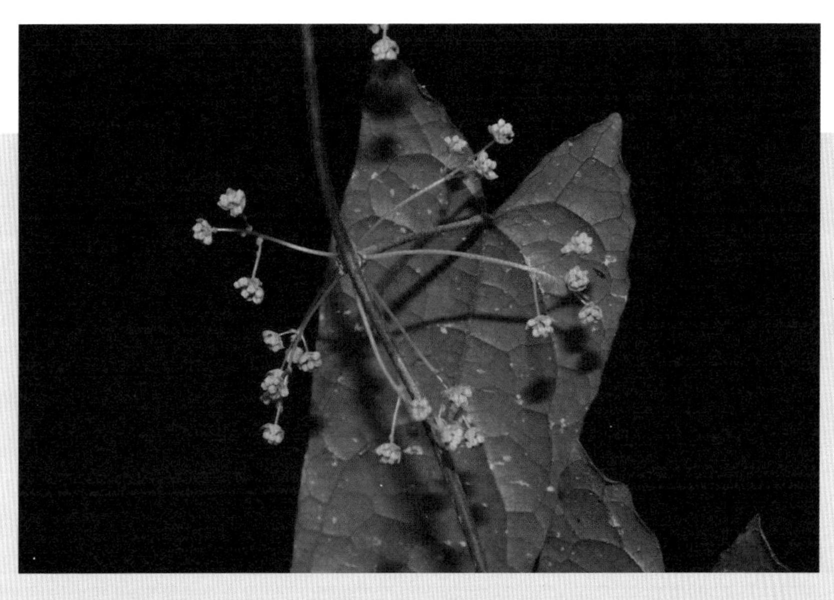

形态特征

草质藤本，具连珠状块根，膨大部分常为不规则球形，黄色；枝纤细，有条纹，常被柔毛。叶纸质至薄革质，披针状箭形或有时披针状戟形；掌状脉5条，连同网脉均在下面凸起。花序腋生，常数个或多个簇生，聚伞花序或分枝成疏花的圆锥状花序，总梗、分枝和花梗均丝状；小苞片2，紧贴花萼；萼片6，最外面的小，常卵形或披针形，阔卵形至倒卵形；花瓣6，肉质，常有爪，瓣片近圆形或阔倒卵形，很少近菱形，基部边缘常反折，长1.4~2mm；雄蕊6，与花瓣近等长或稍长；雌花：萼片与雄花相似；花瓣楔形，长0.4mm左右；退化雄蕊6，常棒状或其中3个稍阔而扁；心皮3，近无毛。核果红色，近球形；果核近半球形。花期4月，果期秋季。

保护等级及保护价值

IUCN等级EN。块根入药，名“金果榄”，味苦性寒，功能清热解毒。

第五部分
乔木类植物

长江流域的森林资源在蓄水保水、水土保持、减缓山洪、缓解枯水期河流生态等方面都具有重要的作用。根据长江流域考古研究，距今约8000年至3000年的新石器时代，长江流域的森林植被覆盖广泛，流域内平原、山地、丘陵几乎都覆盖着亚热带（含部分温带、热带）常绿阔叶林、针叶林和落叶林，中全新世流域内森林覆盖率在80%左右。随着长江流域人类活动的增加，到14世纪中期，长江流域的森林覆盖率已经不足40%。

中华人民共和国成立后，我国的森林资源与森林结构发生了很大的变化。在20世纪80年代以前，我国森林采伐以皆伐为主，80年代后慢慢以“择伐”代替“皆伐”。根据林业部1977–1981年的森林资源调查数据估算，当时我国的森林覆盖率只有18%左右，一些重要的树种如华山松（*Pinus armandii*），秦岭冷杉（*Abies chensiensis*）、柔毛油杉（*Keteleeria pubescens*）、四川红杉（*Larix mastersiana*）、太白红杉（*Larix chinensis*）、油麦吊云杉（*Picea brachytyla var. complanata*）等几乎采伐殆尽。

2000年正式实施的天然林资源保护工程（“天保工程”）和退耕还林工程，是我国21世纪初实施的最大的生态工程。天保工程的实施是我国林业对1998年长江及嫩江流域发生特大洪水的及时反馈，其全面停止了长江上游及黄河中上游地区天然林的商业性采伐。天保工程为长江流域生态系统的及时恢复提供了最强的动力和保障。

本书共收录了长江流域乔木类保护物种116种，其中被子植物80种，裸子植物36种，包含国家Ⅰ级保护物种24种，国家Ⅱ级保护物种63种，国家Ⅲ级保护物种4种，其他25种。

槭树科 Aceraceae
槭属 *Acer*

梓叶枫

Acer amplum subsp. *catalpifolium* （Rehder） Y. S. Chen

分布及生境

产于四川西部及成都平原周围各县，生于海拔 400~1000m 阔叶林中。模式标本采自四川雅安。

形态特征

落叶乔木。叶较大，长 10~20cm，宽 5~9cm，纸质，卵形或长圆卵形，基部圆形，先端钝尖，具尾状尖尾；叶柄无毛，长 5~14cm。伞房花序长 6cm，直径 20cm；花黄绿色，杂性，雄花与两性花同株，四月于叶初生时开放；萼片 5, 长圆卵形，先端钝形，现凹缺；花瓣 5，长圆倒卵形或倒披针形；雄蕊 8，两性花中的雄蕊较短，花丝细瘦，花药黄色，近于球形；花盘位于雄蕊的外侧；子房无毛，花柱细瘦，2 裂柱头反卷；翅果较大，长 5~5.5 cm，翅近顶端部分最宽，下段狭窄张开成锐角或近于直角（四川西部）；果梗长 2~3cm。花期 4 月上旬，果期 8~9 月。

保护等级及保护价值

国家Ⅱ级保护植物，中国特有。其树干高大，材质坚硬、致密，为优良的用材树种；其树形优美，冠幅大，可作绿化观赏树种。

槭树科 Aceraceae
槭属 *Acer*

庙台枫

Acer miaotaiense P. C. Tsoong

分布及生境

产于陕西西南部、甘肃东南部、浙江西北部和湖北西部，生于海拔 1300~1700m 阔叶林中。模式标本采自陕西留坝县庙台子留侯庙。

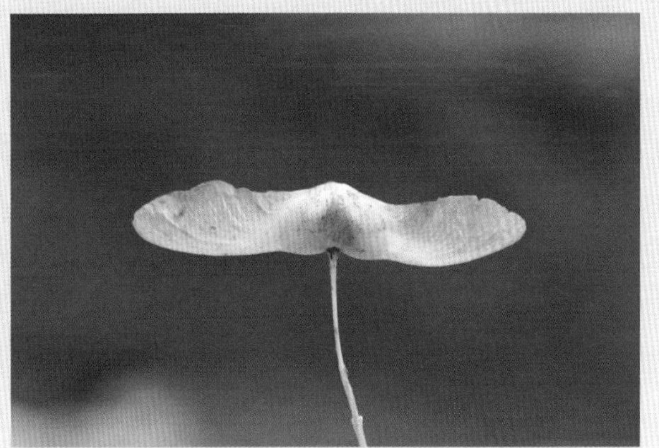

形态特征

高大的落叶乔木，树皮深灰色，稍粗糙。小枝无毛，当年生枝紫褐色，多年生枝灰色。叶纸质，外貌近于阔卵形，长7~9cm，宽6~8cm，常3~5裂，裂片卵形、先端短急锐尖，边缘微呈浅波状，裂片间的凹块钝形，上面深绿色，无毛，下面淡绿色有短柔毛，沿叶脉较密；初生脉3~5条和次生脉5~7对均在下面，较在上面为显著；叶柄比较细瘦，长6~7cm，基部膨大，无毛。花的特性未详。果序伞房状，连同长8~10mm的总果梗在内约长5cm，无毛；小坚果扁平，长与宽均约8mm，被很密的黄色绒毛；翅长圆形，宽8~9mm，连同小坚果长2.5cm。花期不明，果期9月。

保护等级及保护价值

国家Ⅰ级保护植物，中国特有种，IUCN等级VU。本种和日本北海道产的第三纪中新世、上新世及更新世的地层中日本羊角槭（*Acer miyabei* Maxim.）的亲缘关系极为密切，因此庙台槭是一个古老的残遗种，对研究植物地理学和古植物学均具有一定的意义。庙台槭叶形、果形奇特，是一种良好的现代园林绿化树种。

槭树科 Aceraceae
槭属 *Acer*

漾濞枫

Acer yangbiense Y. S. Chen et Q. E. Yang

分布及生境

仅分布于云南漾濞县，生于海拔 2200~2400m 苍山西坡村庄附近的山坡上。

形态特征

高大落叶乔木。当年生新枝绿色，二年生小枝棕绿色，多年生枝条浅棕色或深棕色，芽鳞覆瓦状排列。叶纸质，长 10~20cm，宽 11~25cm，通常宽大于长，5 浅裂。叶片基部心形，正面绿色无毛，背面有灰白色密绒毛。基部裂片较小，先端渐尖，侧裂片和中间裂片较大，三角卵形，先端渐尖，边缘全缘或有不明显疏齿，主脉 5 条，在叶背面显著凸起，叶柄 4~17cm，有灰白色柔毛。总状花序无毛，下垂，从 2~3 年生枝的侧芽发出。花黄绿色，萼片 5；花瓣 5，花盘位于雄蕊内部，无毛；雄蕊 8，花柱 2，基部合生。果序下垂，有 9~17 个果实，幼果红绿色，成熟后黄褐色，坚果直径约 7mm，有显著凸起；翅与坚果形成锐角或近直角。花期 4 月，果期 9–10 月。

保护等级及保护价值

IUCN 等级 CR，中国特有种。野生漾濞槭植株仅存 4 株。

槭树科 Aceraceae
金钱槭属 *Dipteronia*

金钱枫

Dipteronia sinensis Oliv.

分布及生境

产于河南西南部、陕西南部、甘肃东南部、湖北西部、四川、贵州等地，生于海拔 1000~2000m 林边或疏林中。

形态特征

落叶小乔木。小枝纤细，圆柱形，幼嫩部分紫绿色，较老的部分褐色或暗褐色，皮孔卵形。叶为对生的奇数羽状复叶，长 20~40cm；小叶纸质，通常 7~13 枚，长圆卵形或长圆披针形，长 7~10cm，宽 2~4cm，先端锐尖或长锐尖，基部圆形，边缘具稀疏的钝形锯齿。共序为顶生或腋生圆锥花序，无毛，长 15~30cm，花梗长 3~5mm；花白色，杂性，雄花与两性花同株，萼片上卵形或椭圆形，花瓣阔卵形，与萼片互生。常有两个扁形的果实生于一个果梗上，果实的周围围着圆形或卵形的翅，长 2~2.8cm，宽 1.7~2.3cm；种子圆盘形，直径 5~7mm。花期 4 月，果期 9 月。

保护等级及保护价值

国家Ⅱ级保护植物，中国特有种，IUCN 等级 LC。金钱槭为我国槭树科特有的乔木状稀有原始树种，是研究槭树科植物起源、系统演化、植物区系、地理分布、古地理和古气候等的重要树种，有重要的科学价值。

桦木科 Betulaceae
鹅耳枥属 *Carpinus*

普陀鹅耳枥

Carpinus putoensis W. C. Cheng

分布及生境

仅见于浙江舟山群岛，生于山坡林中。模式标本采自浙江普陀岛。

形态特征

乔木；树皮灰色。叶厚纸质，椭圆形至宽椭圆形，长 5~10cm，宽 3~5cm，顶端锐尖或渐尖，基部圆形或宽楔形，边缘具不规则的刺毛状重锯齿，上面疏被长柔毛，下面疏被短柔毛，侧脉 11~13 对；叶柄长 5~10mm，上面疏被短柔毛。果序长 3~8cm，直径 4~5cm；序梗、序轴均疏被长柔毛或近无毛，序梗长 1.5~3cm；果苞半宽卵形，长约 3cm，背面沿脉被短柔毛，内侧基部具长约 3mm 的内折的卵形小裂片，外侧基部无裂片，中裂片半宽卵形，长约 2.5cm，顶端圆或钝，外侧边缘具不规则的齿牙状疏锯齿，内侧边缘全缘直或微呈镰形。小坚果宽卵圆形，长约 6mm，无毛亦无腺体，具数肋。

保护等级及保护价值

国家Ⅰ级保护植物，IUCN 等级 CR，中国特有种。自然环境中本物种现仅存一株，因此在保存物种和增添普陀岛自然风景区景色方面都有重要意义。

桦木科 Betulaceae
榛属 *Corylus*

华榛

Corylus chinensis Franch.

分布及生境

产于云南、四川西南部、湖北西部，生于海拔 1000~3500m 湿润山坡林中。

形态特征

落叶乔木，树皮灰褐色，纵裂；枝条灰褐色，无毛；小枝褐色，密被长柔毛和刺状腺体，基部通常密被淡黄色长柔毛。叶椭圆形、宽椭圆形或宽卵形，长8~18cm，宽6~12cm，顶端骤尖至短尾状，基部心形，两侧显著不对称，边缘具不规则的钝锯齿，上面无毛，下面沿脉疏被淡黄色长柔毛，有时具刺状腺体。雄花序2~8枚排成总状，长2~5cm；苞鳞三角形，锐尖，顶端具1枚易脱落的刺状腺体。果2~6枚簇生成头状，长2~6cm，直径1~2.5cm；果苞管状，外面具纵肋，疏被长柔毛及刺状腺体，很少无毛和无腺体，上部深裂，具3~5枚镰状披针形的裂片。坚果球形，无毛。

保护等级及保护价值

IUCN等级LC，中国特有种。华榛为我国特有的木材与坚果兼用的优良树种。木材供建筑及制作器具，种子可食。

桦木科 Betulaceae
铁木属 *Ostrya*

天目铁木

Ostrya rehderiana Chun

分布及生境

产于浙江省，生于海拔 400~500m 林中。模式标本采自浙江天目山。

形态特征

乔木；树皮深灰色，粗糙。叶长椭圆形或矩圆状卵形；顶端渐尖、长渐尖或尾状渐尖，基部近圆形或宽楔形；边缘具不规则的锐齿或有时具刺毛状齿；叶上面绿色，几无毛，下面淡绿色，疏被硬毛至几无毛；叶柄长 3~5mm，密被短柔毛。雄花序下垂，长 5~10cm，单生或 2~3 枚簇生；苞鳞宽卵形，顶端骤尖，具条棱，边缘密生短纤毛；花药顶端具长柔毛。果多数，聚生成稀疏的总状；果序轴全长 2~3cm，序梗长 1.5~2cm，密被短硬毛；果苞膜质，膨胀，长椭圆形至倒卵状披针形，长 2~2.5cm，最宽处直径 6~8mm，顶端圆，具短尖，基部缢缩呈柄状，上部无毛，基部具长硬毛，网脉显著。小坚果红褐色，卵状披针状，直径约 2.5mm，平滑，具不明显的细肋。

保护等级及保护价值

国家 I 级保护植物，IUCN 等级 CR，中国特有种。天目铁木不仅是我国特有种，而且是该属分布于我国东部的唯一种类，因此对研究植物区系和铁木属系统分类，以及保存物种等均具有一定意义。

伯乐树科 Bretschneideraceae
伯乐树属 *Bretschneidera*

伯乐树

Bretschneidera sinensis Hemsley

分布及生境

产于四川、云南、贵州、广西、广东、湖南、湖北、江西、浙江、福建等省、自治区，生于低海拔至中海拔的山地林中。

形态特征

乔木；树皮灰褐色；小枝有较明显的皮孔。羽状复叶通常长 25~45cm；小叶纸质或革质，狭椭圆形，菱状长圆形，长圆状披针形或卵状披针形，长 6~26cm，宽 3~9cm，全缘，顶端渐尖或急短渐尖，基部钝圆或短尖、楔形。花序长 20~36cm；花淡红色，直径约 4cm，花梗长 2~3cm；花瓣阔匙形或倒卵楔形，顶端浑圆，长 1.8~2cm，宽 1~1.5cm，内面有红色纵条纹。果椭圆球形，近球形或阔卵形，长 3~5.5cm，直径 2~3.5cm，有或无明显的黄褐色小瘤体，果瓣厚 1.2~5mm；种子椭圆球形，平滑，成熟时长约 1.8cm，直径约 1.3cm。花期 3–9 月，果期 5 月至翌年 4 月。

保护等级及保护价值

国家Ⅰ级保护植物，IUCN 等级 NT。伯乐树为单种科植物，是古老的残遗种，对研究被子植物的系统发育及古地理等均有科学价值。木材硬度适中，不翘裂，色纹美观，为优良的家具及工艺用材。

连香树科 Cercidiphyllaceae
连香树属 *Cercidiphyllum*

连香树

Cercidiphyllum japonicum Sieb. et Zucc.

分布及生境

产于河南、陕西、甘肃、安徽、浙江、江西、湖北及四川，生于海拔 650~2700m 山谷边缘或林中开阔地的杂木林中。

形态特征

落叶大乔木；树皮灰色或棕灰色；小枝无毛，短枝在长枝上对生。叶生短枝上的呈近圆形、宽卵形或心形，生长枝上的呈椭圆形或三角形，长4~7cm，宽3.5~6cm，先端圆钝或急尖，基部心形或截形，边缘有圆钝锯齿，先端具腺体。雄花常4朵丛生，近无梗；苞片在花期红色，膜质，卵形；花丝长4~6mm，花药长3~4mm；雌花2~6（~8）朵，丛生。蓇葖果2~4个，荚果状，长10~18mm，宽2~3mm，褐色或黑色，微弯曲，先端渐细，有宿存花柱；果梗长4~7mm；种子数个，扁平四角形，长2~2.5mm（不连翅长），褐色，先端有透明翅，长3~4mm。花期4月，果期8月。

保护等级及保护价值

国家Ⅱ级保护植物，IUCN等级LC。连香树为第三纪孑遗植物，是中国—日本间断分布种，对于阐明第三纪植物区系起源以及中国与日本植物区系的关系，均有科研价值。树形优美，叶型奇特，叶色季相变化丰富，为很好的园林绿化树种。

使君子科 Combretaceae
诃子属 *Terminalia*

千果榄仁

Terminalia myriocarpa Vaniot Heurck et Müll. Arg.

分布及生境

产于广西（龙津）、云南（中部至南部）和西藏（墨脱），生于 600~2100（~2500） m 森林中。

形态特征

常绿乔木。叶对生，厚纸质；叶片长椭圆形全缘或微波状，偶有粗齿，顶端有一短而偏斜的尖头，基部钝圆，除中脉两侧被黄褐色毛外，其余无毛或近无毛；叶柄较粗，长 5~15mm，顶端有一对具柄的腺体。大型圆锥花序，顶生或腋生，总轴密被黄色绒毛。花极小，极多数，两性，红色，长（连小花梗）4mm；小苞片三角形，宿存；萼筒杯状，5 齿裂；雄蕊 10，突出；具花盘。瘦果细小，极多数，有 3 翅，其中 2 翅等大，1 翅特小，翅膜质，干时苍黄色，被疏毛，大翅对生，长方形，小翅位于两大翅之间。花期 8–9 月，果期 10 月至翌年 1 月。

保护等级及保护价值

国家Ⅱ级保护植物，IUCN 等级 VU。木材白色、坚硬，可作车船和建筑用材；同时千果榄仁也是一种观赏树形、树姿的优良园林树种。

柏科 Cupressaceae
翠柏属 *Calocedrus*

翠柏

Calocedrus macrolepis Kurz

分布及生境

产于云南昆明、思茅、允景洪等地海拔1000~2000m地带；贵州（三都）、广西（靖西）及广东亦有散生林木。

形态特征

常绿乔木。小枝互生，两列状。鳞叶两对交叉对生，小枝上下两面中央的鳞叶扁平，长 3~4mm，两侧与中央叶相等长，较中央叶先端微急尖，直伸或微内曲，小枝下面之叶微被白粉或无白粉。雄球花矩圆形，每一雄蕊具 3~5 个花药。着生雌球花及球果的小枝圆柱形，或下部圆上部四棱形，上着生 6~24 对交叉对生的鳞叶，鳞叶背部拱圆或具纵脊；球果矩圆形或长卵状圆柱形，长 1~2cm；种鳞 3 对，外部顶端之下有短尖头，最下一对长约 3mm，最上一对结合而生，仅中间一对各有 2 粒种子；种子近卵圆形，长约 6mm，上部有两个大小不等的膜翅，长翅连同种子与中部种鳞等长。

保护等级及保护价值

国家Ⅱ级保护植物，IUCN 等级 LC。翠柏生长快，木材优良。边材淡黄褐色，心材黄褐色，纹理直，结构细，有香气，供建筑、桥梁、板料、家具等用；亦为庭园树种。

柏科 Cupressaceae
柏木属 *Cupressus*

岷江柏木

Cupressus chengiana S. Y. Hu

分布及生境

产于四川西部、北部（岷江上游茂县、汶川、理县、大金、小金）及甘肃南部（舟曲、石门、武都）等地，生于海拔1200~2900m干燥阳坡。模式标本采自四川汶川。

形态特征

乔木，高达30m，胸径可达1m；枝叶浓密，生鳞叶的小枝斜展，不下垂，不排成平面，末端鳞叶枝粗，径1~1.5mm，很少近2mm，圆柱形。鳞叶斜方形，长约1mm，交叉对生，排成整齐的四列，背部拱圆，无蜡粉，无明显的纵脊和条槽，或背部微有条槽，腺点位于中部，明显或不明显。二年生枝带紫褐色、灰紫褐色或红褐色，三年生枝皮鳞状剥落。成熟的球果近球形或略长，径1.2~2cm；种鳞4~5对，顶部平，不规则扁四边形或五边形，红褐色或褐色，无白粉；种子多数，扁圆形或倒卵状圆形，长3~4mm，宽4~5mm，两侧种翅较宽。

保护等级及保护价值

国家Ⅱ级保护植物，IUCN等级VU，中国特有种。为我国长江上游水土保持的重要树种和高山峡谷地区干旱河谷地带荒山造林的先锋树种。材质坚硬、致密、有香气，为建筑、器具等的优良用材。

柏科 Cupressaceae
福建柏属 *Fokienia*

福建柏

Fokienia hodginsii (Dunn) A. Henry et H. H. Thomas

分布及生境

产于浙江南部、福建、广东北部、江西、湖南南部、贵州、广西、四川、云南东南部及中部，在福建分布于海拔 100~700m 地带，在贵州、湖南、广东及广西分布于海拔约 1000m 地带，在云南地区产于 800~1800m 地带，均生于温暖湿润的山地森林中。

形态特征

乔木，树皮平滑；生鳞叶的小枝扁平，二、三年生枝褐色，光滑。鳞叶2对交叉对生，成节状，生于幼树或萌芽枝上的中央之叶呈楔状倒披针形，通常长4~7mm，上面之叶蓝绿色，下面之叶中脉隆起，两侧具凹陷的白色气孔带，侧面之叶对折，近长椭圆形，较中央之叶为长，背有棱脊，先端渐尖或微急尖，通常直而斜展，稀微向内曲，背侧面具一凹陷的白色气孔带；生于成龄树上之叶较小，两侧之叶先端稍内曲，常较中央的叶稍长或近于等长。雄球花近球形。球果近球形，熟时褐色；种鳞顶部多角形，中间有一小尖头突起；种子顶端尖，上部有两个大小不等的翅，大翅近卵形，小翅窄小。花期3–4月，种子翌年10–11月成熟。

保护等级及保护价值

国家Ⅱ级保护植物，IUCN等级VU。其木材材质轻软，易加工，切面光滑，胶黏性良好，为建筑、雕刻、装饰等优良用材。

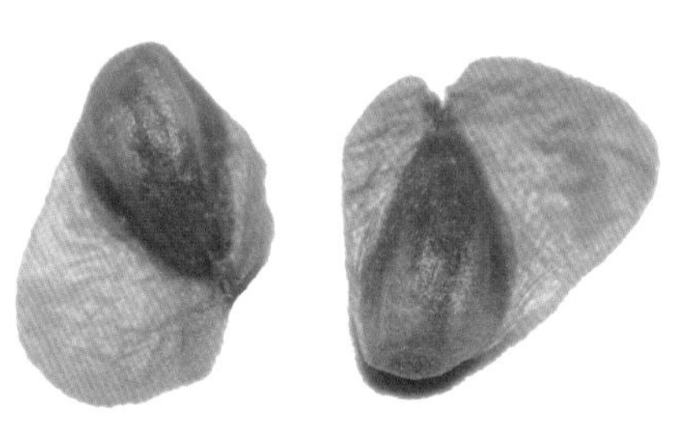

柏科 Cupressaceae
崖柏属 *Thuja*

崖柏

Thuja sutchuenensis Franch.

分布及生境

产于重庆（城口、开县），生于海拔约 1400m 石灰岩山地。

形态特征

灌木或乔木；枝条密，开展，生鳞叶的小枝扁。叶鳞形，生于小枝中央之叶斜方状倒卵形，有隆起的纵脊，有的纵脊有条形凹槽，长 1.5~3mm，宽 1.2~1.5mm，先端钝，下方无腺点，侧面之叶船形，宽披针形，较中央之叶稍短，宽 0.8~1mm，先端钝，尖头内弯，两面均为绿色，无白粉。雄球花近椭圆形，长约 2.5mm，雄蕊约 8 对，交叉对生，药隔宽卵形，先端钝。幼小球果长约 5.5mm，椭圆形，种鳞 8 片，交叉对生，最外面的种鳞倒卵状椭圆形，顶部下方有一鳞状尖头。

保护等级及保护价值

国家Ⅰ级保护植物，IUCN 等级 EN，中国特有种。木材优良，质地致密，可作为产地及附近区域石灰岩山地的造林树种。

苏铁科 Cycadaceae
苏铁属 *Cycas*

仙湖苏铁

Cycas fairylakea D. Y. Wang

分布及生境

产于广东北部及南部，生于海拔 100~400m 亚热带阔叶林下。

形态特征

树干圆柱形；鳞叶披针形；羽叶多数，具刺29~73对，刺长0.2~0.5 cm，幼叶锈色；羽片66~113对，中部羽片长17~39 cm，宽0.8~1.7 cm，羽片平展，边缘平至微反卷，条形至镰刀状条形，上面深绿色，有光泽，下面浅绿色，中脉两面隆起；小孢子叶球圆柱状长椭圆形，长35~60 cm，径5.5~10 cm，小孢子叶楔形，长1.8~3cm，不育部分菱状椭圆形，密被褐色短绒毛，顶端具小尖头，每侧常具1~4个小齿，大孢子叶球半球形，径35 cm，高15 cm，大孢子叶密被黄褐色绒毛，后逐渐脱落，顶片卵圆形至卵状披针形，边缘篦齿状深裂，侧裂片13~24枚，胚珠（2）4~6（8）枚，扁球形，无毛，先端有短尖头；种子倒卵状球形至扁球形，黄褐色，长3~6 cm，直径2.6~3cm，无毛，中种皮具疣状突起。4–5月开花，种子8–9月成熟。

保护等级及保护价值

国家Ⅰ级保护植物，IUCN等级CR，中国特有种。具有很好的观赏和园林价值。

苏铁科 Cycadaceae
苏铁属 *Cycas*

贵州苏铁

Cycas guizhouensis K. M. Lan et R. F. Zou

分布及生境

仅产于贵州、广西南盘江附近的河谷地带及云南，多生于海拔400~1060m侵蚀或溶蚀的河谷山地。

形态特征

树高近 1m，具大型羽状叶，叶柄两侧具短刺，刺长近 3mm；羽状裂片条形或条状披针形，厚革质，长 8~18cm，无毛，基部两侧稍有不对称，先端渐尖，边缘稍反曲，表面深绿色，背面淡绿色，中脉在两面隆起。大孢子叶在茎顶密生呈球形，密被黄褐色绒毛，长 14~20cm，顶片近圆形，深羽裂，长 6~7cm；钻形裂片 17~33 枚，长 2~4.5cm，先端渐尖，两面无毛，边缘和基部密生黄褐色绒毛，顶和裂片长 3~4.5cm，下部有 3~5 线裂片；大孢子叶的下部急缩成粗短的柄，长 3~5mm，两侧着生胚珠 2~8 枚；胚珠无毛，球形或近球形，稍扁，肉黄色，顶端红褐色，具短的小尖头。

保护等级及保护价值

国家Ⅰ级保护植物，IUCN 等级 CR，中国特有种。中国苏铁属植物中分布最广的一个种；同时，它也是我国少数几种分布在北回归线以北的苏铁植物之一，对古植物和古气候等有着极为重要的研究价值，对研究贵州植物的起源和演化、种子植物区系和贵州地质与古气候的变迁等都具有重要的科学价值，其作为珍稀古老基因物种更有不可替代的价值。

苏铁科 Cycadaceae
苏铁属 *Cycas*

攀枝花苏铁

Cycas panzhihuaensis L. Zhou et S. Y. Yang

分布及生境

产于四川、云南，分布区地处金沙江中段，生于石灰岩、砂页岩母岩发育而成的山地碳酸岩红褐土和山地黄褐土上。

形态特征

叶螺旋状排列，簇生于茎干的顶部，羽状全裂，长70~120cm，叶柄上部两侧有平展的短刺；羽片70~105对，下面无毛，先端渐尖。雌雄异株；小孢子叶球单生茎顶，纺锤状圆柱形，梗密被锈褐色绒毛；小孢子叶楔形，长3~6cm，中央有突起的尖刺，上面无毛，下面具多数2~5聚生的小孢子囊，最上部密被淡黄褐色绒毛；大孢子叶多数，簇生茎顶，呈球形或半球形，长14~18cm，密被黄褐色绒毛，上部扁平，羽状半裂；下部柄状，中上部两侧着生1~5个胚珠；胚珠近四方形，无毛，中央有小凸尖。种子近球形，直径约2.5cm，圆锥状球形或倒卵状圆球形，种皮骨质，平滑。

保护等级及保护价值

国家Ⅰ级保护植物，IUCN等级EN，中国特有种。攀枝花苏铁为我国特有的古老残遗种。它的发现，不仅表明横断山区仍存在有天然苏铁群落，而且把苏铁属植物分布的北界推移到北纬27° 11′，对研究植物区系、植物地理、古气候、古地理及冰川都有重要的意义。

苏铁科 Cycadaceae
苏铁属 *Cycas*

苏铁

Cycas revoluta Thunb.

分布及生境

产于福建、广东，各地常有栽培。苏铁喜暖热湿润的环境，不耐寒冷，生长甚慢。

形态特征

树干有螺旋状排列的菱形叶柄残痕。羽状叶从茎的顶部生出，下层的向下弯，上层的斜上伸展，羽状叶的轮廓呈倒卵状狭披针形；羽状裂片条形，边缘向下反卷，上部渐窄，先端有刺状尖头，基部窄，两侧不对称，下侧下延生长，上面中央微凹，凹槽内有稍隆起的中脉，下面中脉显著隆起，两侧有疏柔毛或无毛。雄球花圆柱形，小孢子飞叶窄楔形，顶端宽平，其两角近圆形，有急尖头，尖头直立，下部渐窄，上面近于龙骨状，下面中肋及顶端密生长绒毛，花药常 3 个聚生；大孢子叶长 14~22cm，密生绒毛，上部的顶片卵形至长卵形，边缘羽状分裂，裂片 12~18 对，条状钻形，胚珠 2~6 枚，生于大孢子叶柄的两侧，有绒毛。种子红褐色或橘红色，倒卵圆形或卵圆形，稍扁，密生绒毛，后渐脱落。花期 6–7 月，种子 10 月成熟。

保护等级及保护价值

国家Ⅰ级保护植物，IUCN 等级 CR。具有优良的观赏价值、重要的生态价值以及科研价值，是现存地球上最原始的种子植物之一。

苏铁茎内含淀粉，可供食用；种子含油和丰富的淀粉，微毒，供食用和药用，有治痢疾、止咳和止血之效。

苏铁科 Cycadaceae
苏铁属 *Cycas*

四川苏铁

Cycas szechuanensis W. C. Cheng et L. K. Fu

分布及生境

产于四川西部峨眉山、乐山、雅安及福建南平等地。模式标本采自峨眉山。

形态特征

羽状叶长 1~3m，集生于树干顶部；羽状裂片条形或披针状条形，微弯曲，长 18~34cm，边缘微卷曲，上部渐窄，先端渐尖，基部不等宽，两侧不对称，上侧较窄，几靠中脉，下侧较宽，下延生长，两面中脉隆起，上面深绿色，下面绿色。大孢子叶扁平，有黄褐色或褐红色绒毛，后渐脱落，上部的顶片倒卵形或长卵形，长 9~11cm，先端圆形，边缘篦齿状分裂，裂片钻形，长 2~6cm，粗约 3mm，先端具刺状长尖头，无毛，下部柄状，长 10~12cm，密被绒毛，下部的绒毛后渐脱落，在其中上部每边着生 2~5 枚胚珠，上部的 1~3 枚胚珠的外侧常有钻形裂片生出，胚珠无毛。

保护等级及保护价值

国家Ⅰ级保护植物，IUCN 等级 CR。四季常青，树形美观，具有很高的观赏价值。

杜仲科 Eucommiaceae
杜仲属 *Eucommia*

杜仲

Eucommia ulmoides Oliver

分布及生境

产于陕西、甘肃、河南、湖北、四川、云南、贵州、湖南及浙江等省、自治区。在自然状态下，生于海拔 300~500m 低山、谷地或低坡的疏林里，多栽培。

形态特征

落叶乔木。树皮灰褐色，粗糙，内含橡胶，折断拉开有多数细丝。芽体卵圆形，红褐色。叶椭圆形、卵形或矩圆形，薄革质，长 6~15cm，宽 3.5~6.5cm；基部圆形或阔楔形，先端渐尖；边缘有锯齿；叶柄上面有槽，被散生长毛。花生于当年枝基部，雄花无花被；苞片倒卵状匙形，长 6~8mm，顶端圆形，边缘有睫毛；雌花单生，苞片倒卵形，花梗长 8mm。翅果扁平，长椭圆形，长 3~3.5cm，宽 1~1.3cm，基部楔形，周围具薄翅；坚果位于中央，子房柄长 2~3mm，与果梗相接处有关节。种子扁平，线形，长 1.4~1.5cm，宽 3mm，两端圆形。早春开花，秋后果实成熟。

保护等级及保护价值

中国特有种，IUCN 等级 VU。树皮药用，作为强壮剂，可降血压，并能医腰膝痛、风湿及习惯性流产等，其在中国、韩国、日本等国有着悠久的药用历史。

领春木科 Eupteleaceae
领春木属 *Euptelea*

领春木

Euptelea pleiosperma Hook.f. et Thomson

分布及生境

产于陕西（秦岭）、河南、甘肃、浙江（天目山）、湖北、四川、贵州、云南、西藏，生于海拔900~3600m溪边杂木林中。

形态特征

落叶灌木或小乔木。叶纸质，卵形或近圆形，少数椭圆卵形或椭圆披针形，先端渐尖，有一突生尾尖，基部楔形或宽楔形，上面无毛或散生柔毛后脱落，仅在脉上残存，下面无毛或脉上有伏毛，脉腋具丛毛；叶柄长2~5cm，有柔毛后脱落。花丛生；花梗长3~5mm；花被不存在；苞片椭圆形，早落；雄蕊6~14，花药红色，比花丝长，药隔附属物长0.7~2mm；心皮6~12，子房歪形，柱头面在腹面或远轴，斧形，具微小黏质突起，有1~3（~4）胚珠；花两性。翅果，棕色，子房柄长7~10mm，果梗长8~10mm；种子1~3个，卵形，长1.5~2.5mm，黑色。花期4–5月，果期7–8月。

保护等级及保护价值

国家Ⅲ级保护植物，IUCN等级LC。花果成簇，红艳夺目，为优良的观赏树木；同时为典型的东亚植物区系成分的特征种，对于研究古植物区系和古代地理气候有重要的学术价值。

豆科 Fabaceae
皂荚属 *Gleditsia*

绒毛皂荚

Gleditsia japonica Miq. var. *velutina* L. C. Li

分布及生境

产于湖南衡山，生于海拔约950m山地及路边疏林中。

形态特征

落叶乔木或小乔木；小枝紫褐色或脱皮后呈灰绿色，具分散的白色皮孔，光滑无毛；刺略扁，粗壮，紫褐色至棕黑色，常分枝，长 2~15.5cm。叶为一回或二回羽状复叶（具羽片 2~6 对），长 11~25cm；小叶 3~10 对，纸质至厚纸质，卵状长圆形或卵状披针形至长圆形，长 2~7（9）cm，宽 1~3（4）cm。花黄绿色，组成穗状花序；花序腋生或顶生，雄花序长 8~20cm，雌花序长 5~16cm。荚果带形，扁平，长 20~35cm，宽 2~4cm，先端具长 5~15mm 的喙，荚果上密被黄绿色绒毛。果瓣革质，棕色或棕黑色，常具泡状隆起；种子椭圆形，长 9~10mm，宽 5~7mm，深棕色，光滑。花期 4-6 月；果期 6-11 月。

保护等级及保护价值

国家Ⅱ级保护植物，中国特有种，IUCN 等级 CR。数量极少，濒临灭绝。绒毛皂荚树型美观，萼片和花瓣外面都密被金黄色的绒毛，有粗壮分枝状的棘刺，常作庭院观赏树种。

豆科 Fabaceae
红豆属 *Ormosia*

花榈木

Ormosia henryi Prain

分布及生境

产于安徽、浙江、江西、湖南、湖北、广东、四川、贵州、云南（东南部），生于海拔 100~1300m 山坡、溪谷两旁杂木林内。

形态特征

常绿乔木；树皮灰绿色，平滑，有浅裂纹。奇数羽状复叶，长 13~32.5（~35）cm；小叶（1~）2~3 对，椭圆形或长圆状椭圆形，长 4.3~13.5 （~17）cm，宽 2.3~6.8cm，先端钝或短尖，下面及叶柄均密被黄褐色绒毛。圆锥花序顶生，或总状花序腋生；花萼钟形，5 齿裂，裂至三分之二处，萼齿三角状卵形；花冠中央淡绿色，旗瓣近圆形，基部具胼胝体，翼瓣倒卵状长圆形，龙骨瓣倒卵状长圆形；子房扁，沿缝线密被淡褐色长毛。荚果扁平，长 5~12cm，宽 1.5~4cm，顶端有喙，果瓣革质，紫褐色，种子 4~8 粒；种子椭圆形或卵形，长 8~15mm，种皮鲜红色。花期 7–8 月，果期 10–11 月。

保护等级及保护价值

国家Ⅱ级保护植物，IUCN 等级 VU。花榈木木材致密质重，纹理美丽，削面光滑美观、芳香而有光泽；根、枝、叶入药，能祛风散结，解毒去瘀；花榈木树体高大通直，宜作庭荫树、行道树或风景树。

豆科 Fabaceae
红豆属 *Ormosia*

红豆树

Ormosia hosiei Hemsl. et Wils.

分布及生境

产于陕西（南部）、甘肃（东南部）、江苏、安徽、浙江、江西、福建、湖北、四川、贵州，生于海拔200~900m河旁、山坡、山谷林内。

形态特征

常绿或落叶乔木；树皮灰绿色，平滑。小枝绿色。奇数羽状复叶，长12.5~23cm；叶柄长2~4cm，叶轴长3.5~7.7cm，叶轴在最上部一对小叶处延长0.2~2cm生顶小叶；小叶(1~)2(~4)对，薄革质，卵形或卵状椭圆形，长3~10.5cm，宽1.5~5cm，先端急尖或渐尖，基部圆形或阔楔形；圆锥花序顶生或腋生，长15~20cm，下垂；花疏，有香气；花萼钟形，萼齿三角形，紫绿色，密被褐色短柔毛；花冠白色或淡紫色，旗瓣倒卵形，长1.8~2cm；荚果近圆形，扁平，长3.3~4.8cm，宽2.3~3.5cm，先端有短喙，果瓣近革质，有种子1~2粒；种子近圆形或椭圆形，种皮红色。花期4–5月，果期10–11月。

保护等级及保护价值

国家Ⅱ级保护植物，中国特有种，IUCN等级EN。本种在红豆属中是分布纬度最北地区的种类，较为耐寒。红豆树木材坚硬，有光泽；叶入药，主治跌打损伤、风湿关节炎及无名肿毒等病症。

豆科 Fabaceae
任豆属 *Zenia*

任豆

Zenia insignis Chun

分布及生境

产于广东、广西，生于海拔 200~950m 山地密林或疏林中。模式标本采自广东乐昌。

形态特征

乔木。芽具少数鳞片。叶为奇数羽状复叶，无托叶；叶柄短，长 3~5cm；小叶薄革质，长圆状披针形，基部圆形，顶端短渐尖或急尖，边全缘，上面无毛，下面有灰白色的糙伏毛；小叶柄长 2~3mm。花两性，近辐射对称，红色，组成顶生圆锥花序。萼片 5，覆瓦状排列；花瓣 5，覆瓦状排列稍不等大；发育雄蕊 4（5），生于花盘周边；花盘小，深波状分裂；子房扁，胚珠 7~9，边缘具伏贴疏柔毛，花柱钻状，稍弯，柱头小。荚果膜质，压扁，不开裂，有网状脉纹，靠腹缝一侧有阔翅。种子圆形，平滑，有光泽，棕黑色；珠柄丝状，长 4mm。花期 5 月；果期 6–8 月。

保护等级及保护价值

国家Ⅱ级保护植物，IUCN 等级 VU。适应性强，生长快，树材优良。此外，任木是单种属植物，花被卷迭方式特殊，对研究苏木亚科和蝶形花亚科之间的演化关系具有较重要的科研价值。

壳斗科 Fagaceae
水青冈属 *Fagus*

台湾水青冈

Fagus hayatae Palibin

分布及生境

产于浙江（永嘉、庆元）、湖北（兴山等县）、四川（南江、青川等县），生于海拔1300~2000m山地林中。

形态特征

乔木，高达20m，胸径达60cm，当年生枝暗红褐色，老枝灰白色，皮孔狭长圆形，新生嫩叶两面的叶脉有丝光质疏长毛，结果期变为无毛或仅叶背中脉两侧有稀疏长伏毛。叶棱状卵形，长3~7cm，宽2~3.5cm，顶部短尖或短渐尖，基部宽楔形或近圆形，两侧稍不对称，侧脉每边5~9条，叶缘有锐齿，侧脉直达齿端，叶背中脉与侧脉交接处有腺点及短丛毛，或仅有丛毛，中脉在近顶部略左右弯曲向上。总花梗被长柔毛，结果时毛较疏少；果梗长5~20mm，壳斗4（3）瓣裂，裂瓣长7~10mm，小苞片细线状，弯钩，长1~3mm，与壳壁一样均被微柔毛；坚果与裂瓣等长或稍较长，顶部脊棱有甚狭窄的翅。花期4–5月，果期8–10月成熟。

保护等级及保护价值

国家Ⅱ级保护植物，IUCN等级LC，中国特有种。台湾水青冈是本属植物在我国分布最南的一个特有种，对研究海岛和大陆的植物区系有学术意义。树种材质坚韧，纹理细密，经久耐腐，为建筑等优良用材。

银杏科 Ginkgoaceae
银杏属 *Ginkgo*

银杏

Ginkgo biloba L.

分布及生境

野生植株仅产于浙江天目山，生于海拔 500~1000m 排水良好地带的天然林中。

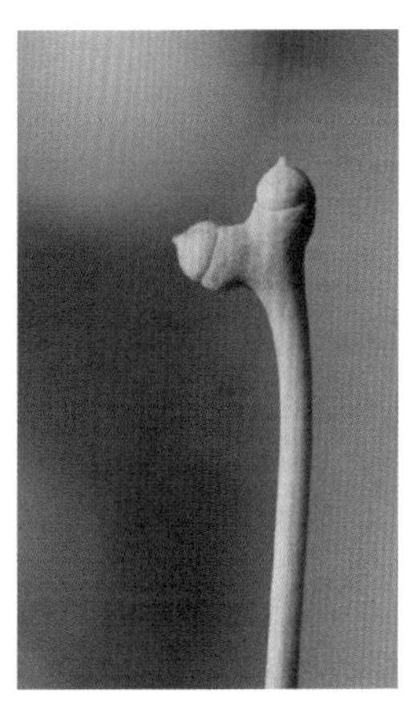

形态特征

高大落叶乔木。枝近轮生，斜上伸展；短枝密被叶痕；冬芽黄褐色，常为卵圆形。叶扇形，有长柄，无毛，有叉状并列细脉，在短枝上常具波状缺刻，在长枝上常2裂，基部宽楔形，幼树及萌生枝上的叶常较深裂，有时裂片再分裂。球花雌雄异株，单性，生于短枝顶端的鳞片状叶的腋内，呈簇生状；雄球花下垂，雄蕊排列疏松，具短梗，花药常2个，长椭圆形，药室纵裂，药隔不发；雌球花具长梗，梗端常分两叉，稀3~5叉或不分叉，每叉顶生一盘状珠座，胚珠着生其上，风媒传粉。种子具长梗，下垂，常为椭圆形或近圆球形，外种皮肉质，有臭叶；中处皮白色骨质；内种皮膜质，淡红褐色；胚乳肉质；有主根。花期3–4月，种子9–10月成熟。

保护等级及保护价值

国家Ⅰ级保护植物，IUCN等级CR，中国特有。银杏为中生代子遗稀有树种，对研究裸子植物系统发育、古植物区系、古地理及第四纪冰川气候有重要价值。同时也是我国传统的中药材，各器官中均含有黄酮类化合物。世界广泛栽培，是优秀园林物种。

金缕梅科 Hamamelidaceae
双花木属 *Disanthus*

长柄双花木

Disanthus cercidifolius subsp. longipes （H. T. Chang） K. Y. Pan

分布及生境

产于江西军峰山，湖南常宁、道县，以及湘粤交界的莽山，生于海拔 1600m 以上的山峰。

形态特征

落叶多分枝灌木，小枝屈曲，褐色，无毛，有细小皮孔。叶膜质，阔卵圆形，叶片的宽度大于长度，阔卵圆形，长 5~8cm，宽 6~9cm，先端钝或为圆形，背部不具灰色，无毛；叶柄长 3~5cm，圆筒形；托叶线形，早落。头状花序腋生，苞片联生成短筒状，围绕花的基部，外侧有褐色柔毛；萼筒长 1mm，萼齿卵形，花开放时反卷；花瓣红色，狭长带形；雄蕊远比花瓣为短，花药卵形，2 室，2 瓣裂开；子房无毛，花柱 2 个；花序柄长 5~7mm，花后略伸长。蒴果倒卵形，先端近平截，上半部 2 片裂开，果序柄较长，长 1.5~3.2cm。种子黑色，有光泽。花期 10–12 月。

保护等级及保护价值

国家Ⅱ级保护植物，中国特有种，IUCN 等级 EN。长柄双花木系孑遗单种属植物，该属是金缕梅科最原始、最古老的属，本种原变种产于日本，本变种为中国—日本植物区系的替代种，对探索植物系统发育和东亚植物地理方面具有一定的科学意义。

金缕梅科 Hamamelidaceae
金缕梅属 *Hamamelis*

银缕梅

Parrotia subaequalis（H. T. Chang）R. M. Hao et H. T. Wei

分布及生境

产于安徽、江苏及浙江，生于 600~700m 林地。

形态特征

落叶小乔木。叶互生，薄革质，椭圆形或倒卵形，先端尖，基部不等侧圆，两面被星状毛，具不整齐粗齿；叶柄长4~6mm，被星状毛，托叶披针形，早落。短穗状花序腋生及顶生，具3~7花；雄花与两性花同序，外轮1~2朵为雄花，内轮4~5朵为两性花。花无梗，苞片卵形；萼筒浅杯状，萼具不整齐钝齿，宿存；无花瓣；雄蕊5~15，花丝长，直伸，花后弯垂，花药2室，具4个花粉囊，药隔突出；子房半下位，2室，花柱2，常卷曲。蒴果木质，长圆形，长1.2cm，被毛，萼筒宿存果及萼筒均密被黄色星状柔毛。种子纺锤形，两端尖，褐色有光泽，种脐浅黄色。花期5–6月，果期6–8月。

保护等级及保护价值

国家Ⅰ级保护植物，中国特有种，IUCN等级CR。优良的观花、观叶树种；材质细密、坚硬、密度大。

金缕梅科 Hamamelidaceae
半枫荷属 *Semiliquidambar*

半枫荷

Semiliquidambar cathayensis H. T. Chang

分布及生境

产于江西南部、广西北部、贵州南部及广东。

形态特征

常绿乔木；芽体长卵形；叶簇生于枝顶，革质，异型，不分裂的叶片卵状椭圆形，长 8~13cm，宽 3.5~6cm；先端渐尖；基部阔楔形或近圆形，稍不等侧；或为掌状 3 裂，中央裂片长 3~5cm，两侧裂片卵状三角形，长 2~2.5cm，斜行向上，有时为单侧叉状分裂；边缘有具腺锯齿；掌状脉 3 条，在不分裂的叶上常离基 5~8mm，中央的主脉还有侧脉 4~5 对；叶柄长 3~4cm，上部有槽，无毛。雄花的短穗状花序常数个排成总状，长 6cm，花被全缺，花药先端凹入。雌花的头状花序单生，萼齿针形，长 2~5mm。头状果序直径 2.5cm，有蒴果 22~28 个，宿存萼齿比花柱短。

保护等级及保护价值

国家Ⅱ级保护植物，中国特有种，IUCN 等级 VU。半枫荷是金缕梅科新发现的寡种属植物，具有枫香属（*Liquidambar*）和蕈树属（*Altingia*）两属间的综合性状，对研究金缕梅科系统发育有学术价值。木材材质优良；根供药用，治风湿跌打，瘀滞肿痛，产后风瘫等。

金缕梅科 Hamamelidaceae
山白树属 *Sinowilsonia*

山白树

Sinowilsonia henryi Hemsley

分布及生境

产于湖北、四川、河南，陕西及甘肃等省，生于800~1500m山坡和谷地河岸杂木林中。

形态特征

落叶灌木或小乔木；嫩枝有灰黄色星状绒毛；老枝秃净，略有皮孔。叶纸质或膜质，倒卵形，长 10~18cm，宽 6~10cm，侧脉 7~9 对，第一对侧脉有不强烈第 2 次分支侧脉，网脉明显。雄花总状花序无正常叶片，萼筒极短，萼齿匙形；雌花穗状花序长 6~8cm，花序柄长 3cm；苞片披针形，长 2mm，小苞片窄披针形，长 1.5mm，均有星状绒毛；萼筒壶形，长约 3mm。果序长 10~20cm，花序轴有不规则棱状突起，被星状绒毛。蒴果卵圆形，长 1cm，先端尖，被灰黄色长丝毛，宿存萼筒长 4~5mm，被褐色星状绒毛，与蒴果离生。种子长 8mm，黑色，种脐灰白色。花期 4–5 月，果期 8–9 月。

保护等级及保护价值

中国特有植物，IUCN 等级 VU。材质优良；耐阴，可构建地带性人工植物群落，又可在城市生态公益林与其他阔叶树种混交种植。

无患子科 Sapindaceae
掌叶木属 *Handeliodendron*

掌叶木

Handeliodendron bodinieri （H. Lév.） Rehder

分布及生境

产于贵州南部和广西西北部，生于海拔500~800m林中或林缘。模式标本采自贵州荔波。

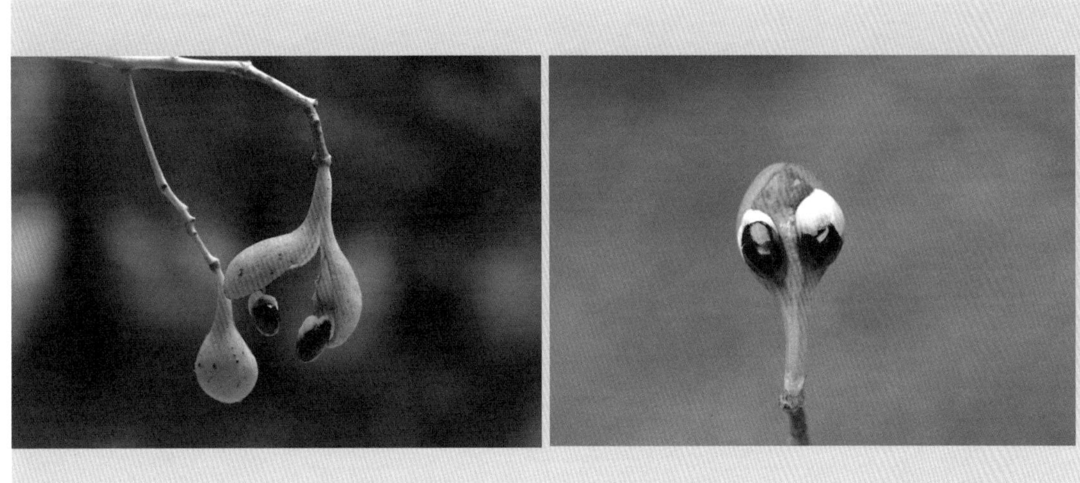

形态特征

落叶乔木或灌木，高1~8m，树皮灰色；小枝圆柱形，褐色，无毛，散生圆形皮孔。叶柄长4~11cm；小叶4或5，薄纸质，椭圆形至倒卵形，长3~12cm，宽1.5~6.5cm，顶端常尾状骤尖，基部阔楔形，两面无毛，背面散生黑色腺点；侧脉10~12对，拱形，在背面略突起；小叶柄长1~15mm。花序长约10cm，疏散，多花；花梗长2~5mm，无毛，散生圆形小鳞秕；萼片长椭圆形或略带卵形，长2~3mm，略钝头，两面被微毛，边缘有缘毛；花瓣长约9mm，宽约2mm，外面被伏贴柔毛；花丝长5~9mm，除顶部外被疏柔毛。蒴果全长2.2~3.2cm，其中柄状部分长1~1.5cm；种子长8~10mm。花期5月，果期7月。

保护等级及保护价值

国家Ⅰ级保护植物，IUCN等级EN，我国特有种。掌叶木系统位置介于无患子科和七叶树科之间，对研究无患子目的系统发育有十分重要的科研价值。树形优美，叶形奇特，入秋后掌状复叶衬上红色果实，观赏价值高。

胡桃科 Juglandaceae
喙核桃属 *Annamocarya*

喙核桃

Annamocarya sinensis（Dode）Leroy

分布及生境

产于贵州南部、广西、云南东南部，常生长在沿河流两岸的森林内。模式标本采自贵州南部。

形态特征

落叶乔木，树皮灰白色至灰褐色。奇数羽状复叶长30~40cm，叶柄3棱形，叶轴圆柱形，无棱；小叶通常7~9枚，全缘；侧生小叶对生，具小叶柄。雄性葇荑花序长13~15cm，通常5条成一束，生花序总梗上。雄花的苞片及小苞片愈合，被有短柔毛及腺体，雄蕊5~15枚。雌性穗状花序直立，顶生，具3~5雌花。雌花的总苞被有短柔毛、星芒状毛及腺体。果实近球状或卵状椭圆形，顶端具渐尖头；外果皮厚，干燥后木质，外表面黑褐色，密被灰黄褐色的皮孔，4瓣以上至9瓣裂开，裂瓣中央具1~2纵肋，顶端具鸟喙状渐尖头；果核球形或卵球形，顶端具一鸟喙状渐尖头，并具6~8条不明显的细纵棱，基部圆而微凸出，常具一线形而稍凸出的痕；内果皮骨质，外表略具不显著的网纹及皱曲，内面平滑。

保护等级及保护价值

国家Ⅱ级保护植物，IUCN等级EN。为孑遗单种属植物，对胡桃科系统发育研究有一定的科研价值。另外，喙核桃木材材质优良，种子油可供工业用。

樟科 Lauraceae
樟属 *Cinnamomum*

樟

Cinnamomum camphora （L.）Presl

分布及生境

产于我国南方及西南各省、自治区，生于山坡或沟谷中，多栽培。

形态特征

常绿大乔木；枝、叶及木材均有樟脑气味；树皮黄褐色，有不规则的纵裂。顶芽广卵形或圆球形。枝条淡褐色，无毛。叶互生，卵状椭圆形，长 6~12cm，宽 2.5~5.5cm，先端急尖，基部宽楔形至近圆形，具离基三出脉，基生侧脉向叶缘一侧有少数支脉，侧脉及支脉脉腋上面明显隆起，下面有明显腺窝；叶柄长 2~3cm，腹凹背凸。圆锥花序腋生，长 3.5~7cm。花绿白或带黄色，长约 3mm；花梗长 1~2mm，无毛。能育雄蕊 9，花丝被短柔毛。退化雄蕊 3，箭头形，被短柔毛。子房球形，无毛。果卵球形或近球形，直径 6~8mm，紫黑色。花期 4–5 月，果期 8–11 月。

保护等级及保护价值

国家Ⅱ级保护植物，IUCN 等级 LC。樟木螺旋纹理或交错纹理，结构致密；有特殊香气，耐腐防虫。木材及根、枝、叶可提取樟脑和樟油，樟脑和樟油供医药及香料工业用。

樟科 Lauraceae
樟属 *Cinnamomum*

天竺桂

Cinnamomum japonicum Sieb.

分布及生境

产于江苏、浙江、安徽、江西、福建等省、自治区，生于海拔1000m以下的低山或近海的常绿阔叶林中。

形态特征

常绿乔木。枝条细弱，圆柱形，红色或红褐色，具香气。叶卵圆状长圆形至长圆状披针形，长 7~10cm，宽 3~3.5cm，先端锐尖至渐尖，基部宽楔形或钝形，两面无毛，离基三出脉，中脉直贯叶端，在叶片上部有少数支脉；叶柄腹凹背凸，红褐色，无毛。圆锥花序腋生，长 3~4.5（10）cm，无毛，末端为聚伞花序。花长约 4.5mm。能育雄蕊 9，内藏，花药长约 1mm，卵圆状椭圆形，4 室。退化雄蕊 3，位于最内轮。果长圆形，长 7mm，宽达 5mm，无毛；果托浅杯状，宽达 5mm，边缘极全缘或具浅圆齿，基部骤然收缩成细长的果梗。花期 4–5 月，果期 7–9 月。

保护等级及保护价值

国家Ⅱ级保护植物，IUCN 等级 VU。天竺桂是中国—朝鲜—日本间断分布种，对研究东亚植物区系有一定的学术意义。树种四季常青，为优良园林绿化树种。果核含脂肪，供制肥皂及润滑油，树皮和枝叶供药用。

樟科 Lauraceae
樟属 *Cinnamomum*

油樟

Cinnamomum longepaniculatum （Gamble） N. Chao ex H. W. Li

分布及生境

产于四川、湖北西部，生于海拔 600~2000m 常绿阔叶林中。

形态特征

乔木，树皮灰色，光滑。枝条圆柱形，无毛，幼枝纤细。芽大，卵珠形，长达8mm，芽鳞卵圆形，外面密被灰白微柔毛。叶互生，卵形或椭圆形，长6~12cm，宽3.5~6.5cm，先端骤然短渐尖至长渐尖，常呈镰形，薄革质，羽状脉，侧脉每边有4~5条，最下一对侧脉有时对生因而呈离基三出脉状；叶柄长2~3.5cm，腹平背凸，无毛。圆锥花序腋生，纤细，长9~20cm，具分枝，长达5cm，末端二岐状，每岐为3~7花的聚伞花序。花淡黄色，有香气，长2.5mm。幼果球形，绿色，直径约8mm；果托长5mm，顶端盘状增大，宽达4mm。花期5–6月，果期7–9月。

保护等级及保护价值

国家Ⅱ级保护植物，中国特有种，IUCN等级NT。油樟含有丰富的芳香油，是香料、医药、日用及化工产品的重要原料。

棹科 Lauraceae
樟属 *Cinnamomum*

沉水樟

Cinnamomum micranthum（Hay.）Hay.

分布及生境

产于广西、广东、湖南、江西及福建等省、自治区，生于海拔300~650m 山坡或山谷密林中或路边、河旁水边。

形态特征

高大乔木。枝无毛，具纵纹。芽鳞明显，覆瓦状。叶长圆形、椭圆形或卵状椭圆形，先端短渐尖，基部宽楔形或近圆，两侧稍不对称，两面无毛，干时上面黄绿色，下面黄褐色，边缘内卷，互生，羽状脉，侧脉脉腋通常在下面有腺窝，上面有明显或不明显的泡状隆起；叶柄长 2~3cm，无毛。花序长达 5cm，少花。花梗长约 2mm，无毛；花被筒钟形，花被片卵形，无毛，内面密被柔毛；能育雄蕊长约 1mm，退化雄蕊连柄长 0.8mm, 三角状钻形。果椭圆形，径 1.5~2cm，无毛；果托壶形，高 9mm，径达 1cm，全缘或具波状齿。果时花被片完全脱落。花期 7–8（10）月，果期 10 月。

保护等级及保护价值

IUCN 等级 VU。是我国台湾岛与大陆的间断分布种，对探索植物区系有一定的科学意义。植株可提取芳香油，木材纹理通直，结构均匀细致，气味芳香，是优良的船舶、家具用材。

樟科 Lauraceae
木姜子属 *Litsea*

天目木姜子

Litsea auriculata Chien et Cheng

分布及生境

产于浙江（天目山和天合山）、安徽南部（歙县）、湖北（英山），生于海拔 500~1000m 混交林中。

形态特征

落叶乔木；树皮小鳞片状剥落，内皮深褐色。小枝紫褐色，无毛。叶互生，椭圆形、圆状椭圆形、近心形或倒卵形，长 9.5~23cm，宽 5.5~13.5cm，基部耳形，纸质，羽状脉，侧脉每边 7~8 条；叶柄长 3~8cm，无毛。伞形花序无总梗或具短梗；花梗长 1.3~1.6cm，被丝状柔毛；花被裂片 6，有时 8，黄色，长圆形或长圆状倒卵形，长 4~5mm，外面被柔毛，内面无毛；能育雄蕊 9，花丝无毛，第 3 轮基部腺体有柄；雌花较小，花梗长 6~7mm，花被裂片长圆形或椭圆状长圆形，长 2~2.5mm。果卵形，长 13~17mm，直径 11~13mm；果托杯状。花期 3–4 月，果期 7–8 月。

保护等级及保护价值

中国特有种，IUCN 等级 VU。木材带黄色，重而致密；果实及根则具有药用价值，民间用来治寸白虫；叶外敷治伤筋。树干通直，树体壮观，树皮美丽，材质优良。

樟科 Lauraceae
润楠属 *Machilus*

润楠

Machilus nanmu （Oliv.） Hemsl.

分布及生境

产于四川、湖北，生于海拔 1000m 以下林中。

形态特征

高大乔木。当年生小枝黄褐色，一年生枝灰褐色，均无毛，干时通常蓝紫黑色。叶椭圆形或椭圆状倒披针形，长 5~10（13.5）cm，宽 2~5cm，先端渐尖或尾状渐尖；叶柄稍细弱，长 10~15mm，无毛，上面有浅沟。圆锥花序生于嫩枝基部，有 4~7 个，长 5~6.5（9）cm，有灰黄色小柔毛，在上端分枝，总梗长 3~5cm；花梗纤细，长 5~7mm；花小带绿色，长约 3mm，直径 4~5mm。花被裂片长圆形，外面有绢毛，内面绢毛较疏，有纵脉 3~5 条，第三轮雄蕊的腺体戟形，退化雄蕊基部有毛；子房卵形，花柱纤细，均无毛，柱头略扩大。果扁球形，黑色，直径 7~8mm。花期 4–6 月，果期 7–8 月。

保护等级及保护价值

国家Ⅱ级保护植物，中国特有种，IUCN 等级 EN。润楠为我国著名而珍贵的楠木树种之一，木材纹理致密，是上等的用材树种。树干挺直，可用于制作梁、柱及家具。

樟科 Lauraceae
新木姜子属 *Neolitsea*

舟山新木姜子

Neolitsea sericea（Bl.）Koidz.

分布及生境

产于浙江（舟山）及上海（崇明），生于低海拔的山坡林中。

形态特征

乔木，树皮灰白色，平滑。嫩枝密被金黄色丝状柔毛，老枝紫褐色，无毛。顶芽圆卵形，鳞片外面密被金黄色丝状柔毛。叶互生，椭圆形至披针状椭圆形，长6.6~20cm，宽3~4.5cm，两端渐狭，而先端钝，革质，离基三出脉，侧脉每边4~5条；叶柄长2~3cm，颇粗壮。伞形花序簇生叶腋或枝侧，无总梗；花梗长3~6mm，密被长柔毛。雄花：能育雄蕊6，花丝基部有长柔毛，第三轮基部腺体肾形，有柄；具退化雌蕊；雌花：退化雄蕊基部有长柔毛；子房卵圆形，无毛，花柱柱头扁平。果球形，径约1.3cm；果梗粗壮，长4~6mm。花期9–10月，果期翌年1–2月。

保护等级及保护价值

国家Ⅱ级保护植物，IUCN等级EN。舟山新木姜子属于日本—朝鲜—中国东部沿海地区间断分布，因此本物种对研究上述地区的植物区系和保存种质资源有一定的科研价值。另外，舟山新木姜子适应性广，可作为长江流域城镇绿化的优良品种。

樟科 Lauraceae
楠属 *Phoebe*

闽楠

Phoebe bournei（Hemsl.）Yen C. Yang

分布及生境

产于江西、福建、浙江南部、广东、广西北部及东北部、湖南、湖北、贵州东南及东北部，多生于山地沟谷阔叶林中。

形态特征

大乔木，树干通直，分枝少。小枝有毛或近无毛。叶革质或厚革质，披针形或倒披针形，长 7~13（15）cm，宽 2~3（4）cm，先端渐尖或长渐尖，基部渐狭或楔形，横脉及小脉多而密，在下面结成十分明显的网格状；叶柄长 5~11（20）mm。花序长 3~7（10）cm，通常 3~4 个，为紧缩不开展的圆锥花序，最下部分枝长 2~2.5cm；花被片卵形，长约 4mm，宽约 3mm，两面被短柔毛；第一、二轮花丝疏被柔毛，第三轮密被长柔毛，退化雄蕊三角形；子房近球形，柱头帽状。果椭圆形或长圆形，长 1.1~1.5cm，直径 6~7mm；宿存花被片被毛。花期 4 月，果期 10–11 月。

保护等级及保护价值

国家Ⅱ级保护植物，中国特有种，IUCN 等级 VU。闽楠是我国特有的珍贵用材和优良观赏树种。

樟科 Lauraceae
楠属 *Phoebe*

浙江楠

Phoebe chekiangensis P. T. Li

分布及生境

产于浙江西北部及东北部、福建北部、江西东部，生于山地阔叶林中。

形态特征

大乔木；树皮淡褐黄色，薄片状脱落，具明显的褐色皮孔。小枝有棱，密被黄褐色或灰黑色柔毛或绒毛。叶倒卵状椭圆形或倒卵状披针形，少为披针形，长7~17cm，宽3~7cm，通常长8~13cm，宽3.5~5cm，先端突渐尖或长渐尖，基部楔形或近圆形，侧脉每边8~10条，横脉及小脉多而密；叶柄长1~1.5cm，密被黄褐色绒毛或柔毛。圆锥花序长5~10cm，密被黄褐色绒毛；花长约4mm，花梗长2~3mm；花被片卵形，退化雄蕊箭头形，被毛；子房卵形，花柱柱头盘状。果椭圆状卵形，长1.2~1.5cm，熟时外被白粉；宿存花被片革质。种子多胚性。花期4–5月，果期9–10月。

保护等级及保护价值

国家Ⅱ级保护植物，中国特有种，IUCN等级VU。浙江楠为我国南方珍稀用材和园林绿化树种，材质优良，为建筑、家具、雕刻和精密模具等高等用材。

樟科 Lauraceae
楠属 *Phoebe*

楠木

Phoebe zhennan S. K. Lee et F. N. Wei

分布及生境

产于湖北西部、贵州西北部及四川，生于海拔 1500m 以下的阔叶林中。

形态特征

大乔木，树干通直。小枝被灰黄色或灰褐色长柔毛或短柔毛。叶革质，椭圆形，少为披针形或倒披针形，长7~11（13）cm，宽2.5~4cm，先端渐尖，基部楔形，最末端钝或尖，横脉在下面略明显或不明显，小脉几乎看不见，不与横脉构成网格状或很少呈模糊的小网格状；叶柄细，长1~2.2cm，聚伞状圆锥花序十分开展，长（6）7.5~12cm，在中部以上分枝，最下部分枝通常长2.5~4cm；花中等大，长3~4mm；花被片近等大，长3~3.5mm，宽2~2.5mm，外轮卵形，内轮卵状长圆形。果椭圆形，长1.1~1.4cm，直径6~7mm；宿存花被片卵形，两面被短柔毛或外面被微柔毛。花期4–5月，果期9–10月。

保护等级及保护价值

国家Ⅱ级保护植物，中国特有种，IUCN等级VU。楠木是我国特有的珍贵用材树种（金丝楠木），中国古代专用宫廷建筑用材。木质结构细致，加工后纹理光滑美丽；香味浓烈而清雅，有防蛀作用。

木兰科 Magnoliaceae
长喙木兰属 *Lirianthe*

大叶木兰

Lirianthe henryi（Dunn）N. H. Xia et C. Y. Wu

分布及生境

产于云南西北部及西南部（腾冲、云龙、泸水、碧江、贡山）、西藏（墨脱），生于海拔 2100~3000m 山地阔叶林中。模式标本采自云南西北部。

形态特征

落叶乔木，树皮淡灰色。叶坚纸质，7~9片集生于枝端，倒卵形或宽倒卵形，先端宽圆，基部宽楔形，圆钝或心形；侧脉每边28~30条；托叶痕明。花后叶开放，白色，芳香，花被片9~12，外轮3片背面绿而染粉红色，腹面粉红色，长圆状椭圆形，向外反卷；内两轮通常8片，纯白色，直立，倒卵状匙形，长12~14cm，基部具爪；雄蕊群紫红色，花药长约1cm，花丝长约5mm；药隔伸出成三角尖；雌蕊群圆柱形。聚合果圆柱形，直立，长11~20cm，直径约4cm，近基部宽圆向上渐狭；蓇葖具弯曲、长6~8mm的喙；种子扁，长约7mm，宽约5mm。花期5–7月，果期9–10月。

保护等级及保护价值

国家Ⅱ级保护植物，IUCN等级VU。本种主要化学成分和挥发油与厚朴相同，故作为著名中药“厚朴”的正品。可作为产区的造林树种和庭园观赏的绿化树种。

木兰科 Magnoliaceae
鹅掌楸属 *Liriodendron*

鹅掌楸

Liriodendron chinense （Hemsl.） Sargent.

分布及生境

产于陕西、安徽、浙江、江西、福建、湖北、湖南、广西、四川、贵州、云南，生于海拔900~1000m山地林中。模式标本采自江西庐山。

形态特征

落叶乔木，高达 40m，胸径 1m 以上，小枝灰色或灰褐色。叶马褂状，长 4~12（18）cm，近基部每边具 1 侧裂片，先端具 2 浅裂，下面苍白色，叶柄长 4~8（~16）cm。花杯状，花被片 9，外轮 3 片绿色，萼片状，向外弯垂，内两轮 6 片、直立，花瓣状、倒卵形，长 3~4cm，绿色，具黄色纵条纹，花药长 10~16mm，花丝长 5~6mm，花期时雌蕊群超出花被之上，心皮黄绿色。聚合果长 7~9cm，具翅的小坚果长约 6mm，顶端钝或钝尖，具种子 1~2 颗。花期 5 月，果期 9–10 月。

保护等级及保护价值

国家Ⅱ级保护植物，IUCN 等级 LC。为古老的孑遗植物，现仅残存鹅掌楸和北美鹅掌楸（*Liriodendron tulipifera* L.）两种，成为东亚与北美洲际间断分布的典型实例，对古植物学和植物系统学有重要科研价值。同时，本种树干端直，叶形似马褂，有较高的园林价值。

木兰科 Magnoliaceae
木兰属 *Magnolia*

厚朴

Magnolia officinalis Rehd. et Wils.

分布及生境

产于陕西南部、甘肃东南部、河南东南部（商城、新县）、湖北西部、湖南西南部、四川（中部、东部）、贵州东北部，生于海拔 300~1500m 山地林间。

形态特征

落叶乔木，树皮不开裂；小枝粗壮，淡黄色或灰黄色；顶芽无毛。叶长圆状倒卵形，长 22~45cm，宽 10~24cm，先端具短急尖或圆钝，基部楔形，全缘而微波状；叶柄粗壮，长 2.5~4cm，托叶痕长为叶柄的 2/3。花白色，径 10~15cm，芳香；花梗离花被片下 1cm 处具包片脱落痕，花被片 9~12（17），厚肉质，外轮 3 片淡绿色，长圆状倒卵形，长 8~10cm，宽 4~5cm，内两轮白色，倒卵状匙形，长 8~8.5cm，宽 3~4.5cm，基部具爪，最内轮 7~8.5cm，花盛开时中内轮直立。聚合果长圆状卵圆形，长 9~15cm；蓇葖具长 3~4mm 的喙；种子三角状倒卵形。花期 5–6 月，果期 8–10 月。

保护等级及保护价值

国家Ⅱ级保护植物，中国特有种，IUCN 等级 LC。厚朴是木兰属分布广且较原始的种类，对研究东亚和北美的植物区系及木兰科分类有一定的科学意义。厚朴的干燥干皮、根皮和枝皮是很好的药材，具有燥湿消痰、下气除满之功效。叶大浓荫，花大而美丽，可作绿化观赏树种。

木兰科 Magnoliaceae
木兰属 *Magnolia*

凹叶厚朴

Magnolia officinalis Rehd. et Wils. subsp. *biloba* （Rehd. et Wils.） Law

分布及生境

产于安徽、浙江西部、江西（庐山）、湖北、贵州、福建、湖南南部、广东北部、广西北部和东北部，生于海拔300~1400m林中，常见栽培。

形态特征

落叶乔木；树皮不开裂；小枝粗壮，幼时有绢毛；叶先端凹缺，成2钝圆的浅裂片，幼苗之叶先端钝圆，并不凹缺。叶大，长圆状倒卵形，长22~45cm，宽10~24cm，先端具短急尖或圆钝，基部楔形，全缘而微波状；叶柄粗壮，长2.5~4cm，托叶痕长为叶柄的2/3。花白色，径10~15cm，芳香；花梗离花被片下1cm处具包片脱落痕，花被片9~12（17），厚肉质，外轮长圆状倒卵形，内两轮倒卵状匙形，基部具爪，最内轮7~8.5cm，花盛开时中内轮直立；聚合果长圆状卵圆形，长9~15cm，基部较窄。蓇葖具长3~4mm的喙；种子三角状倒卵形，长约1cm。花期4–5月，果期10月。

保护等级及保护价值

国家Ⅱ级保护植物，中国特有。树皮入药、功用同厚朴而稍差，花芽、种子亦供药用。

木兰科 Magnoliaceae
木莲属 *Manglietia*

落叶木莲

Manglietia decidua Q. Y. Zheng

分布及生境

产于江西宜春，生于海拔 400~700m 混交林中。

形态特征

落叶乔木。芽及小枝无毛。叶革质，长圆状倒卵形、长圆状椭圆形或椭圆形，长 14~20cm，先端钝或短尖，基部楔形，上面深绿色，无毛，下面粉绿色，初被白色丝状柔毛，后渐脱落，边缘微反卷；叶柄长 2.5~4.6（~6）cm。花蕾具 1 佛焰苞状苞片；花梗长约 1cm，初被柔毛。花黄色，花被片 15（16），外轮花被片长圆状椭圆形，向内渐窄，内轮花被片披针形或线形；雄蕊长 6~7mm，花药长 4~5mm；雌蕊群长约 1cm，心皮 15~22，每心皮 6~8 胚珠。聚合果卵圆形或近球形，成熟时沿果轴从顶部至基部开裂，后反卷；蓇葖沿腹缝及几沿背缝全裂。种子红色。花期 5 月，果期 9-10 月。

保护等级及保护价值

国家Ⅰ级保护植物，中国特有种，IUCN 等级 VU。具有较高的观赏价值，可作为优美的庭园绿化树种、营造速生丰产林的树种等。

木兰科 Magnoliaceae
木莲属 *Manglietia*

红花木莲

Manglietia insignis （Wall.） Blume

分布及生境

产于湖南西南部、广西、四川西南部、贵州（雷公山、梵净山、安龙）、云南（景东、无量山、红河、文山）、西藏东南部，生于海拔 900~1200m 的林间。

形态特征

乔木。叶革质，长圆形、长椭圆形或倒披针形，先端渐尖或尾尖，自 2/3 以下渐窄至基部，下面中脉被红褐色柔毛或疏被平伏微毛；叶柄长 1.8~3.5cm, 托叶痕为叶柄的 1/4~1/3，无毛。花蕾长圆状椭圆形，花芳香，花梗粗，花被片下约 1cm 处具环状苞片痕，外轮花被片红色或紫红色，内面带红或紫红色，倒卵状长圆形，外曲，中内轮直立，乳白带粉红色，倒卵状匙形，1/4 以下渐窄成爪；雄蕊长 1~1.8cm，2 药室稍分离；雌蕊群圆柱形，无毛，长 5~6cm，心皮背面具浅沟。聚合果鲜时紫红色，卵状长圆柱形，无毛；蓇葖背缝全裂，被乳头状突起。花期 5–6 月，果期 8–9 月。

保护等级及保护价值

国家Ⅲ级保护植物，IUCN 等级 VU。木材为家具等优良用材；树形繁茂优美，花色艳丽芳香，为名贵稀有观赏树种。

木兰科 Magnoliaceae
木莲属 *Manglietia*

巴东木莲

Manglietia patungensis Hu

分布及生境

产于湖北西部（巴东、利川）、四川东南部（合江）、重庆（南川），生于海拔 600~1000m 密林中。模式标本采自湖北巴东。

形态特征

常绿乔木；树皮淡灰褐色带红色；小枝带灰褐色。叶薄革质，倒卵状椭圆形，长 14~18（20）cm，宽 3.5~7cm，先端尾状渐尖，基部楔形，两面无毛，侧脉每边 13~15 条；叶柄上的托叶痕长为叶柄长的 1/7 至 1/5；花白色，有芳香，花被片下 5~10mm 处具 1 苞片脱落痕，花被片 9，外轮 3 片近革质，狭长圆形，先端圆，中轮及内轮肉质，倒卵形，雄蕊长 6~8mm，花药紫红色；雌蕊群圆锥形，长约 2cm，雌蕊背面无纵沟纹。聚合果圆柱状椭圆形，长 5~9cm，径 2.5~3cm，淡紫红色。蓇葖露出面具点状凸起。花期 5–6 月，果期 7–10 月。

保护等级及保护价值

中国特有种，IUCN 等级 VU。巴东木莲树皮为中药“厚朴”代用品。树姿优美，花大芬芳，观赏价值高，园林用途广，也是木莲属分布最北缘的植物，对研究木兰科植物的分类演化有重要的意义。

木兰科 Magnoliaceae
观光木属 *Tsoongiodendron*

观光木

Tsoongiodendron odora（Chun）Noot. et B. L. Chen

分布及生境

产于江西南部、福建、广东、广西、云南东南部，生于海拔500~1000m 岩石山地常绿阔叶林中。

形态特征

常绿乔木，枝纵切面，髓心白色，具厚壁组织横隔；小枝、芽、叶柄、叶面中脉、叶背和花梗均被黄棕色糙伏毛。叶片厚膜质，倒卵状椭圆形，长8~17cm，宽3.5~7cm，顶端急尖或钝，基部楔形；叶柄长1.2~2.5cm，基部膨大，托叶痕达叶柄中部。花蕾的佛焰苞状苞片一侧开裂，被柔毛，花梗长约6mm，具1苞片脱落痕，芳香；花被片象牙黄色，有红色小斑点，狭倒卵状椭圆形。聚合果长椭圆体形，有时上部的心皮退化而呈球形，外果皮榄绿色，有苍白色孔，干时深棕色，具显著的黄色斑点；种子椭圆体形或三角状倒卵圆形。花期3月，果期10–12月。

保护等级及保护价值

国家Ⅱ级保护植物，IUCN等级VU。观光木为木兰科中较进化的物种，对研究该科分类系统有一定的科学意义。树干挺直，花色美丽而芳香，可作为园林观赏及行道树种。

木兰科 Magnoliaceae
含笑属 *Michelia*

峨眉含笑

Michelia wilsonii Finet et Gagn.

分布及生境

产于四川中西部、湖北西部，生于海拔600~2000m林间。模式标本采自汉源大相岭。

形态特征

常绿乔木；嫩枝绿色，被淡褐色稀疏短平伏毛，老枝节间较密，具皮孔；叶革质，倒卵形、狭倒卵形、倒披针形，长 10~15cm，宽 3.5~7cm，先端短尖或短渐尖；叶柄长 1.5~4cm，托叶痕长 2~4mm。花黄色，芳香，直径 5~6cm；花被片带肉质，9~12 片，倒卵形或倒披针形，长 4~5cm，宽 1~2.5cm；雄蕊长 15~20mm，花药长约 12mm，花丝绿色；雌蕊群圆柱形，长 3.5~4cm；子房卵状椭圆体形；胚珠约 14 枚。花梗具 2~4 苞片脱落痕。聚合果长 12~15cm，果托扭曲；蓇葖紫褐色，长圆体形或倒卵圆形，长 1~2.5cm，具灰黄色皮孔，顶端具弯曲短喙，成熟后 2 瓣开裂。花期 3–5 月，果期 8–9 月。

保护等级及保护价值

国家Ⅱ级保护植物，中国特有种，IUCN 等级 VU。峨眉含笑为木兰科，我国特有濒危种，其对于研究木兰科植物的系统发育、植物区系等有一定科学价值。木材优良；花、叶可提浸膏；树皮和花均可入药；也可供庭园观赏。

木兰科 Magnoliaceae
天女花属 *Oyama*

天女花

Oyama sieboldii （K. Koch） N. H. Xia et C. Y. Wu

分布及生境

产于安徽、浙江、江西、福建北部、湖北中部、广西等地，生于海拔 1100~2000m 山地。

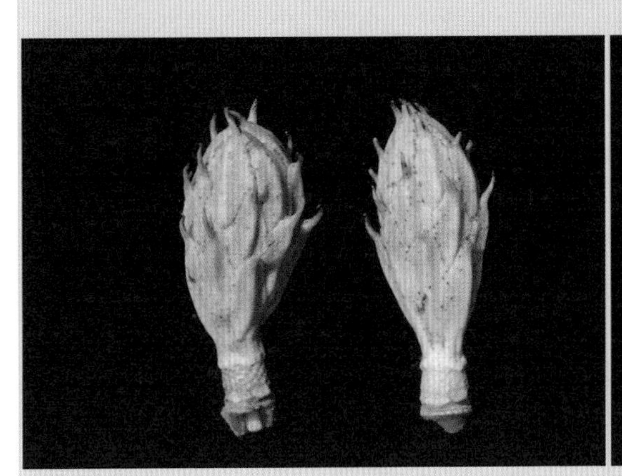

形态特征

落叶小乔木，当年生小枝细长，淡灰褐色。叶膜质，倒卵形或宽倒卵形，长（6）9~15（25）cm，宽 4~9（12）cm，先端骤狭急尖或短渐尖，通常被褐色及白色多细胞毛，有散生金黄色小点，侧脉每边 6~8 条，叶柄长 1~4（6.5）cm，被褐色及白色平伏长毛，托叶痕约为叶柄长的 1/2。花与叶同时开放，白色，芳香，杯状，盛开时碟状，直径 7~10cm；花梗长 3~7cm，着生平展或稍垂的花朵；雄蕊紫红色，雌蕊群椭圆形，绿色。聚合果熟时红色，倒卵圆形或长圆体形；蓇葖狭椭圆体形，沿背缝线二瓣全裂，顶端具长约 2mm 的喙；种子心形，外种皮红色，内种皮褐色，长与宽均 6~7mm。

保护等级及保护价值

IUCN 等级 NT。天女花花色洁白，大而芬芳，聚合蓇葖果成熟时深红色，种子由珠柄的细丝悬挂于外，是观叶、赏花、观果兼备的珍稀木本观赏花卉。花入药，可制浸膏。

木兰科 Magnoliaceae
天女花属 *Oyama*

圆叶天女花

Oyama sinensis （Rehder et E. H. Wilson） N. H. Xia et C. Y. Wu

分布及生境

产于四川中部及北部（天全、芦山、汶川等地区），生于海拔约 2600m 的林间。模式标本采自四川汶川。

形态特征

落叶小乔木或灌木，树皮淡褐色。叶纸质，倒卵形，先端宽圆，或具短急尖。基部圆平截或阔楔形，下面被淡灰黄色长柔毛，中脉、侧脉及叶柄被淡黄色平伏长柔毛；托叶痕约为叶柄长的2/3。花与叶同时开放，钝白色，芳香，杯状，初密被淡黄色平伏长柔毛，向下弯，悬挂着下垂的花朵；花被片9（10），外轮3片，卵形或椭圆形；雄蕊长9~13mm，花药长7~10mm，两药室分离，内向开裂，顶端圆，药隔稍凸尖，花丝紫红色；雌蕊群绿色，狭倒卵状椭圆体形，长约1.5mm。聚合果红色，长圆状圆柱形，蓇葖狭椭圆体形仅沿背缝开裂。具外弯的喙；种子外种皮鲜红色。花期5–6月，果期9–10月。

保护等级及保护价值

国家Ⅱ级保护植物，IUCN等级VU，中国特有种。皮药用，为厚朴的代用品。

木兰科 Magnoliaceae
天女花属 *Oyama*

西康天女花

Oyama wilsonii （Finet et Gagnepain） N. H. Xia et C. Y. Wu

分布及生境

产于四川中部和西部、云南北部，生于海拔 1900~3300m 山林间。模式标本采自四川康定。

形态特征

落叶小乔木或灌木，树皮灰褐色，具明显的皮孔。叶纸质，椭圆状卵形，先端急尖或渐尖，基部圆或有时稍心形，上面沿中脉及侧脉初被灰黄色柔毛，下面密被银灰色平伏长柔毛，中脉及侧脉的毛常呈褐色；叶柄密披褐色长柔毛，托叶痕为叶柄长的4/5~5/6。花与叶同时开放，白色，芳香，初杯状，盛开成碟状，直径10~12cm，花梗下垂，被褐色长毛；花被片9（12），外轮3片与内两轮近等大，宽匙形或倒卵形，顶端圆，基部具短爪；雄蕊紫红色，两药室分离，药隔顶圆或微凹；雌蕊群绿色，卵状圆柱形，长1.5~2cm。聚合果下垂，圆柱形，熟时红色后转紫褐色，蓇葖具喙；种子倒卵圆形。花期5–6月，果期9–10月。

保护等级及保护价值

国家Ⅱ级保护植物，IUCN等级VU，中国特有种。树皮药用，称“川姜朴”，为“厚朴”代用品。树皮含挥发油0.30%~0.41%，油中含厚朴有效成分β、桉叶醇。本种花色美丽，可供庭园观赏。

木兰科 Magnoliaceae
拟单性木兰属 *Parakmeria*

乐东拟单性木兰

Parakmeria lotungensis （Chun et C. H. Tsoong） Y. W. Law

分布及生境

产于江西（井冈山）、福建（永安武夷山黄坑）、湖南（保靖、通道、宜章）、广东北部（乳源）、广西（灵山）、贵州东南部，生于海拔 700~1400m 肥沃阔叶林中。

形态特征

常绿乔木。叶革质，倒卵状椭圆形或狭倒卵状椭圆形，先端尖而头钝，基部楔形或狭楔形，上面绿色，下面浅绿色，无腺点；叶柄长 1~2cm。花杂性，雄花两性花异株；雄花：花被片 9~14，外轮花被片浅黄色，倒卵状长圆形，内 2~3 轮白色，较狭小；雄蕊 30~70 枚，药隔伸出成短尖，花丝及药隔紫红色；有时具 1~5 心皮的两性花，雄花花托顶端长锐尖，有时具雌蕊群柄，两性花：花被片与雄花同形而较小，雄蕊 10~35 枚，雌蕊群卵圆形，绿色，具雌蕊 10~20 枚。聚合果卵状长圆形体或椭圆状卵圆形，很少倒卵形；种子椭圆形或椭圆状卵圆形，外种皮红色。花期 4–5 月，果期 8–9 月。

保护等级及保护价值

国家Ⅱ级保护植物，中国特有种，IUCN 等级 VU。乐东拟单性木兰花杂性，心皮有时退化为数枚至一枚，为木兰科中少见的类群，对研究木兰科植物系统发育有学术价值。花有特殊的芳香味，可提取芳香油，花蕾和花均具有一定的药用价值，能治咳嗽气喘、胸腹胀满等症。

木兰科 Magnoliaceae
拟单性木兰属 *Parakmeria*

峨眉拟单性木兰

Parakmeria omeiensis W. C. Cheng

分布及生境

产于四川峨眉山。生于海拔 1200~1300m 林中，模式标本采自峨眉山红椿坪。

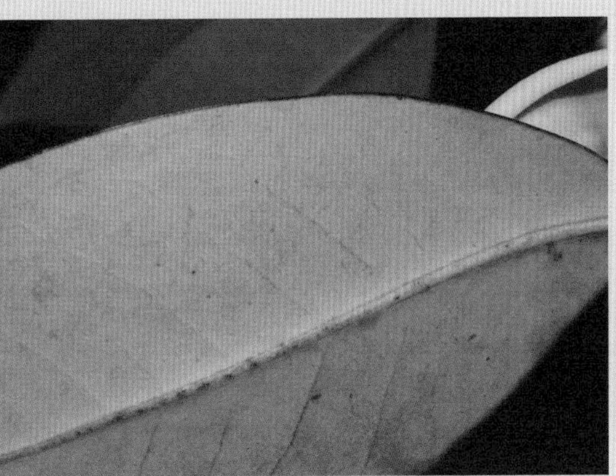

形态特征

常绿乔木。叶革质，椭圆形、狭椭圆形或倒卵状椭圆形，先端短尖或短渐尖，基部楔形或狭楔形，叶上面深绿色，下面灰绿色，具腺点，叶柄长1.5~2cm。花杂性，雄花、两性花异株。雄花：花被片12，外轮花被片浅黄色，长圆形，先端圆或钝圆，内三轮较狭小，乳白色，肉质；倒卵状匙形，雄蕊约30枚，长2~2.2cm，花药长1~1.2cm，花丝长2~4mm，药隔顶端伸出成钝尖，药隔及花丝深红色，花托顶端短钝尖。两性花：花被片与雄花同，雄蕊16~18枚；雌蕊群椭圆体形，长约1cm，具雌蕊8~12枚。聚合果倒卵圆形，种子倒卵圆形，外种皮红褐色。花期5月，果期9月。

保护等级及保护价值

国家Ⅰ级保护植物，中国特有种，IUCN等级CR。峨眉拟单性木兰对于研究第三纪植物区系起源有着十分重要的科研价值，同时也是研究被子植物起源发育不可缺少的珍贵材料。

木兰科 Magnoliaceae
拟单性木兰属 *Parakmeria*

云南拟单性木兰

Parakmeria yunnanensis Hu

分布及生境

产于云南（屏边、金平、西畴、麻栗坡）、广西，生于海拔1200~1500m山谷密林中。模式标本采自云南麻栗坡。

形态特征

常绿乔木，树皮灰白色，光滑不裂。叶薄革质，卵状长圆形或卵状椭圆形、长 6.5~15（20）cm，宽 2~5cm，先端短渐尖或渐尖，基部阔楔形或近圆形，上面绿色，下面浅绿色，嫩叶紫红色，侧脉每边 7~15 条，两面网脉明显，叶柄长 1~2.5cm。雄花、两性花异株，芳香；雄花：花被片 12，4 轮，外轮红色，倒卵形，长约 4cm，宽约 2cm，内 3 轮白色，肉质，狭倒卵状匙形，长 3~3.5cm，基部渐狭成爪状；雄蕊约 30 枚，长约 2.5cm，花药长约 1.5cm，药隔伸出 1mm 的短尖，花丝长约 10mm，红色，花托顶端圆；两性花：花被片与雄花同而雄蕊极少，雌蕊群卵圆形，绿色，聚合果长圆状卵圆形，长约 6cm，蓇葖菱形，熟时背缝开裂；种子扁，长 6~7mm，宽约 1cm，外种皮红色。花期 5 月，果期 9–10 月。

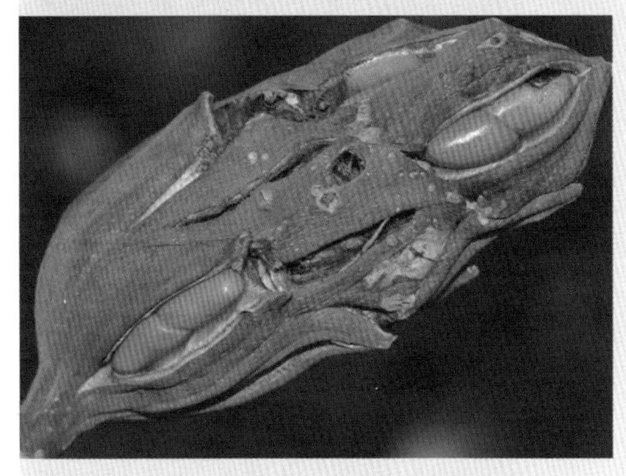

保护等级及保护价值

国家Ⅱ级保护植物，IUCN 等级 VU。云南拟单性木兰是木兰科中从两性花退化为雄花及两性花异株的物种，对研究木兰科的分类系统有一定的学术价值。此外，也是重要的用材和绿化树种。

木兰科 Magnoliaceae
玉兰属 *Yulania*

天目玉兰

Yulania amoena （W. C. Cheng） D. L. Fu

分布及生境

产于浙江（天目山、龙泉、遂昌），生于海拔700~1000m林中。模式标本采自浙江天目山。

形态特征

落叶乔木，树皮灰色或灰白色；芽被灰白色紧贴毛；嫩枝绿色，老枝带紫色，直径 3~4mm，无毛。叶宽倒披针形，倒披针状椭圆形，长 10~15cm，宽 3.5~5cm，先端渐尖或骤狭尾状尖；侧脉每边 10~13 条；叶柄长 8~13mm，托叶痕为叶柄长的 1/5~1/2。花红色或淡红色，芳香，直径约 6cm；佛焰苞状苞片紧接花被片；花被片长 5~5.6cm；雄蕊长 9~10mm。雌蕊群圆柱形，长 2cm。聚合果圆柱形，长 4~10cm，常弯曲；蓇葖扁圆球形，顶端钝圆，有尖凸起小瘤状点，背面全分裂为二果爿，宽约 10mm，高 6~7mm；种子去外种皮，心形，宽 8~9mm，高 5~6mm，花期 4–5 月，果期 9–10 月。

保护等级及保护价值

我国特有种，IUCN 等级 VU。天目玉兰是重要的园林观赏、香料和药用植物。树干通直，材质优良，树姿优美，早春枝顶开淡紫色花，香艳宜人。

木兰科 Magnoliaceae
玉兰属 *Yulania*

黄山玉兰

Yulania cylindrica （E. H. Wils.） D. L. Fu

分布及生境

产于安徽、浙江、江西、福建、湖北西南，生于海拔700~1600m 山地林间。模式标本采自安徽黄山。

形态特征

落叶乔木，树皮灰白色，平滑。叶膜质，倒卵形、狭倒卵形，倒卵状长圆形，长 6~14cm，宽 2~5（6.5）cm，先端尖或圆；托叶痕为叶柄长的 1/6~1/3。花先叶开放，直立；花蕾卵圆形，被淡灰黄色或银灰色长毛；花被片 9，外轮 3 片膜质，萼片状，长 12~20mm，宽约 4mm，中内两轮花瓣状，白色，基部常红色，倒卵形，长 6.5~10cm，宽 2.5~4.5cm，基部具爪，内轮 3 片直立；雄蕊长约 10mm，药隔伸出花药成尖或钝尖，花丝淡红色；雌蕊群绿色，圆柱状卵圆形，长约 1.2cm。聚合果圆柱形，下垂，初绿带紫红色后变暗紫黑色，成熟蓇葖排列紧贴，互相结合不弯曲；去种皮的种子褐色，心形，侧扁，顶端具 V 形口。花期 5–6 月，果期 8–9 月。

保护等级及保护价值

IUCN 等级 LC，中国特有种。花色、花形美丽，是珍贵的园林观赏树种。

木兰科 Magnoliaceae
玉兰属 *Yulania*

宝华玉兰

Yulania zenii（W. C. Cheng）D. L. Fu

分布及生境

产于江苏句容宝华山，生于海拔约220m丘陵地，模式标本采自宝华山。

形态特征

落叶乔木，高达 11m。芽窄卵圆形，被长绢毛。叶倒卵状长圆形或长圆形，长 7~16cm，先端宽圆具短突尖，基部宽楔形或圆，下面中脉及侧脉被长弯毛，侧脉 8~10 对；叶柄长 0.6~1.8cm，初被长柔毛，托叶痕长为叶柄 1/5~1/2。花梗长 2~4mm，密被白长毛；花被片 9, 近匙形，先端圆或稍尖，长 7~8cm，白色，中下部淡紫红色，长 7~8cm，内轮较窄小；雄蕊长约 1.1cm，花药长约 7mm，药室分开，内侧向开裂，药隔短尖，花丝紫色，长约 4mm；雌蕊群圆柱形，长约 2cm，心皮长约 4mm。聚合果圆柱形，长 5~7cm；蓇葖近球形，被疣点状凸起，顶端钝圆。

保护等级及保护价值

国家Ⅱ级保护植物，IUCN 等级 CR，中国特有种。宝华玉兰分布范围狭窄，与其近缘种类区别明显，对于研究玉兰属的分类系统有一定的意义。树干挺拔，花大而艳丽，芳香，是珍贵的园林观赏树木。

木兰科 Magnoliaceae
玉兰属 *Yulania*

罗田玉兰

Yulania pilocarpa（Z. Z. Zhao et Z. W. Xie）D. L. Fu

分布及生境

产于湖北（罗田县大别山），生于海拔约500m林间。模式标本采自湖北罗田。

形态特征

落叶乔木，树皮灰褐色；幼枝紫褐色，无毛。叶纸质，倒卵形或宽倒卵形，长10~17cm，宽8.5~11cm，先端宽圆稍凹缺，具短急尖，基部楔形或宽楔形，上面深绿色，下面浅绿色，侧脉每边9~11条；托叶痕约为叶柄长之半。花先叶开放，花蕾卵圆形，长约3cm，外被黄色长柔毛，花被片9，外轮3片黄绿色，膜质，萼片状，锐三角形，长1.7~3cm，内两轮6片，白色，肉质，近匙形，长7~10cm，宽3~5cm，雄蕊多数，侧向开裂，药隔伸出长约1mm的短尖；雌蕊群呈椭圆状圆柱形，长约2cm，心皮被短柔毛。聚合果圆柱形，残存有毛；种子豆形或倒卵圆形，外种皮红色，内种皮黑色。花期3–4月，果期9月。

保护等级及保护价值

IUCN等级EN，中国特有种。本种树皮为药用“辛夷”的代用品。

楝科 Meliaceae
香椿属 *Toona*

红椿

Toona ciliata M. Roem

分布及生境

产于福建、湖南、广东、广西、四川和云南等省、自治区，多生于低海拔沟谷林中或山坡疏林中。

形态特征

大乔木。叶为偶数或奇数羽状复叶，长 25~40cm，通常有小叶 7~8 对；小叶对生或近对生，纸质，长 8~15cm，宽 2.5~6cm，先端尾状渐尖，基部一侧圆形，另一侧楔形，不等边，边全缘，两面均无毛或仅于背面脉腋内有毛。圆锥花序顶生；花萼短， 5 裂，裂片钝，被微柔毛及睫毛；花瓣 5，白色，长圆形，长 4~5mm，先端钝或具短尖，无毛或被微柔毛，边缘具睫毛；雄蕊 5，约与花瓣等长，花丝被疏柔毛，花药椭圆形；子房密被长硬毛，每室有胚珠 8~10 颗，花柱无毛，柱头盘状。蒴果长椭圆形，木质，干后紫褐色，有苍白色皮孔；种子两端具翅，翅扁平，膜质。花期 4–6 月，果期 10–12 月。

保护等级及保护价值

国家Ⅱ级保护植物， IUCN 等级 VU。木材赤褐色，纹理通直，质软，耐腐，适宜建筑、家具、雕刻等用材。树皮含单宁，可提制栲胶。亚热带地区的珍贵速生用材树种。

楝科 Meliaceae
香椿属 *Toona*

红花香椿

Toona fargesii A. Chev.

分布及生境

产于福建南靖、湖北，多散生于山谷和溪边潮湿的密林中。

形态特征

常绿大乔木；树皮灰色，有纵裂缝。叶为偶数或奇数羽状复叶，有小叶 8~9 对，叶轴和叶柄都有稀疏的皮孔，密生短柔毛；小叶互生或近对生，纸质，卵状长圆形至卵状披针形，先端尾状渐尖，基部歪斜，两边不等长，全缘；小叶柄长 2~3mm，密生短柔毛。圆锥花序顶生，花序轴有稀疏的皮孔，密生短柔毛；萼片小，5 片，阔三角形，被小粗毛和短缘毛；花瓣 5，紫红色，覆瓦状排列，卵形，先端短尖，外面无毛，有隆起的中肋，里面密生粗毛，于基部有龙骨状突起，以此龙骨状突起着生于花盘上；雄蕊 5；子房和花盘密生黄褐色的粗毛，5 室，每室有胚珠 13~15 颗；种子两端有翅，连翅长 2~2.8cm。花期 6 月，果期 11 月。

保护等级及保护价值

IUCN 等级 VU，亚热带地区的珍贵速生用材树种。

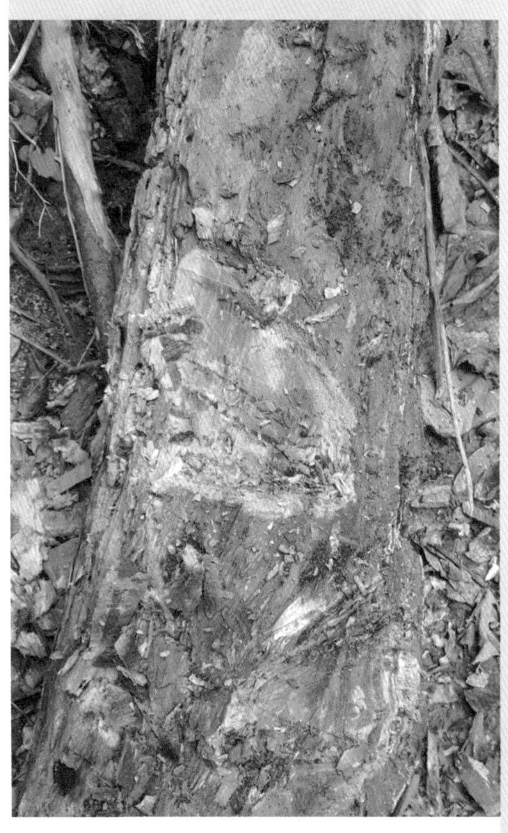

桑科 Moraceae
波罗蜜属 *Artocarpus*

白桂木

Artocarpus hypargyreus Hance

分布及生境

产于广东、福建、江西（崇义、会昌、大余）、湖南、云南东南部（屏边、麻栗坡、广南），生于低海拔100~1700m常绿阔叶林中。

形态特征

大乔木。叶互生，革质，椭圆形至倒卵形，长 8~15cm，宽 4~7cm，先端渐尖至短渐尖，基部楔形，全缘，幼树之叶常为羽状浅裂，表面深绿色，仅中脉被微柔毛，叶背面被灰白色微柔毛，背面网脉突起，叶基不下延；叶柄长 1.5~2cm，被毛；托叶线形，早落。花序单生叶腋。雄花序椭圆形至倒卵圆形，长 1.5~2cm，直径 1~1.5cm；总柄长 2~4.5cm，被短柔毛；雄花花被 4 裂，裂片匙形，与盾形苞片紧贴，密被微柔毛，雄蕊 1 枚，花药椭圆形。聚花果近球形，果径 3~6cm，柄较细，径 2~3mm，浅黄色至橙黄色，表面具乳头状突起；果柄长 3~5cm，被短柔毛。花期春夏。

保护等级及保护价值

国家Ⅲ级保护植物，IUCN 等级 EN，中国特有种。食用和药用价值颇高，果实和种子可生食，亦可作为蜜饯、饮料等的原料，根入药，主治风湿痹痛、腰膝酸软等症。

蓝果树科 Nyssaceae
马蹄参属 *Diplopanax*

马蹄参

Diplopanax stachyanthus Hand.-Mazz.

分布及生境

产于广西（上思、十万大山、金秀、龙胜）、广东（乳源、阳春、阳江）、湖南（宜章莽山）和云南东南部。

形态特征

乔木。叶片革质，倒卵状披针形或倒卵状长圆形，先端短尖，基部狭楔形，上面亮绿色，下面灰绿色；叶柄粗壮，长 2~6cm。穗状圆锥花序单生，长达 27cm，主轴粗壮；花序上部的花单生，无花梗，下部的花排成伞形花序；伞形花序有花 3~5 朵，无总花梗或有长 0.2~1.5cm 的总花梗；花瓣 5，肉质，长 3mm，外面有短柔毛；雄蕊与花瓣同数，花丝比花瓣短；子房 1 室，花柱圆锥状。果实长圆状卵形或卵形，稍侧扁，无毛，干时坚硬，外果皮厚，有稍明显的纵脉种子 1 个，侧扁而弯；胚马蹄状。花果期 6–8 月。

保护等级及保护价值

国家Ⅱ级保护植物，IUCN 等级 NT。民间用于治疗风湿性关节炎。

蓝果树科 Nyssaceae
喜树属 *Camptotheca*

喜树

Camptotheca acuminata Decne.

分布及生境

产于江苏南部、浙江、福建、江西、湖北、湖南、四川、贵州、广东、广西、云南等省、自治区，生于海拔 1000m 以下的林边或溪边。模式标本采自江西庐山。

形态特征

落叶乔木。树皮灰色或浅灰色，纵裂成浅沟状。小枝圆柱形，当年生枝紫绿色，多年生枝淡褐色或浅灰色，有很稀疏的圆形或卵形皮孔。叶互生，纸质，矩圆状卵形或矩圆状椭圆形，长 12~28cm，宽 6~12cm，顶端短锐尖；叶柄长 1.5~3cm，上面扁平或略呈浅沟状，下面圆形。头状花序近球形，直径 1.5~2cm，常由 2~9 个头状花序组成圆锥花序，顶生或腋生，通常上部为雌花序，下部为雄花序，总花梗圆柱形，长 4~6cm。花杂性，同株；花瓣 5 枚，淡绿色，矩圆形或矩圆状卵形。翅果矩圆形，长 2~2.5cm，顶端具宿存的花盘，着生成近球形的头状果序。花期 5–7 月，果期 9 月。

保护等级及保护价值

国家Ⅱ级保护植物，IUCN 等级 LC，中国特有种。喜树树干挺直，生长迅速，可为庭园树或行道树；树根可作药用。

蓝果树科 Nyssaceae
珙桐属 *Davidia*

珙桐

Davidia involucrata Baill.

分布及生境

产于湖北西部、湖南西部、四川以及贵州和云南两省的北部，生于海拔 1500~2200m 润湿的常绿阔叶和落叶阔叶混交林中。模式标本采自四川宝兴。

形态特征

落叶乔木。叶互生，集生幼枝顶部，宽卵形或圆形，先端骤尖，基部深心形至浅心形，幼叶上面疏被长柔毛，下面密被淡黄或白色丝状粗毛。叶柄长 4~5（~7）cm，幼时疏生柔毛。杂性同株；常由多数雄花与 1 枚雌花或两性花组成球形头状花序，生于小枝近顶端叶腋，花序梗较长，基部具 2~3 枚大型白色花瓣状苞片，苞片长圆形或倒卵状长圆形。雄花无花萼，无花瓣，雄蕊 1~7，花药紫色；雌花及两性花子房下位，6~10 室，每室具 1 枚下垂胚珠，花柱顶端具 6~10 分枝，柱头向外平展，子房上部具退化花被及雄蕊。核果大，长 3~4cm，直径 1.5~2cm，常单生，3~5 室，每室 1 种子；果柄圆柱状。花期 4–5 月；果期 7–9 月。

保护等级及保护价值

国家 Ⅰ 级保护植物，中国特有种，IUCN 等级 LC。盛花期头状花序下的 2 枚白色大苞片非常显著，极似展翅之群鸽栖于树上，故有“中国鸽子树”之称，是驰名世界的珍贵观赏树种；对研究古植物区系和系统发育均具有重要的科学价值；木材材质优良，可作家具等用。

蓝果树科 Nyssaceae
珙桐属 *Davidia*

光叶珙桐

Davidia involucrata var. *vilmoriniana* （Dode） Wangerin

分布及生境

产于湖北西部、四川、贵州等地；常与珙桐混生。

形态特征

落叶乔木。当年生枝紫绿色，多年生枝深褐色或深灰色；叶阔卵形或近圆形，长 9~15cm，宽 7~12cm，顶端急尖，边缘有粗锯齿，下面常无毛或幼时叶脉上被很稀疏的短柔毛及粗毛，有时下面被白霜。两性花与雄花同株，由多数的雄花与 1 个雌花或两性花呈近球形的头状花序，两性花位于花序的顶端，雄花环绕于其周围，基部具纸质、矩圆状卵形或矩圆状倒卵形花瓣状的苞片 2~3 枚，雄花无花萼及花瓣；雌花或两性花具下位子房，6~10 室，核果长 3~4cm，直径 15~20mm，紫绿色具黄色斑点，外果皮很薄，中果皮肉质，内果皮骨质具沟纹，种子 3~5 枚。花期 4 月，果期 10 月。

保护等级及保护价值

国家Ⅰ级保护植物，我国特有珍稀物种，具有较高的科研、开发和经济价值，同时也是世界著名的珍贵观赏树种，树形高大秀美，被称为“中国鸽子树”。

木犀科 Oleaceae
梣属 *Fraxinus*

水曲柳

Fraxinus mandschurica Rupr.

分布及生境

产于陕西、甘肃、湖北等省，生于海拔 700~2100m 山坡疏林中或河谷平缓山地。

形态特征

落叶大乔木，树皮纵裂。冬芽圆锥形，芽鳞外侧平滑，无毛，在边缘和内侧被褐色曲柔毛。小枝四棱形，节膨大，散生圆形明显凸起的小皮孔。羽状复叶长25~35（~40）cm；叶柄长6~8cm，近基部膨大；叶轴上面具平坦的阔沟，小叶着生处具关节；小叶7~11（~13）枚，纸质，长圆形至卵状长圆形，长5~20cm，宽2~5cm，叶缘具细锯齿；小叶近无柄。圆锥花序长15~20cm；花序梗与分枝具窄翅状锐棱；雄花与两性花异株，均无花冠也无花萼；雄花序紧密，两性花序稍松散；翅果长圆形至倒卵状披针形，长3~3.5（~4）cm，宽6~9mm，脉棱凸起。花期4月，果期8–9月。

保护等级及保护价值

国家Ⅱ级保护植物，IUCN等级VU。水曲柳材质优良，同时也是重要的营林树种。

松科 Pinaceae
冷杉属 *Abies*

资源冷杉

Abies beshanzuensis var. *ziyuanensis*（L. K. Fu et S. L. Mo）L. K. Fu et Nan Li

分布及生境

仅产于广西东北部资源县银竹老山，湖南西南部新宁县舜皇山、城步县二宝顶及银竹老山，炎陵县桃源洞国家森林公园，江西井冈山，生于海拔 1500~1850m 针阔混交林中。

形态特征

常绿乔木；树皮灰白色，片状开裂；1 年生枝淡褐黄色，老枝灰黑色；冬芽圆锥形，有树脂，芽鳞淡褐黄色。叶在小枝上面向外向上伸展成不规则两列，下面的叶呈梳状，线形，长 2~4.8cm，先端有凹缺，上面深绿色，下面有两条粉白色气孔带，树脂道边生。球果椭圆状圆柱形，长 10~11cm，直径 4.2~4.5cm；种鳞扇状四边形，长 2.3~2.5cm；苞鳞稍较种鳞为短，长 2.1~2.3cm，中部较窄缩，上部圆形，先端露出，反曲，有突起的短刺尖；种子倒三角状椭圆形，长约 1cm，淡褐色，种翅倒三角形，长 2.1~2.3cm，淡紫黑灰色。花期 4–5 月，球果 10 月成熟。

保护等级及保护价值

国家Ⅰ级保护植物，IUCN 等级 EN，中国特有种。对研究了解冷杉属植物的系统演化等具有重要科研价值。

松科 Pinaceae
冷杉属 *Abies*

秦岭冷杉

Abies chensiensis Tiegh.

分布及生境

产于陕西南部、湖北西部及甘肃南部，生于海拔 2300~3000m 地带。模式标本采自陕西秦岭。

形态特征

高大常绿乔木。叶在枝上列成两列或近两列状，条形，长1.5~4.8cm，上面深绿色，下面有2条白色气孔带。球果圆柱形或卵状圆柱形，长7~11cm，径3~4cm，近无梗，成熟前绿色，熟时褐色，中部种鳞肾形，长约1.5cm，宽约2.5cm，鳞背露出部分密生短毛；苞鳞长约为种鳞的3/4，不外露，上部近圆形，边缘有细缺齿，中央有短急尖头，中下部近等宽，基部渐窄；种子较种翅为长，倒三角状椭圆形，长8mm，种翅宽大，倒三角形，上部宽约1cm，连同种子长约1.3cm。

保护等级及保护价值

国家Ⅱ级保护植物，IUCN等级VU，中国特有种。本种分布零星，数量稀少。木材较轻软，纹理直，可供建筑等用。

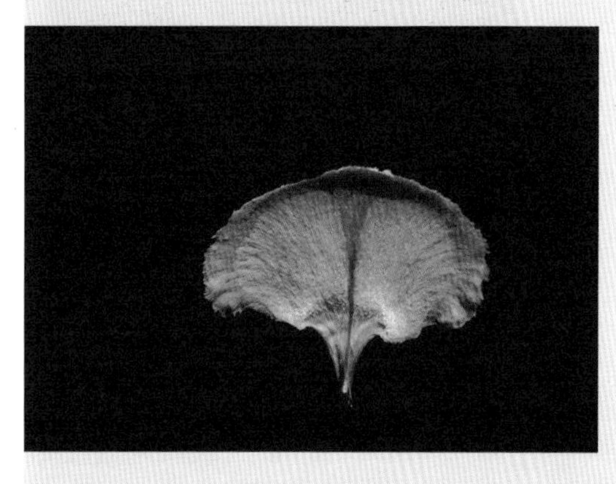

松科 Pinaceae
银杉属 *Cathaya*

银杉

Cathaya argyrophylla Chun et Kuang

分布及生境

产于广西龙胜海拔约 1400m 阳坡阔叶林中和山脊地带，以及重庆市金佛山海拔 1600~1800m 山脊地带。

形态特征

乔木；树皮暗灰色。叶螺旋状着生成辐射伸展，下面沿中脉两侧具极显著的粉白色气孔带；叶条形，上面被疏柔毛，沿凹陷的中脉有较密的褐色短毛。雄球花开放前长椭圆状卵圆形，盛开时穗状圆柱形，雄蕊黄色；雌球花基部无苞片，卵圆形或长椭圆状卵圆形，珠鳞近圆形或肾状扁圆形，黄绿色，苞鳞黄褐色，三角状扁圆形，先端具尾状长尖，边缘波状有不规则的细锯齿。球果卵圆形或长椭圆形，种鳞13~16 枚，近圆形或带扁圆形，背面密被微透明的短柔毛；苞鳞长达种鳞的 1/4~1/3; 种子略扁，斜倒卵圆形，基部尖，有不规则的浅色斑纹，种翅膜质，黄褐色。

保护等级及保护价值

国家Ⅰ级保护植物，IUCN 等级 EN，中国特有种。对研究松科植物的系统发育、古植物区系、古地理及第四纪冰期气候等均有较重要的科研价值。同时，银杉也是一种优良的材用树种。

松科 Pinaceae
油杉属 *Keteleeria*

黄枝油杉

Keteleeria davidiana var. *calcarea* (W. C. Cheng et L. K. Fu) Silba

分布及生境

产于广西北部及贵州南部，多生于石灰岩山地。

形态特征

常绿乔木。树皮黑褐色或灰色，纵裂，成片状剥落；小枝无毛或近于无毛，一年生枝黄色，二、三年生枝呈淡黄灰色；冬芽圆球形。叶条形，在侧枝上排列成两列，长 2~3.5cm，稀长达 4.5cm，两面中脉隆起，基部楔形，有短柄，上面无气孔线，下面沿中脉两侧各有 18~21 条气孔线，有白粉。球果圆柱形，长 11~14cm；中部的种鳞斜方状圆形，长 2.5~3cm，上部圆，间或先端微平，边缘向外反曲，稀先端微内曲，鳞背露出部分有密生的短毛，基部两侧耳状；鳞苞中部微窄，下部稍宽，上部近圆形，先端三裂，边缘有不规则的细齿；种翅中下部或中部较宽，上部较窄。种子 10–11 月成熟。

保护等级及保护价值

黄枝油杉是中国特有的古老树种，IUCN 等级 EN。树干通直，雄伟挺拔，适于庭园绿化；木材优良；根系发达，能耐石山干旱，是石灰岩石山绿化的优良树种。

松科 Pinaceae
油杉属 *Keteleeria*

柔毛油杉

Keteleeria pubescens W. C. Cheng et L. K. Fu

分布及生境

产于广西北部罗城至宜山、贵州南部黎平、从江、下江，生于气候温暖、土层深厚、湿润、海拔600~1100m山地。

形态特征

常绿乔木。树皮暗褐色，纵裂；一至二年生枝绿色，有密生短柔毛。叶条形，在侧枝上排列成不规则两列，主枝及果枝的叶辐射伸展，先端尖或渐尖，长 1.5~3cm，宽 3~4mm，上面深绿色，无气孔线，下面淡绿色，沿中脉两侧各有 23~35 条气孔线。球果成熟前淡绿色，有白粉，短圆柱形或椭圆状圆柱形；中部的种鳞近五角状圆形，长约 2cm，宽长相近，上部宽圆，中央微凹，背面露出部分密生短毛；苞鳞长约为种鳞的 2/3，近倒卵形，先端三裂，中裂呈窄三角状刺尖，侧裂宽短，先端三角状，外侧有不规则细齿；种子具膜质长翅，种翅近中部或中下部较宽，连同种子与种鳞等长。

保护等级及保护价值

国家Ⅱ级保护植物，IUCN 等级 VU，中国特有种。材质坚硬，心材红褐色，耐腐朽。树形优雅美观，可作绿化树种。

松科 Pinaceae
落叶松属 *Larix*

太白红杉

Larix chinensis Beissn.

分布及生境

产于甘肃及陕西秦岭的太白山、玉皇山、佛坪等地，生于海拔2600~3500m 林地，在太白山及玉皇山尚有成片纯林。模式标本采自太白山。

形态特征

乔木，树皮灰色至暗灰褐色，裂成薄片状；小枝下垂。叶倒披针状窄条形，先端尖或钝，两面中脉隆起，上面中上部或近先端每边有 1~2 条白色气孔线，下面沿巾脉两侧各有 2~5 条白色气孔线。着生球花的短枝通常无叶；雄球花卵圆形，有梗，常下垂，雄蕊黄色；雌球花和幼果淡紫色，卵状矩圆形，苞鳞直伸，先端急尖。球果卵状矩圆形，长 2.5~5cm，径 1.5~2.8cm，种鳞较薄，成熟后显著地张开，先端宽圆，鳞背近中部有密生平伏长柔毛，苞鳞较种鳞为长，直伸不反曲，长约 1.5cm，先端平截或稍圆，中肋延伸成长急尖头；种子斜三角状卵圆形，长约 3mm，种翅淡褐色，宽约 4mm，先端钝圆。花期 4–5 月，球果 10 月成熟。

保护等级及保护价值

国家Ⅱ级保护植物，中国特有种。边材淡黄色，纹理直，材质较轻软，耐水湿；树干可割取松脂，树皮可提栲胶；另外也可作秦岭高山地带的造林树种。

松科 Pinaceae
落叶松属 *Larix*

四川红杉

Larix mastersiana Rehd. et E. H. Wilson

分布及生境

产于四川灌县、宝兴、汶川、平武等地，生于海拔 2300~3500m 地带。模式标本采自灌县西牛头山。

形态特征

乔木，树皮灰褐色或暗黑色，不规则纵裂；枝平展，小枝下垂。叶倒披针状窄条形，先端急尖、微急尖或微钝，上面中脉隆起，下面中脉两侧各有 3~5 条气孔线，表皮有乳头状突起。雌球花及小球果淡红紫色，苞鳞显著地向后反折。球果成熟前淡褐紫色，熟时褐色，椭圆状圆柱形，长 2.5~4cm，径 1.5~2cm；中部种鳞倒三角状圆形或肾状圆形，长 0.8~1.1cm，宽 1~1.3cm，边全缘，先端通常微凹，背面近中部有密生褐色柔毛；苞鳞暗褐紫色，较种鳞为长，中上部显著地向外反折或反曲，长 1.1~1.5cm，中部宽 5~7mm，下部微渐窄，上部三角状，先端中肋延长成微急尖的尖头；种子斜倒卵圆形，灰白色，长 2~3mm，连同种翅长 7~9mm，种翅褐色，先端圆或微钝。花期 4–5 月，球果 10 月成熟。

保护等级及保护价值

国家Ⅱ级保护植物，IUCN 等级 VU，中国特有种。边材淡黄色，心材红褐色，材质较轻软，耐水湿；树干可割取松脂，树皮可提栲胶；可作高山地带的造林树种。

松科 Pinaceae
云杉属 *Picea*

白皮云杉

Picea aurantiaca Mast.

分布及生境

产于四川西部康定附近榆林宫、折多山及中谷等地，生于海拔2600~3600m林中。

形态特征

高大乔木；树皮淡灰色或白色。主枝上之叶辐射伸展，侧生小枝上面之叶向上伸展，下面之叶向两侧伸展成两列状，四棱状条形，多少弯曲，长 0.9~2cm，宽 1.5~2mm，先端有急尖的锐尖头；横切面四棱形或微扁，四边有气孔线，上面每边 5~6 条，下面每边 4~5 条。雌球花紫红色。球果成熟前种鳞背部绿色，上部边缘紫红色，熟时褐色或淡紫褐色，长椭圆状圆柱形，长 8~12cm，径 3~4cm；中部种鳞倒卵形，长约 2cm，宽约 1.5cm，上部圆或微呈三角状，基部宽楔形；苞鳞短小，披针状，长约 4mm，先端尖；种子倒卵圆形，长约 3mm，连翅长 1.4~1.6cm，种翅淡褐色，倒卵状披针形，宽约 5mm，先端圆。花期 5 月，球果 10 月成熟。

保护等级及保护价值

我国特有种，是川西地区物种强烈分化的种类之一，对研究云杉属的种系发育和青藏高原隆起后的植物演化等均有重要的科研价值。木材较轻，硬度适中，质较坚韧。树皮可提栲胶，为四川西部一带常见的庭园树种。

松科 Pinaceae
云杉属 *Picea*

麦吊云杉

Picea brachytyla (Franch.) Pritz.

分布及生境

产于湖北西部，陕西东南部，四川东北部、北部平武及岷江流域上游，甘肃南部白龙江流域，生于海拔1500~2900m地带。

形态特征

常绿乔木，树皮淡灰褐色，裂成鳞状厚块片固着于树干上；大枝平展，树冠尖塔形；侧枝细而下垂，一年生枝淡黄色，二、三年生枝褐色，渐变成灰色；冬芽常为卵圆形，稀顶芽圆锥形，侧芽卵圆形，芽鳞排列紧密，褐色，小枝基部宿存芽鳞紧贴小枝，不向外开展。小枝上面叶覆瓦状向前伸展，两侧及下面叶排成两列；条形扁平，微弯，长 1~2.2cm，先端尖，上面有 2 条白粉气孔带，每带有气孔线 5~7 条，下面无气孔线。球果矩圆状圆柱形，长 6~12cm；中部种鳞倒卵形，长 1.4~2.2cm，上部圆排列紧密，上部三角形则排列较疏松；种子连翅长约 1.2cm。花期 4–5 月，球果 9–10 月成熟。

保护等级及保护价值

IUCN 等级 LC，中国特有种。木材蓄积量高，具有重要的经济价值和科学价值。

松科 Pinaceae
云杉属 *Picea*

油麦吊云杉

Picea brachytyla var. *complanata* (Mast.) W. C. Cheng ex Rehder

分布及生境

产于云南西北部、四川西部及西南部（松潘以东、汶川、宝兴、洪雅、峨眉、峨边、马边、雷波、金阳以西），西藏东南部，生于海拔 2000~3800m 地带。

形态特征

常绿乔木。树皮淡灰褐色，裂成不规则的鳞状厚块片固着于树干上；侧枝细而下垂，一年生枝淡黄色或淡褐黄色，二、三年生枝褐黄色或褐色，渐变成灰色；冬芽常为卵圆形及卵状圆锥形，稀顶芽圆锥形，侧芽卵圆形，芽鳞排列紧密，褐色，先端钝，小枝基部宿存芽鳞紧贴小枝，不向外开展。小枝上面之叶覆瓦状向前伸展，两侧及下面之叶排成两列；条形，扁平，微弯或直，长 1~2.2cm，宽 1~1.5mm，先端尖或微尖，上面有 2 条白粉气孔带，下面无气孔线。球果矩圆状圆柱形，长 6~12cm，宽 2.5~3.8cm；中部种鳞倒卵形，长 1.4~2.2cm，宽 1.1~1.3cm；花期 4–5 月，球果 9–10 月成熟。

保护等级及保护价值

国家Ⅱ级保护植物，IUCN 等级 LC。油麦吊云杉林是分布狭域种，可作物种分布区内海拔 2000~3000m 地带的造林树种，在地方林业生产及长江上游水土保持中都有重要地位。

松科 Pinaceae
云杉属 *Picea*

康定云杉

Picea likiangensis var. *montigena* （Mast.） Cheng ex chen

分布及生境

产于云南西北部、四川西南部，生于海拔 2500~3800m 气候温暖湿润、冬季积雪的高山地带。模式标本采自云南丽江。

形态特征

高大乔木，树皮深灰色或暗褐灰色，深裂成不规则的厚块片，枝条平展，树冠塔形，小枝常有疏生短柔毛。小枝上面之叶近直上伸展或向前伸展，小枝下面及两侧之叶向两侧弯伸，叶棱状条形或扁四棱形，直或微弯，先端尖或钝尖，横切面菱形或微扁，上（腹）面每边有白色气孔线 4~7 条，下（背）面每边有 1~12 条气孔线。球果卵状矩圆形或圆柱形，成熟前种鳞红褐色或黑紫色，熟时褐色、淡红褐色、紫褐色或黑紫色，长 7~12cm，径 3.5~5cm；中部种鳞斜方状卵形或菱状卵形，长 1.5~2.6cm，宽 1~1.7cm，中部或中下部宽，中上部渐窄或微渐窄，上部成三角形或钝三角形，边缘有细缺齿，基部楔形；种子灰褐色，近卵圆形，种翅倒卵状椭圆形，常具疏生的紫色小斑点。花期 4–5 月，球果 9–10 月成熟。

保护等级及保护价值

IUCN 等级 CR，中国特有种。木材坚韧，纹理致密，耐久用，材质优良，生长较快，为分布区森林更新及荒山造林树种。

松科 Pinaceae
云杉属 *Picea*

大果青扦

Picea neoveitchii Masters

分布及生境

产于湖北西部、陕西南部、甘肃天水及白龙江流域海拔1300~2000m地带，散生于林中或生于岩缝。

形态特征

常绿乔木，树皮灰色，裂成鳞状块片脱落；冬芽卵圆形，微有树脂，芽鳞排列紧密，小枝基部宿存芽鳞的先端紧贴小枝，不斜展。小枝上面之叶向上伸展，两侧及下面之叶向上弯伸，四棱状条形，两侧扁，横切面纵斜方形，常弯曲，长1.5~2.5cm，宽约2mm，先端锐尖，四边有气孔线。球果矩圆状圆柱形，长8~14cm，径宽5~6.5cm，通常两端窄缩，或近基部微宽，有树脂；种鳞宽大，宽倒卵状五角形，倒三角状宽卵形，先端宽圆，有细缺齿或近全缘，中部种鳞长约2.7cm，宽2.7cm；苞鳞短小；种子倒卵圆形，长5~6mm，种翅宽大，倒卵状，上部宽圆，连同种子长约1.6cm。

保护等级及保护价值

国家Ⅱ级保护植物，中国特有种，IUCN等级NT。大果青扦生态与分布具残遗性质，在研究秦岭地区植物区系的形成历史和发展动态以及裸子植物系统演化上具有重要的学术价值。

松科 Pinaceae
松属 *Pinus*

大别五针松

Pinus armandii var. *dabeshanensis*（W. C. Cheng et Y. W. Law）Silba

分布及生境

产于安徽西南部、河南及湖北东部的大别山区，生于悬崖石缝间，或在岳西门坎岭海拔 900~1400m 山坡地带，与黄山松混生。

形态特征

高大常绿乔木。树皮棕褐色，浅裂成不规则的小方形薄片脱落；枝条开展，树冠尖塔形；一年生枝淡黄色或微带褐色，具薄蜡层，无毛，二、三年生枝灰红褐色；冬芽淡黄褐色，近卵圆形，无树脂。针叶长 5~14cm，先端渐尖，边缘具细锯齿，背面无气孔线，腹面每侧有 2~4 条灰白色气孔线，背部有 2 个边生树脂道，腹面无树脂道；叶鞘早落。球果圆柱状椭圆形，长约 14cm，熟时种鳞张开，中部种鳞近长方状倒卵形，上部较宽，下部渐窄，长 3~4cm；鳞盾淡黄色，斜方形，上部宽三角状圆形，先端圆钝，边缘显著地向外反卷，鳞脐不显著，下部底边宽楔形；种子淡褐色，倒卵状椭圆形，具极短翅。

保护等级及保护价值

国家Ⅱ级保护植物，IUCN 等级 EN，中国特有种。该物种对研究植物的演化发展，尤其是松科树种的起源与演化有较高的价值。

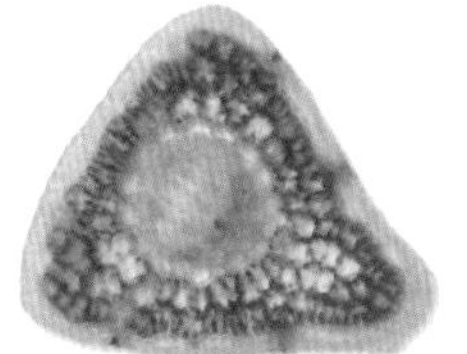

针叶横切面

松科 Pinaceae
松属 *Pinus*

华南五针松

Pinus kwangtungensis Chun et Tsiang

分布及生境

产于湖南南部、贵州独山、广西、广东北部海拔700~1600m地带。

形态特征

常绿乔木。幼树树皮光滑，老树树皮褐色，裂成不规则的鳞状块片；小枝无毛，一年生枝淡褐色，老枝淡灰褐色或淡黄褐色；冬芽茶褐色，微有树脂。针叶5针一束，长3.5~7cm，径1~1.5mm，先端尖，边缘有疏生细锯齿，仅腹面每侧有4~5条白色气孔线；横切面三角形，树脂道2~3个，背面2个边生，有时腹面1个中生或无；叶鞘早落。球果柱状矩圆形，通常单生，微具树脂，通常长4~9cm，径3~6cm，稀长达17cm、径7cm，梗长0.7~2cm；种鳞楔状倒卵形，鳞盾菱形，先端边缘较薄，微内曲或直伸；种子椭圆形，连同种翅与种鳞近等长。花期4–5月，球果第二年10月成熟。

保护等级及保护价值

国家Ⅱ级保护植物，IUCN等级NT，中国特有种。干材端直，质地优良、坚实，是中亚热带至北热带中山地区的优良造林树种。

松科 Pinaceae
松属 *Pinus*

巧家五针松

Pinus squamata X. W. Li

分布及生境

分布于云南省昭通市巧家县海拔 2000~2200m 山坳中。

针叶横切面

形态特征

常绿乔木。表皮灰白色，内皮淡黄绿色。幼树树皮光滑，长大后树皮裂成不规则的薄片，逐渐反卷呈棕褐色，脱落后露出淡黄绿色内皮。表皮生有突起的棕黄色皮孔，孔径宽 2~3.5mm。一年生嫩枝黄褐色，长有棕黄色绒毛。冬芽无树脂。针叶 5 针一束，兼有 4 针，稀有 3 针并存。针叶长 8~15 cm, 径 0 .7~1.5 mm, 边缘有细齿。树脂道 3~5 个边生。球果卵圆形，长 6~8cm, 径 4~6cm。鳞脐背生，凹陷无刺或有极短的直刺。中部种鳞近斜长方形。鳞盾微肥厚隆起呈菱形，横脊明显。球果于翌年 11–12 月成熟。种翅膜质，长 1.6~2.1cm, 有黑褐色条纹，有关节。种子长 4~6mm, 扁卵形，黑褐色。

保护等级及保护价值

国家 Ⅰ 级保护植物，IUCN 等级 CR，中国特有种，野生个体仅剩 35 株。

松科 Pinaceae
金钱松属 *Pseudolarix*

金钱松

Pseudolarix amabilis （J. Nelson） Rehd.

分布及生境

产于江苏南部、浙江、安徽南部、福建北部、江西、湖南、湖北利川至四川万县交界地区，生于海拔 100~1500m 地带，常散生于针叶、阔叶林中。

形态特征

落叶乔木，树干通直，树皮灰褐色，裂成鳞片状块片；枝平展，树冠宽塔形。叶条形，镰状或直，先端锐尖，每边有 5~14 条气孔线，气孔带较中脉带为宽或近于等宽；长枝之叶辐射伸展，短枝之叶簇状密生。雄球花黄色，圆柱状，下垂；雌球花紫红色，直立，椭圆形，有短梗。球果卵圆形，有短梗；中部的种鳞卵状披针形，长 2.8~3.5cm，两侧耳状，腹面种翅痕之间有纵脊凸起，脊上密生短柔毛，鳞背光滑无毛；苞鳞长约种鳞的 1/4~1/3，卵状披针形，边缘有细齿；种子卵圆形，白色，种翅三角状披针形，淡黄色或淡褐黄色，连同种子几乎与种鳞等长。花期 4 月，球果 10 月成熟。

保护等级及保护价值

国家Ⅱ级保护植物，IUCN 等级 VU，中国特有种。秋季树叶显金黄色，优秀园林观赏树种。

松科 Pinaceae
黄杉属 *Pseudotsuga*

澜沧黄杉

Pseudotsuga forrestii Craib

分布及生境

产于云南西北部、西藏东南部及四川西南部，生于海拔2400~3300m 高山地带针叶林内。

形态特征

高大乔木，树皮暗褐灰色，粗糙，深纵裂；大枝近平展。叶条形，较长，排列成两列，直或微弯，长2.5~5.5cm，宽1.5~2mm，先端钝有凹缺，基部楔形、扭转，近无柄，上面光绿色，下面淡绿色，气孔带灰白色或灰绿色；横切面上面有一层疏散的皮下层细胞。球果卵圆形或长卵圆形，长5.8cm，径4~5.5cm；中部种鳞近圆形或斜方状圆形，长2.5~3.5cm，宽3~4cm，上部圆或宽三角状圆形，基部近圆形或楔圆形，鳞背露出部分无毛；苞鳞露出部分反曲，中裂窄长而渐尖，长6~12mm，侧裂三角状，长约3mm，外缘常有细缺齿；种子三角状卵圆形，上面无毛，下面有不规则的细小斑纹，种翅长约种子的两倍，中部宽，先端钝圆，种子连翅长约种鳞的一半或稍长。球果10月成熟。

保护等级及保护价值

国家Ⅱ级保护植物，IUCN等级VU，中国特有种。木材坚韧，材质细致，有弹性。可用于产区造林树种。

松科 Pinaceae
黄杉属 *Pseudotsuga*

黄杉

Pseudotsuga sinensis Dode

分布及生境

产于云南、四川、贵州、湖北、湖南等省、自治区，生于海拔800~2800m针叶、阔叶混交林中。

形态特征

乔木。树皮裂成不规则厚块片；一年生枝淡黄色，二年生枝灰色，主枝无毛，侧枝被灰褐色短毛。叶条形，排列成两列，长 1.3~3cm，先端凹缺，上面绿色，下面有 21 条白色气孔带；横切面两端尖。球果卵圆形，近中部宽，两端微窄，长 4.5~8cm，成熟前微被白粉；中部种鳞近扇形，上部宽圆，基部宽楔形，两侧有凹缺，长约 2.5cm，鳞背露出部分密生褐色短毛；苞鳞露出部分向后反伸，中裂窄三角形，侧裂三角状微圆，较中裂为短，边缘常有缺齿；种子三角状卵圆形，微扁，上面密生褐色短毛，种翅较种子为长，先端圆，种子连翅稍短于种鳞；花期 4 月，球果 10–11 月成熟。

保护等级及保护价值

国家Ⅱ级保护植物，IUCN 等级 LC，中国特有种。材质优良，硬度适中，可作为上等用材树种，具有较高的经济价值。

松科 Pinaceae
铁杉属 *Tsuga*

长苞铁杉

Tsuga longibracteata W. C. Cheng

分布及生境

产于贵州东北部、湖南南部、广东北部、广西东北部及福建南部，生于海拔 300~2300m 气侯温暖、湿润、云雾多、气温高、酸性红壤及黄壤地带。

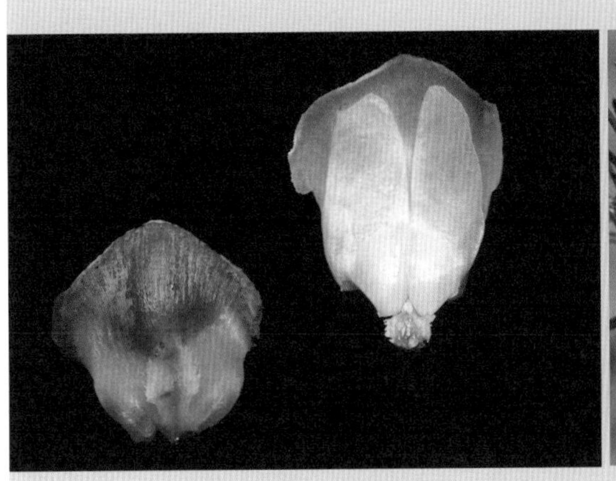

形态特征

常绿乔木，树皮暗褐色，纵裂；叶辐射伸展，条形，长 1.1~2.4cm，宽 1~2.5mm，上面平或下部微凹，有 7~12 条气孔线，微具白粉，下面中脉隆起、沿脊有凹槽，两侧各有 10~16 条灰白色的气孔线，柄长 1~1.5mm。球果直立，圆柱形，长 2~5.8cm，径 1.2~2.5cm；中部种鳞近斜方形，长 0.9~2.2cm，宽 1.2~2.5cm，先端宽圆，中部急缩，中上部两侧突出，鳞背露出部分无毛，有浅条槽；苞鳞长匙形，上部宽，边缘有细齿，先端有渐尖或微急尖的短尖头，微露出；种子三角状扁卵圆形，长 4~8mm，下面有数枚淡褐色油点，种翅较种子为长，先端宽圆；花期 3 月下旬至 4 月中旬，球果 10 月成熟。

保护等级及保护价值

中国特有种，IUCN 等级 VU。长苞铁杉为古老子遗树种，对研究古生态、古气候具有重要意义；此外，长苞铁杉木材淡黄褐微带红色，纹理直，结构细，硬度中等，耐水湿，抗腐性强，坚实耐用。

马尾树科 Rhoipteleaceae
马尾树属 *Rhoiptelea*

马尾树

Rhoiptelea chiliantha Diels et Hand.-Mazz.

分布及生境

产于贵州南部及东南部、云南东南部、广西北部至西部，生于海拔 700~2500m 山坡、山谷及溪边之林中。

形态特征

落叶乔木；小枝密生浅黄褐色皮孔；幼枝、托叶、叶轴、叶柄及花序都密被微细的腺体及细小而弯曲的毛。单数羽状复叶，互生；叶柄基部膨大；小叶互生，无柄；托叶叶状，扇状半圆形，全缘而成波状皱褶，无柄，基部偏斜。复圆锥花序偏向一侧而俯垂，常由6~8束腋生的圆锥花序组成。小坚果倒梨形，略扁，外果皮薄纸质，顶端具宿存的柱头及凹入圆翅1/7~1/5的弯缺，初为绿色，后带紫红色，干后淡黄褐色，满布稀疏的灰褐色腺体，两侧各具4条纵脉，中果皮木质，褐色，具不规则疣状凸起，内果皮白色；种子卵形。花期10–12月，果实7–8月成熟。

保护等级及保护价值

国家II级保护植物，IUCN等级LC。马尾树为单种属、科植物，为第三纪残遗种，对研究被子植物系统发育、植物区系以及古植物学等方面有重要的科学价值。

蔷薇科 Rosaceae
花楸属 *Sorbus*

黄山花楸

Sorbus amabilis Cheng ex T. T. Yü et K. C. Kuan

分布及生境

产于安徽、浙江，生于海拔 900~2000m 杂木林中。模式标本采自安徽黄山。

形态特征

乔木。奇数羽状复叶；小叶片（4）5~6对，长圆形或长圆披针形，长4~6.5cm，宽1.5~2cm，先端渐尖，基部圆形，边缘自基部或1/3以上部分有粗锐锯齿（每侧9~14）；托叶草质，半圆形，有粗大锯齿，花后脱落。复伞房花序顶生，总花梗和花梗密被褐色柔毛，逐渐脱落，至果期近于无毛；萼筒钟状，外面无毛或近于无毛，内面仅在花柱着生处丛生柔毛；萼片三角形，先端圆钝，内外两面均无毛；花瓣宽卵形或近圆形，长3~4mm，宽几与长相等，先端圆钝，白色，内面微有柔毛或无毛；雄蕊20，短于花瓣；花柱3~4，稍短于雄蕊或约与雄蕊等长，基部密生柔毛。果实球形，红色，先端具宿存闭合萼片。花期5月，果期9–10月。

保护等级及保护价值

IUCN等级LC，中国特有种。

茜草科 Rubiaceae
香果树属 *Emmenopterys*

香果树

Emmenopterys henryi Oliv.

分布及生境

产于陕西、甘肃、江苏、安徽、浙江、江西、福建、河南、湖北、湖南、广西、四川、贵州、云南东北部至中部，生于海拔 430~1630m 处的山谷林中，喜湿润而肥沃的土壤。模式标本采自湖北巴东县。

形态特征

落叶大乔木；树皮鳞片状。叶纸质或革质，阔椭圆形，顶端短尖或骤然渐尖，基部短尖或阔楔形，全缘，上面无毛或疏被糙伏毛，下面较苍白，被柔毛或仅沿脉上被柔毛，或无毛而脉腋内常有簇毛；侧脉 5~9 对，在下面凸起；叶柄无毛或有柔毛；托叶大，三角状卵形。圆锥状聚伞花序顶生；萼管长约 4mm，裂片近圆形，具缘毛，变态的叶状萼裂片白色、淡红色或淡黄色，纸质或革质，有纵平行脉数条；花冠漏斗形，白色或黄色，被黄白色绒毛，裂片近圆形；花丝被绒毛。蒴果长圆状卵形或近纺锤形，无毛或有短柔毛，有纵细棱；种子多数，小而有阔翅。花期 6–8 月，果期 8–11 月。

保护等级及保护价值

国家 II 级保护植物，中国特有种，IUCN 等级 NT。香果树是第四季冰川幸存子遗植物，是研究茜草科系统发育、形态演化及中国植物地理区系的重要材料。优良庭园观赏树、用材树种和固堤树种。

芸香科 Rutaceae
黄檗属 *Phellodendron*

川黄檗

Phellodendron chinense C. K. Schneid.

分布及生境

产于湖北、湖南西北部、四川东部，生于海拔 900m 以上杂木林中。模式产地在湖北长阳。

形态特征

落叶乔木，树高达 15m。成年树有厚、纵裂的木栓层，内皮黄色，小枝粗壮，暗紫红色，无毛。叶轴及叶柄密被褐锈色短柔毛，有小叶 7~15 片，小叶纸质，长圆状披针形或卵状椭圆形。两侧通常略不对称，边全缘或浅波浪状，叶背密被长柔毛或至少在叶脉上被毛，叶面中脉有短毛或嫩叶被疏短毛；小叶柄长 1~3mm，被毛。花序顶生，花通常密集，花序轴粗壮，密被短柔毛。果序上的果较密集成团，果的顶部呈略狭窄的椭圆形或近圆球形，径约 1cm，蓝黑色，有分核；种子 5~8，长 6~7mm，厚 5~4mm，一端微尖，有细网纹。花期 5–6 月，果期 9–11 月。

保护等级及保护价值

国家Ⅱ级保护植物，中国特有种，IUCN 等级 LC。川黄檗是一速生树种，较耐阴、耐寒，宜在山坡河谷较湿润的地方种植。树干内皮含小檗碱，种子含脂肪油、甾醇类化合物。

芸香科 Rutaceae
枳属 *Poncirus*

富民枳

Poncirus polyandra S. Q. Ding et al.

分布及生境

产于云南（富民县），生于海拔 2400m 左右杂木林下。

形态特征

常绿小乔木，高约 2.5m。新梢呈三棱形，绿色，老枝浑圆。叶腋有一芽一短尖刺。指状三出叶，中央一小叶边缘有波浪状锯齿，先端短尖，基部楔形，深绿色，长 35~50mm，宽 9~14mm，侧生两小叶较小，长 27~38mm，宽 7~17mm；叶柄长 1~2cm，具窄叶翼。单花，腋生，花白色，径 6.4~7cm；萼片 5，宽卵形，长 7mm，宽 5mm；花瓣 5~9 片，阔椭圆形，被绒毛，以边缘为多，长 3.2~3.4cm，宽 1.6~1.9cm；雄蕊 35~43 枚，长短较一致，花丝分离，长 4mm，花药黄色，顶端尖，具乳白色半透明凸起；子房扁球形，直径 6mm，被绒毛，10 室，柱头头状，微凹，绿黄色，花柱长 2mm；果幼嫩时扁圆球形，绿色，被绒毛，成熟果未见。花期 3–4 月。

保护等级及保护价值

国家Ⅱ级保护植物，中国特有种。果实成为枳壳，可以入药。富民枳可以广泛栽种作为观赏植物、柑橘类嫁接的砧木等。

无患子科 Sapindaceae
伞花木属 *Eurycorymbus*

伞花木

Eurycorymbus cavaleriei （Lévl.） Rehd. et Hand.-Mazz.

分布及生境

产于云南、贵州、广西、湖南、江西、广东、福建等省、自治区，生于海拔 300~1400m 处的阔叶林中。模式标本采自贵州贵定。

形态特征

落叶乔木，高可达20m。叶连柄长15~45cm，叶轴被皱曲柔毛；小叶4~10对，近对生，薄纸质，长圆状披针形或长圆状卵形，顶端渐尖，基部阔楔形，腹面仅中脉上被毛，背面近无毛或沿中脉两侧被微柔毛；侧脉纤细而密，末端网结；小叶柄长约1cm或不及。花序半球状，稠密而极多花，主轴和呈伞房状排列的分枝均被短绒毛；花梗长2~5mm；萼片卵形，长1~1.5mm，外面被短绒毛；花瓣长约2mm，外面被长柔毛；花丝长约4mm，无毛；子房被绒毛。蒴果的发育果爿长约8mm，宽约7mm，被绒毛；种子黑色，种脐朱红色。花期5–6月，果期10月。

保护等级及保护价值

国家Ⅱ级保护植物，中国特有种，IUCN等级LC。伞花木为第三纪孑遗的单种属植物，对研究植物区系和无患子科的系统发育有一定的科学价值。此外，伞花木种仁油具有较高的营养保健价值。

梧桐科 Sterculiaceae
梧桐属 *Firmiana*

云南梧桐

Firmiana major （W. W. Smith） Hand.-Mazz.

分布及生境

产于云南中部、南部和西部以及四川西昌地区，生于海拔1600~3000m 山地或坡地、村边、路边。

形态特征

落叶乔木；树干直，树皮略粗糙；小枝粗壮，被短柔毛。叶掌状3裂，宽度常比长度大，顶端急尖或渐尖，基部心形，上面几无毛，下面密被黄褐色短茸毛，后来逐渐脱落，基生脉5~7条，叶柄粗壮，初被短柔毛，后无毛。圆锥花序顶生或腋生，花紫红色；萼5深裂几至基部，萼片条形或矩圆状条形，被毛；雄花的雌雄蕊柄长管状，花药集生在雌雄蕊柄顶端成头状；雌花的子房具长柄，子房5室，外被茸毛，胚珠多数，有不发育的雄蕊。蓇葖果膜质，几无毛；种子圆球形，黄褐色，表面有皱纹，着生在心皮边缘的近基部。花期6–7月，果熟期10月。

保护等级及保护价值

国家II级保护植物，中国特有种，IUCN等级EN。云南梧桐是一种速生树种，可用作木材；叶大形美，果实独特美观，亦可作观赏树种；且耐干旱、耐贫瘠，适于造林；其种子含油，可食用。

安息香科 Styracaceae
银钟花属 *Halesia*

银钟花

Halesia macgregorii Chun

分布及生境

产于广东、广西、福建、江西、湖南（萍乡、宜章、新宁）、贵州（从江）和浙江（天台、泰顺、龙泉），生于海拔 700~1200m 山坡、山谷较阴湿的密林中。模式标本采自浙江泰顺。

形态特征

乔木；树皮光滑；小枝紫褐色至灰褐色；冬芽长圆锥形，有鳞片包裹。叶纸质，椭圆形或卵状椭圆形，顶端渐尖或钝渐尖，基部楔形，稀近圆形，边缘有锯齿，齿端角质红褐色，嫩时常呈紫红色，侧脉纤细，网脉细密；叶柄长 5~10cm。花白色，2~7 朵丛生于去年小枝的叶腋，先叶开放或与叶同时开放；花梗纤细；萼管倒圆锥形，萼齿三角状披针形；花冠 4 深裂，裂片倒卵形，边有缘毛；雄蕊 8，4 长 4 短，长短相间，花丝基部联合成管，花药长圆形；花柱较花冠长，纤细无毛。核果长椭圆形或椭圆形，少倒卵形，有 4 翅，初为肉质，黄绿色，成熟后干燥呈褐红色，顶端常有宿存萼齿。花期 4 月，果期 7–10 月。

保护等级及保护价值

中国特有种，IUCN 等级 NT。银钟花在研究美洲和亚洲的大陆变迁、植物区系、植物地理等方面都有一定意义。花白色、清香，果形奇特，入秋树叶变为红色，可供观赏。

安息香科 Styracaceae
白辛树属 *Pterostyrax*

白辛树

Pterostyrax psilophyllus Diels ex Perk.

分布及生境

产于湖南、湖北、四川、贵州、广西和云南，生于海拔600~2500m湿润林中。模式标本采自湖北宜昌附近南沱。

形态特征

乔木。叶硬纸质，长椭圆形、倒卵形或倒卵状长圆形，顶端急尖或渐尖，基部楔形，少近圆形，上面绿色，下面灰白色，成长叶下面密被灰色星状绒毛；叶柄长1~2cm，上面具沟槽。伞房状圆锥花序，开展，花排列稀疏；花白色，花梗短；苞片和小苞片早落；花萼钟状，高约2mm，5脉，萼齿披针形，顶端渐尖；花瓣长椭圆形或椭圆状匙形，顶端钝或短尖；雄蕊10枚，近等长，伸出，花丝宽扁，两面均被疏柔毛，花药长圆形，稍弯，子房密被灰白色粗毛，柱头稍3裂。果近纺锤形，有5~10棱，密被黄色长硬毛。花期4–5月，果期8–10月。

保护等级及保护价值

国家Ⅲ级保护植物，IUCN等级NT，中国特有种。生长迅速，是值得推广的速生用材树种。开花时，满树白花，蔚为壮观，是优秀的园林树种。

安息香科 Styracaceae
木瓜红属 *Rehderodendron*

木瓜红

Rehderodendron macrocarpum Hu

分布及生境

产于广西、四川、云南，生于海拔1000~1500m密林中。

形态特征

小乔木；小枝被毛，老枝灰黄色或灰褐色，无毛；冬芽卵形或长卵形。叶纸质至薄革质，长卵形、椭圆形或长圆状椭圆形，边缘有疏锯齿，叶脉常呈紫红色，嫩叶脉上被星状柔毛，其余无毛。花序梗、花梗和小苞片外面均密被灰黄色星状柔毛；花梗长 3~10mm；花冠裂片椭圆形或倒卵形，两面均密被细绒毛；雄蕊长者较花冠稍长，短者与花冠近相等；花柱较雄蕊稍长。果实长圆形或长卵形，有 8~10 棱，无毛，顶端收狭成脐状凸起，外果皮厚 1.5mm，中果皮纤维状木栓质，内果皮木质，向中果皮放射成许多间隙；种子长圆状线形，栗棕色。花期 3–4 月，果期 7–9 月。

保护等级及保护价值

IUCN 等级 VU。果红色，花白色，美丽芳香，可作绿化观赏树种。

安息香科 Styracaceae
秤锤树属 *Sinojackia*

长果秤锤树

Sinojackia dolichocarpa C. J. Qi

分布及生境

产于湖南石门、湖北秭归，生于山地水溪边。

形态特征

乔木。叶薄纸质，卵状长圆形、椭圆形或卵状披针形，顶端渐尖，基部宽楔形或圆形；叶柄长4~7mm，上面有沟槽。总状聚伞花序生于侧生小枝上；花梗长1.42cm；花萼陀螺形，顶端截平；花冠4深裂，裂片椭圆状长圆形；雄蕊8，花丝线形，花药长圆形；花柱钻形，柱头不分裂；子房4室，每室有胚珠8颗，通常有部分胚珠不发育。果实倒圆锥形，喙长渐尖，连喙长4~7.5cm，下部收狭成柄状，被疏松灰黄色长柔毛和极短的星状毛；果梗纤细，长1.5~2cm，顶端具关节，果皮厚，木质，内果皮4室，每室有种子1颗；种子线状长圆形。花期4月，果期6月。

保护等级及保护价值

国家Ⅱ级保护植物，中国特有种，IUCN等级EN。花美丽，有很高的观赏价值。

瘿椒树科 Tapisciaceae
瘿椒树属 *Tapiscia*

瘿椒树

Tapiscia sinensis Oliv.

分布及生境

产于浙江、安徽、湖北、湖南、广东、广西、四川、云南、贵州等省、自治区，常生于湿润山地林中。

形态特征

落叶乔木。奇数羽状复叶；小叶 5~9，狭卵形或卵形，基部心形或近心形，边缘具锯齿，两面无毛或仅脉腋被毛，背面带灰白色，密被近乳头状白粉点；侧生小叶柄短，顶生小叶柄长达 12cm。圆锥花序腋生，雄花与两性花异株，雄花序长达 25cm，两性花的花序长约 10cm，花小，长约 2mm，黄色，有香气；两性花；花萼钟状，长约 1mm，5 浅裂；花瓣 5，狭倒卵形；花萼花瓣边缘具毛。雄蕊 5, 与花瓣互生，伸出花外；子房 1 室，有 1 胚珠，花柱长过雄蕊；雄花有退化雌蕊。果序长达 10cm，核果近球形或椭圆形，长仅 7mm。花期 4–5 月，果期 5–6 月。

保护等级及保护价值

中国特有种，IUCN 等级 LC。树姿美观，大型羽状复叶，秋后变黄，极为美观，是优良的园林观赏树种。

红豆杉科 Taxaceae
红豆杉属 *Taxus*

红豆杉

Taxus wallichiana var. *chinensis*（Pilger） Florin

分布及生境

产于甘肃南部、陕西南部、四川、云南东北部及东南部、贵州西部及东南部、湖北西部、湖南东北部、广西北部和安徽南部（黄山），常生于海拔1000~1200m以上的高山中。

形态特征

灌木或小乔木。大枝开展，一年生枝绿色或淡黄绿色，二、三年生枝黄褐色或灰褐色；冬芽黄褐色或红褐色，芽鳞三角状卵形，背部无脊或有纵脊。叶排列成两列，条形，微弯或较直，长 1~3cm，宽 2~4mm，上部微渐窄，先端常微急尖，稀急尖或渐尖，上面深绿色，下面有两条气孔带，中脉带上密生均匀而微小的圆形角质乳头状突起点，常与气孔带同色，稀色较浅。雄球花雄蕊 8~14 枚，花药 4~8 个。种子生于杯状红色肉质的假种皮中，间或生于近膜质盘状的种托之上，常呈卵圆形，上部渐窄，稀倒卵状，微扁或圆，种脐近圆形，稀三角状圆形。

保护等级及保护价值

国家Ⅰ级保护植物，IUCN 等级 VU。树形古雅，“果”期观赏性高。全株可提取抗癌药物紫杉醇。

红豆杉科 Taxaceae
红豆杉属 *Taxus*

南方红豆杉

Taxus wallichiana var. *mairei* （Lemée et H. Lév.） L. K. Fu et Nan Li

分布及生境

产于安徽南部、浙江、福建、江西、广东北部、广西北部及东北部、湖南、湖北西部、河南西部、陕西南部、甘肃南部、四川、贵州及云南东北部，常生于海拔 1000~1200m 以下的地方。

形态特征

乔木。叶排列成两列，条形，常较宽，多呈弯镰状，通常长 2~3.5（~4.5）cm，宽 3~4（~5）mm，上部微渐窄，先端常微急尖，上面深绿色，下面中脉带上无角质乳头状突起点，或局部有成片或零星分布的角质乳头状突起点，或与气孔带相邻的中脉带两边有一至数条角质乳头状突起点，中脉带明晰可见，其色泽与气孔带相异，呈淡黄绿色或绿色，绿色边带较宽而明显。雄球花雄蕊 8~14 枚，花药 4~8。种子生于杯状红色肉质的假种皮中，间或生于近膜质盘状的种托之上，下面种子通常较大，微扁，多呈倒卵圆形，上部较宽，稀柱状矩圆形，长 7~8mm，径 5mm，种脐常呈椭圆形。

保护等级及保护价值

国家Ⅰ级保护植物，IUCN 等级 VU。价值同红豆杉。

红豆杉科 Taxaceae
榧树属 *Torreya*

巴山榧树

Torreya fargesii Franch.

分布及生境

产于陕西南部、湖北西部、四川东部、东北部及西部峨眉山海拔 1000~1800m 地带，散生于针、阔叶林中。

形态特征

树皮深灰色，不规则纵裂；一年生枝绿色，二、三年生枝呈黄绿色或黄色，稀淡褐黄色。叶条形，稀条状披针形，通常直，稀弯，长1.3~3cm，先端微凸尖或微渐尖，基部微偏斜，上面亮绿色，无明显隆起的中脉，有两条较明显的凹槽，稀无凹槽，下面淡绿色，中脉不隆起，气孔带较中脉带为窄，绿色边带较宽。雄球花卵圆形，基部的苞片背部具纵脊，雄蕊常具4个花药，花丝短，药隔三角状，边具细缺齿。种子卵圆形或宽椭圆形，肉质假种皮被白粉，顶端具小凸尖，基部有宿存的苞片；骨质种皮的内壁平滑；胚乳周围显著向内深皱。花期4–5月，种子9–10月成熟。

保护等级及保护价值

国家Ⅱ级保护植物，IUCN等级VU，中国特有种。木材坚硬，结构细致，种子可榨油，是一种非常重要的林木资源，具有重要的经济、生态和科研价值，同时也是研究红豆杉科乃至裸子植物系统发育的重要类群。

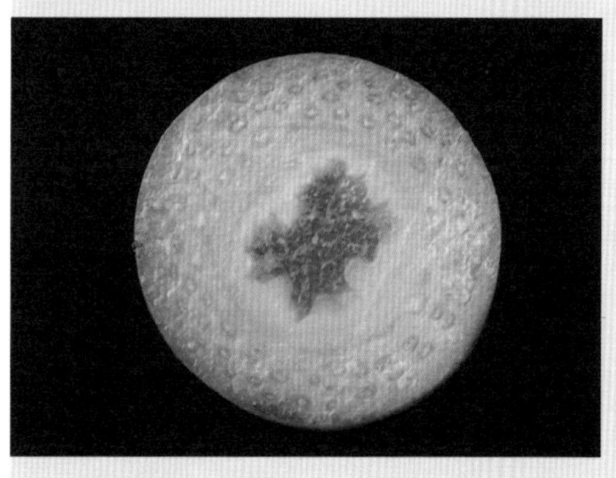

红豆杉科 Taxaceae
榧树属 *Torreya*

榧树

Torreya grandis Fort. et Lindl.

分布及生境

产于江苏南部、浙江、福建北部、江西北部、安徽南部，西至湖南西南部及贵州松桃等地，生于海拔1400m以下温暖多雨，黄壤、红壤、黄褐土的地区。

形态特征

常绿乔木。树皮浅黄灰色或灰褐色，不规则纵裂；一年生枝绿色，无毛，二、三年生枝黄绿色、淡褐黄色或暗绿黄色，稀淡褐色。叶条形，列成两列，通常直，长1.1~2.5cm，宽2.5~3.5mm，先端凸尖，上面绿色，无隆起的中脉，下面淡绿色，气孔带与中脉带等宽，绿色边带与气孔带等宽或稍宽。雄球花圆柱状，长约8mm，基部的苞片有背脊，雄蕊多数，各有4个花药，药隔先端宽圆有缺齿。种子椭圆形、倒卵圆形或长椭圆形，长2~4.5cm，径1.5~2.5cm，熟时假种皮淡紫褐色，有白粉，顶端微凸，基部具宿存的苞片，胚乳微皱；初生叶三角状鳞形。花期4月，种子翌年10月成熟。

保护等级及保护价值

国家Ⅱ级保护植物，IUCN等级LC，中国特有种。榧树的栽培变种“香榧”是我国著名的“干果”，具有一定的降血压和降血脂的作用，是一种极具开发价值的保健食品。

杉科 Taxodiaceae
水松属 *Glyptostrobus*

水松

Glyptostrobus pensilis （Staunt.） Koch

分布及生境

主要产于广东珠江三角洲和福建中部及闽江下游，广东东部及西部、福建西部及北部、江西东部、四川东南部、广西及云南东南部也有零星分布，生于海拔 1000m 以下河边、堤旁等。

形态特征

高大乔木，树干基部膨大成柱槽状，并且有伸出土面或水面的吸收根；树皮纵裂成不规则的长条片；枝条稀疏，大枝近平展，上部枝条斜伸。叶多形：鳞形叶螺旋状着生于主枝上，长约 2mm，冬季不脱落；条形叶常列成二列，先端尖，长 1~3cm，宽 1.5~4mm；条状钻形叶先端渐尖或尖钝，长 4~11mm，辐射伸展或列成三列状；条形叶及条状钻形叶均于冬季连同侧生短枝一同脱落。球果倒卵圆形，长 2~2.5cm，径 1.3~1.5cm；种鳞木质，鳞背近边缘处有 6~10 个微向外翻的三角状尖齿；种子椭圆形，长 5~7mm，宽 3~4mm，下端有长翅，翅长 4~7mm。花期 1–2 月，球果秋后成熟。

保护等级及保护价值

国家Ⅰ级保护植物，IUCN 等级 VU。水松为我国特有的单种属植物，对研究杉科植物的系统发育、古植物学及第四纪冰期气候等都有较重要的科学价值。水松木材淡红黄色，材质轻软，纹理细，耐水湿。根系发达，可栽于河边、堤旁，作固堤护岸和防风之用。

杉科 Taxodiaceae
水杉属 *Metasequoia*

水杉

Metasequoia glyptostroboides Hu et Cheng

分布及生境

产于四川石柱县及湖北利川市磨刀溪、水杉坝一带及湖南西北部龙山及桑植等地，生于海拔 750~1500m 气候温和、夏秋多雨、酸性黄壤土地区。在河流两旁、湿润山坡及沟谷中栽培很多。

形态特征

落叶乔木，树皮灰色或暗灰色，幼树裂成薄片脱落，大树裂成长条状脱落；枝斜展，小枝下垂；侧生小枝排成羽状，长 4~15cm；主枝上的冬芽卵圆形，长约 4mm，芽鳞宽卵形，长宽几相等，约 2~2.5mm，背面有纵脊。叶条形，长 0.8~3.5 cm, 沿中脉有两条淡黄色气孔带，每带有 4~8 条气孔线，叶在侧生小枝上列成二列，羽状，冬季与枝一同脱落。球果近四棱状球形，长 1.8~2.5cm，上有交叉对生的条形叶；种鳞木质，盾形，交叉对生，鳞顶扁菱形，中央有一横槽，能育种鳞有 5~9 粒种子；种子扁平，倒卵形，周围有翅，先端有凹缺，长约 5mm。花期 2 月下旬，球果 11 月成熟。

保护等级及保护价值

国家Ⅰ级保护植物，IUCN 等级 EN，极小种群及中国特有种。水杉是优良的库岸防护及造林树种之一。

杉科 Taxodiacea
台湾杉属 *Taiwania*

台湾杉

Taiwania cryptomerioides Hayata

分布及生境

产于云南西部、湖北西南部利川毛坝及贵州东南部雷公山，生于海拔 500~2700m 气候温暖或温凉，夏秋多雨潮湿、冬季较干的红壤或棕色森林土地带。

形态特征

常绿乔木，枝平展，树冠广圆形。大树之叶钻形、腹背隆起，背脊和先端向内弯曲，长 3~5mm，两侧宽 2~2.5mm，腹面宽 1~1.5mm，稀长至 9mm，宽 4.5mm，四面均有气孔线，下面每边 8~10 条，上面每边 8~9 条；幼树及萌生枝上之叶的两侧扁的四棱钻形，微向内侧弯曲，先端锐尖，长达 2.2cm，宽约 2mm。雄球花 2~5 个簇生枝顶，雄蕊 10~15 枚，每枚雄蕊有 2~3 个花药，雌球花球形，球果卵圆形或短圆柱形；中部种鳞长约 7mm，宽 8mm，上部边缘膜质，先端中央有突起的小尖头，背面先端下方有不明显的圆形腺点；种子长椭圆状倒卵形，连翅长 6mm，径 4.5mm。球果 10–11 月成熟。

保护等级及保护价值

国家Ⅱ级保护植物，IUCN 等级 VU。台湾杉心材紫红褐色，边材深黄褐色带红，纹理直，是非常重要的用材树种和庭园绿化树种。

水青树科 Tetracentraceae
水青树属 *Tetracentron*

水青树

Tetracentron sinense Oliv.

分布及生境

产于甘肃、陕西、湖北、湖南、四川、贵州、云南等省，生于海拔 1700~3500m 沟谷林及溪边杂木林中。

形态特征

乔木，全株无毛；树皮灰褐色或灰棕色而略带红色，片状脱落；长枝顶生，细长，幼时暗红褐色，短枝侧生，基部有叠生环状的叶痕及芽鳞痕。叶片卵状心形，长 7~15cm，宽 4~11cm，顶端渐尖，基部心形，边缘具细锯齿，齿端具腺点，两面无毛，背面略被白霜；叶柄长 2~3.5cm。花小，呈穗状花序，花序下垂，着生于短枝顶端；花径 1~2mm，花被淡绿色或黄绿色；雄蕊与花被片对生，长为花被 2.5 倍，花药卵珠形，纵裂；心皮沿腹缝线合生。果长圆形，长 3~5mm，棕色，沿背缝线开裂；种子条形，长 2~3mm。花期 6–7 月，果期 9–10 月。

保护等级及保护价值

国家Ⅱ级保护植物，IUCN 等级 LC。水青树是古老的孑遗植物，它是被子植物中的无导管物种，对研究我国古代植物区系的演化、被子植物系统和起源具有重要的科学价值。

山茶科 Theaceae
紫茎属 *Stewartia*

紫茎

Stewartia sinensis Rehd. et Wils.

分布及生境

产于四川东部、安徽、江西、浙江、湖北等地，生于中低海拔林下。

形态特征

小乔木。叶纸质，椭圆形或卵状椭圆形，先端渐尖，基部楔形，边缘有粗齿，侧脉 7~10 对，下面叶腋常有簇生毛丛，叶柄长 1cm。花单生，直径 4~5cm，花柄长 4~8mm；苞片长卵形，长 2~2.5cm，宽 1~1.2cm；萼片 5，基部连生，长卵形，长 1~2cm，先端尖，基部有毛；花瓣阔卵形，长 2.5~3cm，基部连生，外面有绢毛；雄蕊有短的花丝管，被毛；子房有毛。蒴果卵圆形，先端尖，宽 1.5~2cm。种子长 1cm，有窄翅。花期 5–7 月，果期 9–11 月。

保护等级及保护价值

中国特有种，IUCN 等级 LC。木材极坚实耐用，根皮、茎皮入药，种子油可食用或制肥皂及润滑油，具有较高的经济价值。

椴树科 Tiliaceae
柄翅果属 *Burretiodendron*

柄翅果

Burretiodendron esquirolii（Lévl.）Rehd.

分布及生境

产于云南东南部，贵州罗甸、册亨至广西红水河，生于石灰岩及砂岩山地的常绿林中。模式标本采自贵州罗甸。

形态特征

落叶乔木；嫩枝被灰褐色星状柔毛。叶纸质，先端急短尖，基部呈不等侧心形，上有星状柔毛，下面密被灰褐色星状柔毛，基出脉5条，四条侧脉均有第二次支脉4~5条，边缘有小齿突；叶柄长2~4cm。聚伞花序约与叶柄等长，卵形，被毛。萼片长圆形，外面被星状柔毛，内面基部有胀起腺点；花瓣阔倒卵形，基部有柄，先端近截头状；雄蕊约30枚，基部稍连生。果序有具翅蒴果1~2个，果序柄长约1cm；果柄比果序柄略短，无节，均被星状毛；蒴果椭圆形，有5条薄翅，基部圆形，有子房柄；种子长倒卵形，长约1cm。5月开花，9–10月果熟。

保护等级及保护价值

国家II级保护植物，IUCN等级VU。柄翅果是我国西部南亚热带滇黔桂接壤地区的特有种，是沿江两岸、陡峭山地的主要乔木树种，对防止水土流失有重要意义。

榆科 Ulmaceae
青檀属 *Pteroceltis*

青檀

Pteroceltis tatarinowii Maxim.

分布及生境

产于陕西、甘肃南部、青海东南部、江苏、安徽、浙江、江西、福建、河南、湖北、湖南、广东、广西、四川和贵州等地，常生于海拔 100~1500m 山谷溪边石灰岩山地疏林中。

形态特征

乔木。叶纸质，宽卵形至长卵形，先端渐尖至尾状渐尖，基部不对称，楔形、圆形或截形，边缘有不整齐的锯齿，叶基部 3 出脉，基出的 1 对侧脉近直，伸达叶的上部。侧脉先端在未达叶缘前弧曲，不伸入锯齿基侧，叶面绿，叶背淡绿；叶柄长 5~15mm，被短柔毛。花单性同株，雄花数朵簇生于当年生枝的下部叶腋，花药先端有毛，雌花单生于当年生枝的上部叶腋；翅果状坚果近圆形或近四方形，黄绿色或黄褐色，果实外面无毛或多少被曲柔毛，常有不规则的皱纹，有时具耳状附属物，具宿存的花柱和花被，果梗纤细，长 1~2cm，被短柔毛。花期 3–5 月，果期 8–10 月。

保护等级及保护价值

中国特有种，IUCN 等级 LC。青檀韧皮纤维，是制作宣纸的重要原材料。材质坚硬细密，是建筑和高档家具用材；青檀还是石灰岩山地造林的优良树种。

榆科 Ulmaceae
榆属 *Ulmus*

琅琊榆

Ulmus chenmoui Cheng

分布及生境

产于安徽滁县琅玡山（模式标本产地）及江苏句容宝华山，生于海拔 150~200m 中性湿润黏土的阔叶林及石灰岩缝中。

形态特征

落叶乔木；树皮淡褐灰色，裂成不规则的长圆形薄片脱落；冬芽卵圆形，芽鳞背面被覆部分有毛。叶宽倒卵形、长圆状倒卵形，先端短尾状或尾状渐尖，基部偏斜，楔形、圆或心脏形，叶面密生硬毛，粗糙，沿主脉凹陷处有柔毛，叶背密生柔毛；沿脉较密，边缘具重锯齿，侧脉每边15~21条；叶柄长1~1.5cm，密被长柔毛。花在去年生枝上排成簇状聚伞花序。翅果窄倒卵形、长圆状倒卵形或宽倒卵形，两面及边缘全有柔毛，或果核部分毛密，果翅毛疏或近无毛，果核部分位于翅果的中上部，上端接近缺口，宿存花被无毛，上端4裂，裂片边缘有毛。花果期3月下旬至4月。

保护等级及保护价值

IUCN等级EN，中国特有种。木材坚实，纹理直，耐火用。适应性强，可作为淮河以南、长江下游的造林树种。

榆科 Ulmaceae
榆属 *Ulmus*

长序榆

Ulmus elongata L. K. Fu et C. S. Ding

分布及生境

产于浙江南部、福建北部、江西东部及安徽南部，生于海拔250~900m地带的常绿阔叶林中。

形态特征

高大落叶乔木；树皮裂成不规则片状脱落；幼枝及当年生枝无毛或有短柔毛，二年生枝具散生皮孔。叶椭圆形或披针状椭圆形，幼树之叶多披针状，主脉凹陷处有疏毛，余处无毛或有极疏短毛，叶背边缘具大而深的重锯齿，先端尖而内曲，外侧具小齿；叶柄全被短柔毛或仅上面有毛；花在去年生枝上排成总状聚伞花序，花序轴明显伸长下垂，有疏生毛，花梗长达花被数倍。果序轴有疏毛；翅果两端渐窄而尖，似梭形，淡黄绿色或淡绿色，花柱较长，2裂，柱头条形，两面有疏毛，边缘密生白色长毛，柱头面密生短毛，果核位于翅果中部稍上；果柄细，不等长，长5~22mm。花期3–4月，果期4–5月。

保护等级及保护价值

国家II级保护植物，中国特有种，IUCN等级EN。长序榆为榆属长序榆组 [Sect. Chaetoptelea（Liebm.）Schneid.] 树种。该组原有3种，均产北美，长序榆的发现，不仅丰富了我国榆属植物资源，而且对探讨北美和东亚植物区系具有科学意义。树干直，心材浅红色，花纹美丽，坚重耐用，为优良用材树种。

榆科 Ulmaceae
榆属 *Ulmus*

醉翁榆

Ulmus gaussenii W. C. Cheng

分布及生境

产于安徽滁县琅玡山(模式标本产地),生于溪边或石灰岩山麓。南京有栽培。

形态特征

落叶乔木，高 25m；树皮黑色或暗灰色，纵裂，粗糙；幼枝密被灰白色或淡黄色柔毛，一、二年生枝灰褐色或深褐色，密被柔毛，具散生黄褐色皮孔；冬芽近球形或卵圆形，芽鳞背部被毛，边缘有毛。叶长圆状倒卵形、椭圆形或菱状椭圆形，长 3~11cm，宽 1.8~5.5cm，先端钝、渐尖或具短尖，基部歪斜，半心脏形或楔形，叶面密生硬毛，粗糙，主脉凹陷处有毛。花自花芽抽出。翅果圆形或倒卵状圆形，长 1.8~2.8cm，基部宽圆或圆，两面及边缘有或密或疏之毛，果核部分位于翅果的中部，宿存花被钟状，被短毛，上部 4~5 浅裂，裂片边缘有毛，密生短毛。花果期 3–4 月。

保护等级及保护价值

中国特有种，IUCN 等级 CR。

榆科 Ulmaceae
榉属 *Zelkova*

大叶榉树

Zelkova schneideriana Hand.-Mazz.

分布及生境

产于陕西南部、甘肃南部、江苏、安徽、浙江、江西、福建、河南南部、湖北、湖南、广东、广西、四川东南部、贵州、云南和西藏东南部，常生于海拔200~1100m溪间水旁或山坡土层较厚的疏林中。

形态特征

乔木，高达 35m，胸径达 80cm；树皮灰褐色至深灰色，呈不规则的片状剥落；当年生枝灰绿色或褐灰色，密生伸展的灰色柔毛；冬芽常 2 个并生，球形或卵状球形。叶厚纸质，大小形状变异很大，卵形至椭圆状披针形，长 3~10cm，宽 1.5~4cm，先端渐尖、尾状渐尖或锐尖，基部稍偏斜，圆形、宽楔形、稀浅心形，叶面绿，干后深绿至暗褐色，被糙毛，叶背浅绿，干后变淡绿至紫红色，密被柔毛，边缘具圆齿状锯齿，侧脉 8~15 对；叶柄粗短，长 3~7mm，被柔毛。雄花 1~3 朵簇生于叶腋，雌花或两性花常单生于小枝上部叶腋。核果与榉树相似。花期 4 月，果期 9–11 月。

保护等级及保护价值

国家Ⅱ级保护植物，中国特有种，IUCN 等级 NT。树形优美，树叶颜色漂亮，具有良好的观赏及园林价值。木材致密坚硬，其老树材常带红色，故有“血榉”之称。

附录 1：长江珍稀保护植物名录表

编号	植物类型	生活型	传统中文名	FOC 修订中文名	拉丁名（FOC）	科名（中文）	科名（拉丁）	长江流域分布区																	国家保护级别	CITES 附录	IUCN 等级	是否极小种群	中国特有性
1	被子植物	草	明党参	明党参	*Changium smyrnioides* Fedde ex H. Wolff	伞形科	Apiaceae	苏	皖	浙															Ⅱ		VU		√
2	被子植物	草	珊瑚菜	珊瑚菜	*Glehnia littoralis* Fr. Schmidt ex Miq.	伞形科	Apiaceae	苏	浙	闽	粤														Ⅱ		CR		
3	被子植物	草	八角莲	八角莲	*Dysosma versipellis*（Hance）M. Cheng	小檗科	Berberidaceae	湘	鄂	浙	赣	皖	粤	桂	云	黔	川	豫	陕						Ⅱ		VU		√
4	被子植物	草	桃儿七	桃儿七	*Sinopodophyllum hexandrum*（Royle）T. S. Ying	小檗科	Berberidaceae	云	川	藏	甘	青	陕												Ⅱ		LC		
5	被子植物	草	金铁锁	金铁锁	*Psammosilene tunicoides* W. C. Wu et C. Y. Wu	石竹科	Caryophyllaceae	川	云	黔	藏														Ⅱ		EN		√

编号	植物类型	生活型	传统中文名	FOC 修订中文名	拉丁名（FOC）	科名（中文）	科名（拉丁）	长江流域分布区	国家保护级别	CITES 附录	IUCN 等级	是否极小种群	中国特有性
6	被子植物	草	星叶草	星叶草	*Circaeaster agrestis* Maxim.	星叶草科	Circaeasteraceae	藏 云 川 陕 甘 青 鄂			LC		
7	被子植物	草	子宫草	葶花	*Skapanthus oreophilus* （Diels） C. Y. Wu et H. W. Li	唇形科	Labiatae	云	Ⅱ				√
8	被子植物	草	延龄草	延龄草	*Trillium tschonoskii* Maximowicz	藜芦科	Melanthiaceae	藏 云 川 陕 甘 皖 鄂			LC		
9	被子植物	草	独花兰	独花兰	*Changnienia amoena* S. S. Chien	兰科	Orchidaceae	陕 苏 皖 浙 赣 鄂 湘 川	Ⅱ	Ⅱ	EN		√
10	被子植物	草	毛瓣杓兰	毛瓣杓兰	*Cypripedium fargesii* Franch.	兰科	Orchidaceae	甘 鄂 川	Ⅰ	Ⅱ	EN		√
11	被子植物	草	斑叶杓兰	斑叶杓兰	*Cypripedium margaritaceum* Franch.	兰科	Orchidaceae	川 云	Ⅰ	Ⅱ	EN	√	√
12	被子植物	草	霍山石斛	黄石斛	*Dendrobium huoshanense* C. Z. Tang et S. J. Cheng	兰科	Orchidaceae	豫 皖	Ⅰ		CR	√	√

编号	植物类型	生活型	传统中文名	FOC 修订中文名	拉丁名（FOC）	科名（中文）	科名（拉丁）	长江流域分布区																	国家保护级别	CITES 附录	IUCN 等级	是否极小种群	中国特有性
13	被子植物	草	天麻	天麻	*Gastrodia elata* Blume	兰科	Orchidaceae	陕	甘	苏	皖	浙	赣	豫	鄂	湘	川	云	藏	黔					Ⅱ	Ⅱ	DD		
14	被子植物	草	红花绿绒蒿	红花绿绒蒿	*Meconopsis punicea* Maxim.	罂粟科	Papaveraceae	川	藏	青	甘														Ⅱ		LC		√
15	被子植物	草	金荞麦	金荞	*Fagopyrum dibotrys*（D. Don）Hara	蓼科	Polygonaceae	陕	沪	苏	皖	浙	赣	闽	桂	粤	川	黔	云	藏	豫	鄂	湘	渝	Ⅱ		LC		
16	被子植物	草	羽叶点地梅	羽叶点地梅	*Pomatosace filicula* Maxim.	报春花科	Primulaceae	青	川	藏															Ⅱ		LC		√
17	被子植物	草	短萼黄连	短萼黄连	*Coptis chinensis* Franch. var. *brevisepala* W. T. Wang et Hsiao	毛茛科	Ranunculaceae	桂	粤	闽	浙	皖	鄂												Ⅱ		EN		√
18	被子植物	草	黄连	黄连	*Coptis chinensis* Franch.	毛茛科	Ranunculaceae	川	黔	湘	鄂	陕													Ⅱ		VU		√

编号	植物类型	生活型	传统中文名	FOC 修订中文名	拉丁名（FOC）	科名（中文）	科名（拉丁）	长江流域分布区																	国家保护级别	CITES 附录	IUCN 等级	是否极小种群	中国特有性
19	被子植物	草	峨眉黄连	峨眉黄连	*Coptis omeiensis*（Chen）C. Y. Cheng	毛茛科	Ranunculaceae	川																	Ⅱ		EN		√
20	被子植物	草	独叶草	独叶草	*Kingdonia uniflora* Balf. f. et W. W. Sm.	毛茛科	Ranunculaceae	云	川	甘	陕														Ⅰ		VU		√
21	被子植物	草	裸芸香	裸芸香	*Psilopeganum sinense* Hemsl.	芸香科	Rutaceae	鄂	川	黔	渝	桂															EN		√
22	被子植物	草	叉叶蓝	叉叶蓝	*Deinanthe caerulea* Stapf	虎耳草科	Saxifragaceae	鄂																			VU		√
23	被子植物	草	黄山梅	黄山梅	*Kirengeshoma palmata* Yatabe	虎耳草科	Saxifragaceae	皖	浙																Ⅱ		LC		
24	被子植物	草	呆白菜	崖白菜	*Triaenophora rupestris*（Hemsl.）Soler.	玄参科	Scrophulariaceae	鄂																	Ⅱ		EN		√

编号	植物类型	生活型	传统中文名	FOC修订中文名	拉丁名（FOC）	科名（中文）	科名（拉丁）	长江流域分布区	国家保护级别	CITES附录	IUCN等级	是否极小种群	中国特有性
25	被子植物	草	山莨菪	山莨菪	*Anisodus tanguticus*（Maxim.）Pascher	茄科	Solanaceae	青 甘 藏 云	Ⅱ		LC		
26	被子植物	草（水）	长喙毛茛泽泻	长喙毛茛泽泻	*Ranalisma rostrata* Stapf	泽泻科	Alismataceae	浙 湘 赣	Ⅰ		CR		
27	被子植物	草（水）	旋苞隐棒花	旋苞隐棒花	*Cryptocoryne retrospiralis*（Roxb.）Fisch. ex Wydler	天南星科	Araceae	粤	Ⅱ		EN		
28	被子植物	草（水）	广西隐棒花	广西隐棒花	*Cryptocoryne crispatula var. balansae*（Gagnepain）N. Jacobsen	天南星科	Araceae	桂	Ⅱ				√
29	被子植物	草（水）	莼菜	莼菜	*Brasenia schreberi* J. F. Gmel.	莼菜科	Cabombaceae	苏 浙 赣 湘 川 云	Ⅰ		CR		
30	被子植物	草（水）	海菜花	海菜花	*Ottelia acuminata*（Gagnepain）Dandy	水鳖科	Hydrocharitaceae	粤 桂 川 黔 云			VU		√

编号	植物类型	生活型	传统中文名	FOC 修订中文名	拉丁名（FOC）	科名（中文）	科名（拉丁）	长江流域分布区	国家保护级别	CITES 附录	IUCN 等级	是否极小种群	中国特有性
31	蕨类植物	草（水）	高寒水韭	高寒水韭	*Isoetes hypsophila* Hand.-Mazz.	水韭科	Isoetaceae	云 川	I		VU		√
32	蕨类植物	草（水）	东方水韭	东方水韭	*Isoetes orientalis* H. Liu et Q. F. Wang	水韭科	Isoetaceae	浙	I		CR		√
33	蕨类植物	草（水）	中华水韭	中华水韭	*Isoetes sinensis* Palmer	水韭科	Isoetaceae	苏 皖 浙	I		EN		√
34	蕨类植物	草（水）	云贵水韭	云贵水韭	*Isoetes yunguiensis* Q. F. Wang et W. C. Taylor	水韭科	Isoetaceae	云 黔	I		CR		√
35	被子植物	草（水）	莲	莲	*Nelumbo nucifera* Gaertner	睡莲科	Nymphaeaceae	长江流域均有分布	II				
36	被子植物	草（水）	贵州萍蓬草	贵州萍蓬草	*Nuphar bornetii* H. L é vl.	睡莲科	Nymphaeaceae	黔 赣	II				√

编号	植物类型	生活型	传统中文名	FOC修订中文名	拉丁名（FOC）	科名（中文）	科名（拉丁）	长江流域分布区	国家保护级别	CITES附录	IUCN等级	是否极小种群	中国特有性
37	被子植物	草（水）	萍蓬草	萍蓬草	*Nuphar pumila*（Timm）DC.	睡莲科	Nymphaeaceae	苏 浙 赣 闽 粤	Ⅱ		VU		
38	被子植物	草（水）	中华萍蓬草	中华萍蓬草	*Nuphar pumila* subsp. *sinensis*（Handel-Mazzetti）D. E. Padgett	睡莲科	Nymphaeaceae	湘 赣 黔			VU		√
39	被子植物	草（水）	水禾	水禾	*Hygroryza aristata*（Retz.）Nees	禾本科	Poaceae	粤 闽			VU		
40	被子植物	草（水）	药用稻	药用稻	*Oryza officinalis* Wall. ex Watt	禾本科	Poaceae	粤 桂 云	Ⅱ		EN		
41	被子植物	草（水）	野生稻	野生稻	*Oryza rufipogon* Griff.	禾本科	Poaceae	粤 桂 云	Ⅱ		CR		
42	蕨类植物	草（水）	粗梗水蕨	粗梗水蕨	*Ceratopteris pteridoides*（Hook.）Hieron.	凤尾蕨科	Pteridaceae	皖 鄂 苏	Ⅱ		EN		

编号	植物类型	生活型	传统中文名	FOC修订中文名	拉丁名（FOC）	科名（中文）	科名（拉丁）	长江流域分布区	国家保护级别	CITES附录	IUCN等级	是否极小种群	中国特有性
43	蕨类植物	草（水）	水蕨	水蕨	*Ceratopteris thalictroides*（L.）Brongn.	凤尾蕨科	Pteridaceae	粤 闽 赣 浙 苏 皖 鄂 川 桂 云	Ⅱ		VU		√
44	被子植物	草（水）	野菱	细果野菱	*Trapa incisa* Sieb. et Zucc.	菱科	Trapaceae	苏 浙 皖 湘 赣 闽	Ⅱ		DD		
45	被子植物	灌	龙棕	龙棕	*Trachycarpus nanus* Becc.	棕榈科	Arecaceae	云	Ⅱ		EN		√
46	被子植物	灌	栌菊木	栌菊木	*Nouelia insignis* Franch.	菊科	Asteraceae	云 川	Ⅱ		VU		√
47	被子植物	灌	七子花	七子花	*Heptacodium miconioides* Rehd.	忍冬科	Caprifoliaceae	鄂 浙 皖	Ⅱ		EN		√
48	裸子植物	灌	篦子三尖杉	篦子三尖杉	*Cephalotaxus oliveri* Mast.	三尖杉科	Cephalotaxaceae	粤 赣 湘 鄂 川 黔 云	Ⅱ		VU		√

编号	植物类型	生活型	传统中文名	FOC修订中文名	拉丁名（FOC）	科名（中文）	科名（拉丁）	长江流域分布区																	国家保护级别	CITES附录	IUCN等级	是否极小种群	中国特有性
49	被子植物	灌	十齿花	十齿花	*Dipentodon sinicus* Dunn	十齿花科	Dipentodontaceae	黔	桂	云															Ⅱ		LC		
50	被子植物	灌	蓝果杜鹃	蓝果杜鹃	*Rhododendron cyanocarpum*（Franch.）W. W. Sm.	杜鹃花科	Ericaceae	云																	Ⅱ		VU		√
51	被子植物	灌	粘木	粘木	*Ixonanthes reticulata* Jack	古柯科	Erythroxylaceae	闽	粤	桂	湘	云	黔														VU		
52	被子植物	灌	山豆根	山豆根	*Euchresta japonica* Hook. f. ex Regel	豆科	Fabaceae	桂	粤	川	湘	赣	浙												Ⅱ		VU		
53	被子植物	灌	蛛网萼	蛛网萼	*Platycrater arguta* Sieb. et Zucc	绣球科	Hydrangeaceae	皖	浙	赣	闽														Ⅱ		LC		
54	被子植物	灌	蝟实	蝟实	*Kolkwitzia amabilis* Graebn.	北极花科	Linnaeaceae	陕	甘	豫	鄂	皖															VU		√
55	被子植物	灌	羽叶丁香	羽叶丁香	*Syringa pinnatifolia* Hemsl.	木犀科	Oleaceae	陕	甘	青	川																LC		√

编号	植物类型	生活型	传统中文名	FOC 修订中文名	拉丁名（FOC）	科名（中文）	科名（拉丁）	长江流域分布区	国家保护级别	CITES 附录	IUCN 等级	是否极小种群	中国特有性
56	被子植物	灌	野牡丹	滇牡丹	*Paeonia delavayi* Franch.	芍药科	Paeoniaceae	云 川 藏	Ⅱ		LC		√
57	被子植物	灌	紫斑牡丹	紫斑牡丹	*Paeonia rockii* （S. G. Haw et Lauener） T. Hong et J. J. Li ex D. Y. Hong	芍药科	Paeoniaceae	川 甘 陕	Ⅱ		VU		√
58	被子植物	灌	筇竹	筇竹	*Chimonobambusa tumidissinoda* J. R. Xue et T. P. Yi ex Ohrnb.	禾本科	Poaceae	川 云	Ⅲ		LC		√
59	被子植物	灌	短穗竹	短穗竹	*Semiarundinaria densiflora* （Rendle） T. H. Wen	禾本科	Poaceae	苏 皖 浙 赣 鄂 粤	Ⅲ		LC		√
60	被子植物	灌	小勾儿茶	小勾儿茶	*Berchemiella wilsonii* （C. K. Schneid.） Nakai	鼠李科	Rhamnaceae	鄂	Ⅱ		LC	√	√
61	被子植物	灌	香水月季	香水月季	*Rosa odorata* （Andr.） Sweet	蔷薇科	Rosaceae	云 苏 浙 川			LC		√
62	被子植物	灌	丁茜	丁茜	*Trailliaedoxa gracilis* W. W. Smith et Forrest	茜草科	Rubiaceae	川 云	Ⅱ		VU		√

编号	植物类型	生活型	传统中文名	FOC修订中文名	拉丁名（FOC）	科名（中文）	科名（拉丁）	长江流域分布区	国家保护级别	CITES附录	IUCN等级	是否极小种群	中国特有性
63	被子植物	灌	平当树	平当树	*Paradombeya sinensis* Dunn	梧桐科	Sterculiaceae	云 川	Ⅱ		EN		√
64	被子植物	灌	黄梅秤锤树	黄梅秤锤树	*Sinojackia huangmeiensis* J. W. Ge et X. H. Yao	安息香科	Styracaceae	鄂			VU	√	√
65	被子植物	灌	细果秤锤树	细果秤锤树	*Sinojackia microcarpa* T. Chen et G. Y. Li	安息香科	Styracaceae	浙			CR	√	√
66	被子植物	灌	秤锤树	秤锤树	*Sinojackia xylocarpa* Hu	安息香科	Styracaceae	苏 浙 沪 鄂	Ⅱ		EN		√
67	被子植物	灌	疏花水柏枝	疏花水柏枝	*Myricaria laxiflora*（Franch.）P. Y. Zhang et Y. J. Zhang	柽柳科	Tamaricaceae	鄂			EN		√
68	裸子植物	灌	穗花杉	穗花杉	*Amentotaxus argotaenia*（Hance）Pilger	红豆杉科	Taxaceae	赣 鄂 湘 川 藏 甘 桂 粤					

编号	植物类型	生活型	传统中文名	FOC 修订中文名	拉丁名（FOC）	科名（中文）	科名（拉丁）	长江流域分布区	国家保护级别	CITES 附录	IUCN 等级	是否极小种群	中国特有性
69	被子植物	灌	长瓣短柱茶	长瓣短柱茶	*Camellia grijsii* Hance	山茶科	Theaceae	闽 川 赣 鄂 桂			NT		√
70	被子植物	灌	舌柱麻	舌柱麻	*Archiboehmeria atrata*（Gagnep.）C. J. Chen	荨麻科	Urticaceae	桂 粤 湘			VU		
71	被子植物	藤	永瓣藤	永瓣藤	*Monimopetalum chinense* Rehder	卫矛科	Celastraceae	皖 赣 鄂	Ⅱ		EN		√
72	被子植物	藤	野大豆	野大豆	*Glycine soja* Sieb. et Zucc.	豆科	Fabaceae	除青海、新疆、海南以外	Ⅱ		LC		
73	被子植物	藤	青牛胆	青牛胆	*Tinospora sagittata*（Oliv.）Gagnep.	防己科	Menispermaceae	鄂 陕 川 藏 黔 湘 赣 闽 粤 桂			EN		
74	蕨类植物	蕨	荷叶铁线蕨	荷叶铁线蕨	*Adiantum nelumboides* X. C. Zhang	铁线蕨科	Adiantaceae	川	Ⅰ		CR		√

编号	植物类型	生活型	传统中文名	FOC修订中文名	拉丁名（FOC）	科名（中文）	科名（拉丁）	长江流域分布区	国家保护级别	CITES附录	IUCN等级	是否极小种群	中国特有性
75	蕨类植物	蕨	苏铁蕨	苏铁蕨	*Brainea insignis*（Hook.）J. Sm.	乌毛蕨科	Blechnaceae	粤 桂 闽 云	Ⅱ		VU		
76	蕨类植物	蕨	金毛狗	金毛狗蕨	*Cibotium barometz*（L.）J. Sm.	金毛狗蕨科	Cibotiaceae	云 黔 川 粤 桂 闽 浙 赣 湘	Ⅱ		LC		
77	蕨类植物	蕨	粗齿桫椤	粗齿桫椤	*Alsophila denticulata* Baker	桫椤科	Cyatheaceae	浙 闽 赣 粤 桂 云 黔 川 渝	Ⅱ	Ⅱ	LC		
78	蕨类植物	蕨	大叶黑桫椤	大叶黑桫椤	*Alsophila gigantea* Wall. ex Hook.	桫椤科	Cyatheaceae	云 桂 粤	Ⅱ	Ⅱ	LC		
79	蕨类植物	蕨	小黑桫椤	小黑桫椤	*Alsophila metteniana* Hance	桫椤科	Cyatheaceae	闽 粤 黔 川 渝 云 赣	Ⅱ	Ⅱ	DD		
80	蕨类植物	蕨	桫椤	桫椤	*Alsophila spinulosa*（Wall. ex Hook.）R. M. Tryon	桫椤科	Cyatheaceae	闽 粤 桂 黔 云 川 渝 赣	Ⅱ	Ⅱ	NT		

编号	植物类型	生活型	传统中文名	FOC 修订中文名	拉丁名（FOC）	科名（中文）	科名（拉丁）	长江流域分布区	国家保护级别	CITES 附录	IUCN 等级	是否极小种群	中国特有性
81	蕨类植物	蕨	单叶贯众	单叶贯众	*Cyrtomium hemionitis* Christ	鳞毛蕨科	Dryopteridacea	黔 云	Ⅱ		EN		
82	蕨类植物	蕨	玉龙蕨	玉龙蕨	*Sorolepidium glaciale* Christ	鳞毛蕨科	Dryopteridacea	川 云 藏	Ⅰ		NT		
83	蕨类植物	蕨	狭叶瓶尔小草	狭叶瓶尔小草	*Ophioglossum thermale* Kom.	瓶尔小草科	Ophioglossaceae	陕 鄂 川 云 赣 苏			NT		
84	蕨类植物	蕨	扇蕨	扇蕨	*Neocheiropteris palmatopedatum*（Baker）Christ	水龙骨科	Polypodiaceae	川 黔 云	Ⅱ		LC		√
85	被子植物	乔	梓叶槭	梓叶枫	*Acer amplum subsp. catalpifolium*（Rehder）Y. S. Chen	槭树科	Aceraceae	川	Ⅱ			√	
86	被子植物	乔	庙台槭	庙台枫	*Acer miaotaiense* P. C. Tsoong	槭树科	Aceraceae	陕 甘 浙 鄂	Ⅰ		VU		√

编号	植物类型	生活型	传统中文名	FOC修订中文名	拉丁名（FOC）	科名（中文）	科名（拉丁）	长江流域分布区	国家保护级别	CITES附录	IUCN等级	是否极小种群	中国特有性
87	被子植物	乔	漾濞槭	漾濞枫	*Acer yangbiense* Y. S. Chen et Q. E. Yang	槭树科	Aceraceae	云			CR		√
88	被子植物	乔	金钱槭	金钱枫	*Dipteronia sinensis* Oliv.	槭树科	Aceraceae	豫 陕 甘 鄂 川 黔	II		LC		√
89	被子植物	乔	普陀鹅耳枥	普陀鹅耳枥	*Carpinus putoensis* W. C. Cheng	桦木科	Betulaceae	浙	I		CR	√	√
90	被子植物	乔	华榛	华榛	*Corylus chinensis* Franch.	桦木科	Betulaceae	云 川 鄂			LC		√
91	被子植物	乔	天目铁木	天目铁木	*Ostrya rehderiana Chun*	桦木科	Betulaceae	浙	I		CR	√	√
92	被子植物	乔	伯乐树	伯乐树	*Bretschneidera sinensis* Hemsley	伯乐树科	Bretschneideraceae	川 云 黔 桂 粤 湘 鄂 赣 浙 闽	I		NT		

编号	植物类型	生活型	传统中文名	FOC修订中文名	拉丁名（FOC）	科名（中文）	科名（拉丁）	长江流域分布区	国家保护级别	CITES附录	IUCN等级	是否极小种群	中国特有性
93	被子植物	乔	连香树	连香树	*Cercidiphyllum japonicum* Sieb. et Zucc.	连香树科	Cercidiphyllaceae	豫 陕 甘 皖 浙 赣 鄂 川	Ⅱ		LC		
94	被子植物	乔	千果榄仁	千果榄仁	*Terminalia myriocarpa* Vaniot Heurck et M ü ll.-Arg.	使君子科	Combretaceae	桂 云 藏	Ⅱ		VU		
95	裸子植物	乔	翠柏	翠柏	*Calocedrus macrolepis* Kurz	柏科	Cupressaceae	云 黔 桂 粤	Ⅱ		LC		
96	裸子植物	乔	岷江柏木	岷江柏木	*Cupressus chengiana* S. Y. Hu	柏科	Cupressaceae	川 甘	Ⅱ		VU		√
97	裸子植物	乔	福建柏	福建柏	*Fokienia hodginsii*（Dunn）A. Henry et H. H. Thomas	柏科	Cupressaceae	浙 闽 粤 赣 湘 黔 桂 川 云	Ⅱ		VU		
98	裸子植物	乔	崖柏	崖柏	*Thuja sutchuenensis* Franch.	柏科	Cupressaceae	渝	Ⅰ		EN	√	√
99	裸子植物	乔	仙湖苏铁	仙湖苏铁	*Cycas fairylakea* D. Y. Wang	苏铁科	Cycadaceae	粤	Ⅰ	Ⅱ	CR	√	√

编号	植物类型	生活型	传统中文名	FOC修订中文名	拉丁名（FOC）	科名（中文）	科名（拉丁）	长江流域分布区	国家保护级别	CITES附录	IUCN等级	是否极小种群	中国特有性
100	裸子植物	乔	贵州苏铁	贵州苏铁	*Cycas guizhouensis* K. M. Lan et R. F. Zou	苏铁科	Cycadaceae	桂 黔	Ⅰ	Ⅱ	CR		√
101	裸子植物	乔	攀枝花苏铁	攀枝花苏铁	*Cycas panzhihuaensis* L. Zhou et S. Y. Yang	苏铁科	Cycadaceae	川 云	Ⅰ	Ⅱ	EN		√
102	裸子植物	乔	苏铁	苏铁	*Cycas revoluta* Thunb.	苏铁科	Cycadaceae	闽 粤	Ⅰ		CR		
103	裸子植物	乔	四川苏铁	四川苏铁	*Cycas szechuanensis* W. C. Cheng et L. K. Fu	苏铁科	Cycadaceae	川	Ⅰ	Ⅱ	CR	√	
104	被子植物	乔	杜仲	杜仲	*Eucommia ulmoides* Oliver	杜仲科	Eucommiaceae	陕 甘 豫 鄂 川 云 黔 湘 浙			VU		√
105	被子植物	乔	领春木	领春木	*Euptelea pleiosperma* Hook. f. et Thomson	领春木科	Eupteleaceae	陕 豫 甘 浙 鄂 川 黔 云 藏	Ⅲ		LC		

编号	植物类型	生活型	传统中文名	FOC 修订中文名	拉丁名（FOC）	科名（中文）	科名（拉丁）	长江流域分布区																	国家保护级别	CITES 附录	IUCN 等级	是否极小种群	中国特有性
106	被子植物	乔	绒毛皂荚	绒毛皂荚	*Gleditsia japonica Miq. var. velutina* L. C. Li	豆科	Fabaceae	湘																	Ⅱ		CR	√	√
107	被子植物	乔	花榈木	花榈木	*Ormosia henryi* Prain	豆科	Fabaceae	皖	浙	赣	湘	鄂	粤	川	黔	云									Ⅱ		VU		
108	被子植物	乔	红豆树	红豆树	*Ormosia hosiei* Hemsl et Wils.	豆科	Fabaceae	陕	甘	苏	皖	浙	赣	闽	鄂	川	黔								Ⅱ		EN		√
109	被子植物	乔	任豆	任豆	*Zenia insignis* Chun	豆科	Fabaceae	粤	桂																Ⅱ		VU		
110	被子植物	乔	台湾水青冈	台湾水青冈	*Fagus hayatae* Palibin	壳斗科	Fagaceae	浙	鄂	川															Ⅱ		LC		√
111	裸子植物	乔	银杏	银杏	*Ginkgo biloba* L.	银杏科	Ginkgoaceae	浙																	Ⅰ		CR		√

编号	植物类型	生活型	传统中文名	FOC修订中文名	拉丁名（FOC）	科名（中文）	科名（拉丁）	长江流域分布区	国家保护级别	CITES附录	IUCN等级	是否极小种群	中国特有性
112	被子植物	乔	长柄双花木	长柄双花木	*Disanthus cercidifolius* subsp. *longipes*（H. T. Chang）K. Y. Pan	金缕梅科	Hamamelidaceae	赣 湘 粤	Ⅱ		EN		√
113	被子植物	乔	银缕梅	银缕梅	*Parrotia subaequalis*（H. T. Chang）R. M. Hao et H. T. Wei	金缕梅科	Hamamelidaceae	皖 苏 浙	Ⅰ		CR	√	√
114	被子植物	乔	半枫荷	半枫荷	*Semiliquidambar cathayensis* H. T. Chang	金缕梅科	Hamamelidaceae	赣 桂 黔 粤	Ⅱ		VU		√
115	被子植物	乔	山白树	山白树	*Sinowilsonia henryi* Hemsley	金缕梅科	Hamamelidaceae	鄂 川 豫 陕 甘			VU		√
116	被子植物	乔	掌叶木	掌叶木	*Handeliodendron bodinieri*（H. Lév.）Rehder	无患子科	Sapindaceae	黔 桂	Ⅰ		EN		√
117	被子植物	乔	喙核桃	喙核桃	*Annamocarya sinensis*（Dode）Leroy	胡桃科	Juglandaceae	黔 桂 云	Ⅱ		EN	√	

编号	植物类型	生活型	传统中文名	FOC 修订中文名	拉丁名（FOC）	科名（中文）	科名（拉丁）	长江流域分布区	国家保护级别	CITES 附录	IUCN 等级	是否极小种群	中国特有性
118	被子植物	乔	樟	樟	*Cinnamomum camphora*（L.）J. Presl	樟科	Lauraceae	南方及西南各省、自治区	Ⅱ		LC		
119	被子植物	乔	天竺桂	天竺桂	*Cinnamomum japonicum* Sieb.	樟科	Lauraceae	苏 浙 皖 赣 闽	Ⅱ		VU		
120	被子植物	乔	油樟	油樟	*Cinnamomum longepaniculatum*（Gamble）N. Chao ex H. W. Li	樟科	Lauraceae	川 鄂	Ⅱ		NT		√
121	被子植物	乔	沉水樟	沉水樟	*Cinnamomum micranthum*（Hay.）Hay.	樟科	Lauraceae	桂 粤 湘 赣 闽			VU		
122	被子植物	乔	天目木姜子	天目木姜子	*Litsea auriculata* Chien et Cheng	樟科	Lauraceae	浙 皖 鄂			VU		√
123	被子植物	乔	滇楠	润楠	*Machilus nanmu*（Oliv.）Hemsl.	樟科	Lauraceae	川 鄂	Ⅱ		EN		√

编号	植物类型	生活型	传统中文名	FOC修订中文名	拉丁名（FOC）	科名（中文）	科名（拉丁）	长江流域分布区	国家保护级别	CITES附录	IUCN等级	是否极小种群	中国特有性
124	被子植物	乔	舟山新木姜子	舟山新木姜子	*Neolitsea sericea*（Bl.）Koidz.	樟科	Lauraceae	浙 沪	Ⅱ		EN		
125	被子植物	乔	闽楠	闽楠	*Phoebe bournei*（Hemsl.）Yen C. Yang	樟科	Lauraceae	赣 闽 浙 粤 桂 湘 鄂 黔	Ⅱ		VU		√
126	被子植物	乔	浙江楠	浙江楠	*Phoebe chekiangensis* P. T. Li	樟科	Lauraceae	浙 闽 赣	Ⅱ		VU		√
127	被子植物	乔	楠木	楠木	*Phoebe zhennan* S. K. Lee et F. N. Wei	樟科	Lauraceae	鄂 黔 川	Ⅱ		VU		√
128	被子植物	乔	大叶木兰	大叶木兰	*Lirianthe henryi*（Dunn）N. H. Xia et C. Y. Wu	木兰科	Magnoliaceae	云 藏	Ⅱ		VU		
129	被子植物	乔	鹅掌楸	鹅掌楸	*Liriodendron chinense*（Hemsl.）Sargent	木兰科	Magnoliaceae	陕 皖 浙 赣 闽 鄂 湘 桂 川 黔 云	Ⅱ		LC		

编号	植物类型	生活型	传统中文名	FOC 修订中文名	拉丁名（FOC）	科名（中文）	科名（拉丁）	长江流域分布区	国家保护级别	CITES 附录	IUCN 等级	是否极小种群	中国特有性
130	被子植物	乔	厚朴	厚朴	*Magnolia officinalis* Rehd. et Wils.	木兰科	Magnoliaceae	陕 甘 豫 鄂 湘 川 黔	Ⅱ		LC		√
131	被子植物	乔	凹叶厚朴	凹叶厚朴	*Magnolia officinalis* Rehd. et Wils. subsp. *biloba*（Rehd. et Wils.）Law	木兰科	Magnoliaceae	皖 浙 赣 鄂 闽 黔 湘 粤 桂	Ⅱ				
132	被子植物	乔	落叶木莲	落叶木莲	*Manglietia decidua* Q. Y. Zheng	木兰科	Magnoliaceae	赣	Ⅰ		VU	√	√
133	被子植物	乔	红花木莲	红花木莲	*Manglietia insignis*（Wall.）Blume	木兰科	Magnoliaceae	湘 桂 川 黔 云 藏	Ⅲ		VU	√	
134	被子植物	乔	巴东木莲	巴东木莲	*Manglietia patungensis* Hu	木兰科	Magnoliaceae	鄂 川			VU		√
135	被子植物	乔	观光木	观光木	*Tsoongiodendron odora*（Chun）Noot. et B. L. Chen	木兰科	Magnoliaceae	赣 闽 粤 桂 云	Ⅱ		VU	√	
136	被子植物	乔	峨眉含笑	峨眉含笑	*Michelia wilsonii* Finet et Gagn.	木兰科	Magnoliaceae	川 鄂	Ⅱ		VU	√	√

编号	植物类型	生活型	传统中文名	FOC 修订中文名	拉丁名（FOC）	科名（中文）	科名（拉丁）	长江流域分布区	国家保护级别	CITES 附录	IUCN 等级	是否极小种群	中国特有性
137	被子植物	乔	天女木兰	天女花	*Oyama sieboldii*（K. Koch）N. H. Xia et C. Y. Wu	木兰科	Magnoliaceae	皖 浙 赣 闽 鄂 桂			NT		
138	被子植物	乔	圆叶玉兰	圆叶天女花	*Oyama sinensis*（Rehder et E. H. Wilson）N. H. Xia et C. Y. Wu	木兰科	Magnoliaceae	川	Ⅱ		VU		√
139	被子植物	乔	西康玉兰	西康天女花	*Oyama wilsonii*（Finet et Gagnepain）N. H. Xia et C. Y. Wu	木兰科	Magnoliaceae	川 云	Ⅱ		VU		√
140	被子植物	乔	乐东拟单性木兰	乐东拟单性木兰	*Parakmeria lotungensis*（Chun et C. H. Tsoong）Y. W. Law	木兰科	Magnoliaceae	赣 闽 湘 粤 桂 黔	Ⅱ		VU		√
141	被子植物	乔	峨眉拟单性木兰	峨眉拟单性木兰	*Parakmeria omeiensis* W. C. Cheng	木兰科	Magnoliaceae	川	Ⅰ		CR	√	√

编号	植物类型	生活型	传统中文名	FOC修订中文名	拉丁名（FOC）	科名（中文）	科名（拉丁）	长江流域分布区	国家保护级别	CITES附录	IUCN等级	是否极小种群	中国特有性
142	被子植物	乔	云南拟单性木兰	云南拟单性木兰	*Parakmeria yunnanensis* Hu	木兰科	Magnoliaceae	云 桂	Ⅱ		VU		
143	被子植物	乔	天目木兰	天目玉兰	*Yulania amoena*（W. C. Cheng）D. L. Fu	木兰科	Magnoliaceae	浙			VU		√
144	被子植物	乔	黄山木兰	黄山玉兰	*Yulania cylindrica*（E. H. Wils.）D. L. Fu	木兰科	Magnoliaceae	皖 浙 赣 闽 鄂			LC		√
145	被子植物	乔	罗田玉兰	罗田玉兰	*Yulania pilocarpa*（Z. Z. Zhao et Z. W. Xie）D. L. Fu	木兰科	Magnoliaceae	鄂			EN		√
146	被子植物	乔	宝华玉兰	宝华玉兰	*Yulania zenii*（W. C. Cheng）D. L. Fu	木兰科	Magnoliaceae	苏	Ⅱ		CR	√	√
147	被子植物	乔	红椿	红椿	*Toona ciliata* M. Roem.	楝科	Meliaceae	闽 湘 粤 桂 川 云	Ⅱ		VU		

编号	植物类型	生活型	传统中文名	FOC修订中文名	拉丁名（FOC）	科名（中文）	科名（拉丁）	长江流域分布区	国家保护级别	CITES附录	IUCN等级	是否极小种群	中国特有性
148	被子植物	乔	红花香椿	红花香椿	*Toona fargesii* A. Chev.	楝科	Meliaceae	闽 鄂			VU		
149	被子植物	乔	白桂木	白桂木	*Artocarpus hypargyreus* Hance	桑科	Moraceae	粤 闽 赣 湘 云	Ⅲ		EN		√
150	被子植物	乔	马蹄参	马蹄参	*Diplopanax stachyanthus* Hand.–Mazz.	蓝果树科	Nyssaceae	桂 粤 湘 云	Ⅱ		NT		
151	被子植物	乔	喜树	喜树	*Camptotheca acuminata* Decne.	蓝果树科	Nyssaceae	苏 浙 闽 赣 鄂 湘 川 黔 粤 桂 云	Ⅱ		LC	√	√
152	被子植物	乔	珙桐	珙桐	*Davidia involucrata* Baill.	蓝果树科	Nyssaceae	鄂 湘 川 黔 云	Ⅰ		LC		√
153	被子植物	乔	光叶珙桐	光叶珙桐	*Davidia involucrata* var. *vilmoriniana* (Dode) Wangerin	蓝果树科	Nyssaceae	鄂 川 黔	Ⅰ				√
154	被子植物	乔	水曲柳	水曲柳	*Fraxinus mandschurica* Rupr.	木犀科	Oleaceae	陕 甘 鄂	Ⅱ		VU		

编号	植物类型	生活型	传统中文名	FOC修订中文名	拉丁名（FOC）	科名（中文）	科名（拉丁）	长江流域分布区																	国家保护级别	CITES附录	IUCN等级	是否极小种群	中国特有性
155	裸子植物	乔	资源冷杉	资源冷杉	*Abies beshanzuensis* var. *ziyuanensis*（L. K. Fu et S. L. Mo）L. K. Fu et Nan Li	松科	Pinaceae	桂	湘	赣															Ⅰ		EN	√	√
156	裸子植物	乔	秦岭冷杉	秦岭冷杉	*Abies chensiensis* Tiegh.	松科	Pinaceae	陕	鄂	甘															Ⅱ		VU		√
157	裸子植物	乔	银杉	银杉	*Cathaya argyrophylla* Chun et Kuang	松科	Pinaceae	桂	渝																Ⅰ		EN	√	√
158	裸子植物	乔	黄枝油杉	黄枝油杉	*Keteleeria davidiana* var. *calcarea*（W. C. Cheng et L. K. Fu）Silba	松科	Pinaceae	桂	黔																		EN		√
159	裸子植物	乔	柔毛油杉	柔毛油杉	*Keteleeria pubescens* W. C. Cheng et L. K. Fu	松科	Pinaceae	桂	黔																Ⅱ		VU		√
160	裸子植物	乔	太白红杉	太白红杉	*Larix chinensis* Beissn.	松科	Pinaceae	甘	陕																Ⅱ				√
161	裸子植物	乔	四川红杉	四川红杉	*Larix mastersiana* Rehd. et E. H. Wilson	松科	Pinaceae	川																	Ⅱ		VU		√

编号	植物类型	生活型	传统中文名	FOC修订中文名	拉丁名（FOC）	科名（中文）	科名（拉丁）	长江流域分布区	国家保护级别	CITES附录	IUCN等级	是否极小种群	中国特有性
162	裸子植物	乔	白皮云杉	白皮云杉	*Picea aurantiaca* Mast.	松科	Pinaceae	川					√
163	裸子植物	乔	麦吊云杉	麦吊云杉	*Picea brachytyla*（Franch.）Pritz.	松科	Pinaceae	鄂 陕 川 甘			LC		√
164	裸子植物	乔	油麦吊云杉	油麦吊云杉	*Picea brachytyla* var. *complanata*（Mast.）W. C. Cheng ex Rehder	松科	Pinaceae	云 川 藏	Ⅱ		LC		
165	裸子植物	乔	康定云杉	康定云杉	Picea likiangensis var. *montigena*（Mast.）Cheng ex Chen	松科	Pinaceae	云 川			CR		√
166	裸子植物	乔	大果青扦	大果青扦	*Picea neoveitchii* Masters	松科	Pinaceae	鄂 陕 甘	Ⅱ		NT		√
167	裸子植物	乔	大别五针松	大别五针松	*Pinus armandii* var. *dabeshanensis*（W. C. Cheng et Y. W. Law）Silba	松科	Pinaceae	皖 豫 鄂	Ⅱ		EN	√	√

编号	植物类型	生活型	传统中文名	FOC修订中文名	拉丁名（FOC）	科名（中文）	科名（拉丁）	长江流域分布区	国家保护级别	CITES附录	IUCN等级	是否极小种群	中国特有性
168	裸子植物	乔	华南五针松	华南五针松	*Pinus kwangtungensis* Chun et Tsiang	松科	Pinaceae	湘 黔 桂 粤	Ⅱ		NT		√
169	裸子植物	乔	巧家五针松	巧家五针松	*Pinus squamata* X. W. Li	松科	Pinaceae	云	Ⅰ		CR	√	√
170	裸子植物	乔	金钱松	金钱松	*Pseudolarix amabilis*（J. Nelson）Rehd.	松科	Pinaceae	苏 浙 皖 闽 赣 湘 鄂 川	Ⅱ		VU		√
171	裸子植物	乔	澜沧黄杉	澜沧黄杉	*Pseudotsuga forrestii* Craib	松科	Pinaceae	云 藏 川	Ⅱ		VU	√	√
172	裸子植物	乔	黄杉	黄杉	*Pseudotsuga sinensis* Dode	松科	Pinaceae	云 川 黔 鄂 湘	Ⅱ		LC		√
173	裸子植物	乔	长苞铁杉	长苞铁杉	*Tsuga longibracteata* W. C. Cheng	松科	Pinaceae	黔 湘 闽 桂 粤			VU		√

编号	植物类型	生活型	传统中文名	FOC 修订中文名	拉丁名（FOC）	科名（中文）	科名（拉丁）	长江流域分布区																	国家保护级别	CITES 附录	IUCN 等级	是否极小种群	中国特有性
174	被子植物	乔	马尾树	马尾树	*Rhoiptelea chiliantha* Diels et Hand.-Mazz.	马尾树科	Rhoipteleaceae	黔	云	桂															Ⅱ		LC		
175	被子植物	乔	黄山花楸	黄山花楸	*Sorbus amabilis* Cheng ex T. T. Y ü et K. C. Kuan	蔷薇科	Rosaceae	皖	浙																		LC		√
176	被子植物	乔	香果树	香果树	*Emmenopterys henryi* Oliv.	茜草科	Rubiaceae	陕	甘	苏	皖	浙	赣	闽	豫	鄂	湘	桂	川	黔	云				Ⅱ		NT		√
177	被子植物	乔	川黄檗	川黄檗	*Phellodendron chinense* C. K. Schneid.	芸香科	Rutaceae	鄂	湘	川															Ⅱ		LC		√
178	被子植物	乔	富民枳	富民枳	*Poncirus polyandra* S. Q. Ding et al.	芸香科	Rutaceae	云																	Ⅱ				√
179	被子植物	乔	伞花木	伞花木	*Eurycorymbus cavaleriei* （Lévl.） Rehd. et Hand.-Mazz.	无患子科	Sapindaceae	云	黔	桂	湘	赣	粤	闽											Ⅱ		LC		√
180	被子植物	乔	云南梧桐	云南梧桐	*Firmiana major* （W. W. Smith） Hand.-Mazz.	梧桐科	Sterculiaceae	云	川																Ⅱ		EN		√

编号	植物类型	生活型	传统中文名	FOC 修订中文名	拉丁名（FOC）	科名（中文）	科名（拉丁）	长江流域分布区	国家保护级别	CITES 附录	IUCN 等级	是否极小种群	中国特有性
181	被子植物	乔	银钟花	银钟花	*Halesia macgregorii* Chun	安息香科	Styracaceae	粤 桂 闽 赣 湘 黔 浙			NT		√
182	被子植物	乔	白辛树	白辛树	*Pterostyrax psilophyllus* Diels ex Perk.	安息香科	Styracaceae	湘 鄂 川 黔 桂 云	Ⅲ		NT		√
183	被子植物	乔	木瓜红	木瓜红	*Rehderodendron macrocarpum* Hu	安息香科	Styracaceae	桂 川 云			VU		
184	被子植物	乔	长果秤锤树	长果秤锤树	*Sinojackia dolichocarpa* C. J. Qi	安息香科	Styracaceae	湘 鄂	Ⅱ		EN	√	√
185	被子植物	乔	瘿椒树	瘿椒树	*Tapiscia sinensis* Oliv.	瘿椒树科	Tapisciaceae	浙 皖 鄂 湘 粤 桂 川 云 黔			LC		√
186	裸子植物	乔	红豆杉	红豆杉	*Taxus wallichiana* var. *chinensis*（Pilger）Florin	红豆杉科	Taxaceae	甘 陕 川 云 黔 鄂 湘 桂 皖	Ⅰ	Ⅱ	VU		

编号	植物类型	生活型	传统中文名	FOC修订中文名	拉丁名（FOC）	科名（中文）	科名（拉丁）	长江流域分布区																	国家保护级别	CITES附录	IUCN等级	是否极小种群	中国特有性
187	裸子植物	乔	南方红豆杉	南方红豆杉	*Taxus wallichiana* var. *mairei*（Lemée et H. Lév.）L. K. Fu et Nan Li	红豆杉科	Taxaceae	浙	闽	赣	粤	桂	湘	鄂	豫	陕	甘	川	黔	云					Ⅰ	Ⅱ	VU		
188	裸子植物	乔	巴山榧树	巴山榧树	*Torreya fargesii* Franch.	红豆杉科	Taxaceae	陕	鄂	川															Ⅱ		VU		√
189	裸子植物	乔	榧树	榧树	*Torreya grandis* Fort. et Lindl.	红豆杉科	Taxaceae	苏	浙	闽	赣	皖	湘	黔											Ⅱ		LC		√
190	裸子植物	乔	水松	水松	*Glyptostrobus pensilis*（Staunt.）Koch	杉科	Taxodiaceae	粤	闽	赣	川	桂	云												Ⅰ		VU	√	√
191	裸子植物	乔	水杉	水杉	*Metasequoia glyptostroboides* Hu et Cheng	杉科	Taxodiaceae	川	鄂	湘															Ⅰ		EN	√	√
192	裸子植物	乔	台湾杉	台湾杉	*Taiwania cryptomerioides* Hayata	杉科	Taxodiaceae	云	鄂																Ⅱ		VU		
193	被子植物	乔	水青树	水青树	*Tetracentron sinense* Oliv.	水青树科	Tetracentraceae	甘	陕	湘	鄂	川	黔												Ⅱ	Ⅲ	LC		

编号	植物类型	生活型	传统中文名	FOC修订中文名	拉丁名（FOC）	科名（中文）	科名（拉丁）	长江流域分布区	国家保护级别	CITES附录	IUCN等级	是否极小种群	中国特有性
194	被子植物	乔	紫茎	紫茎	*Stewartia sinensis* Rehd. et Wils.	山茶科	Theaceae	川 皖 赣 浙 鄂			LC		√
195	被子植物	乔	柄翅果	柄翅果	*Burretiodendron esquirolii*（Lé vl.）Rehd.	椴树科	Tiliaceae	云 黔 桂	Ⅱ		VU		
196	被子植物	乔	青檀	青檀	*Pteroceltis tatarinowii* Maxim.	榆科	Ulmaceae	陕 甘 青 苏 皖 浙 赣 闽 豫 鄂 湘 粤 桂 川 黔			LC		√
197	被子植物	乔	琅玡榆	琅琊榆	*Ulmus chenmoui* Cheng	榆科	Ulmaceae	皖 苏			EN		√
198	被子植物	乔	长序榆	长序榆	*Ulmus elongata* L. K. Fu et C. S. Ding	榆科	Ulmaceae	浙 闽 赣 皖	Ⅱ		EN	√	√
199	被子植物	乔	醉翁榆	醉翁榆	*Ulmus gaussenii* W. C. Cheng	榆科	Ulmaceae	皖			CR		√
200	被子植物	乔	大叶榉树	大叶榉树	*Zelkova schneideriana* Hand.–Mazz.	榆科	Ulmaceae	陕 甘 苏 皖 浙 赣 闽 豫 鄂 湘 粤 桂 川 黔 云 藏	Ⅱ		NT		√

附录 2：生态建设、保护与修复常用的 432 种陆生植物名录

物种中文名	物种拉丁名	属中文名	属拉丁名	科中文名	科拉丁名
鸭嘴花	*Justicia adhatoda* Linnaeus	爵床属	*Justicia*	爵床科	Acanthaceae
小驳骨	*Justicia gendarussa* N. L. Burman	爵床属	*Justicia*	爵床科	Acanthaceae
元宝枫	*Acer truncatum* Bunge	枫属	*Acer*	槭树科	Aceraceae
五角枫	*Acer pictum subsp. mono* (Maximowicz) H. Ohashi	枫属	*Acer*	槭树科	Aceraceae
中华猕猴桃	*Actinidia chinensis* Planchon	猕猴桃属	*Actinidia*	猕猴桃科	Actinidiaceae
软枣猕猴桃	*Actinidia arguta* (Siebold & Zuccarini) Planchon ex Miquel	猕猴桃属	*Actinidia*	猕猴桃科	Actinidiaceae
接骨木	*Sambucus williamsii* Hance	接骨木属	*Sambucus*	五福花科	Adoxaceae
腰果	*Anacardium occidentale* Linnaeus	腰果属	*Anacardium*	漆树科	Anacardiaceae
豆腐果	*Buchanania latifolia* Roxburgh	山様子属	*Buchanania*	漆树科	Anacardiaceae
厚皮树	*Lannea coromandelica* (Houttuyn) Merrill	厚皮树属	*Lannea*	漆树科	Anacardiaceae
黄连木	*Pistacia chinensis* Bunge	黄连木属	*Pistacia*	漆树科	Anacardiaceae
清香木	*Pistacia weinmanniifolia* J. Poisson ex Franchet	黄连木属	*Pistacia*	漆树科	Anacardiaceae
盐麸木	*Rhus chinensis* Miller	盐麸木属	*Rhus*	漆树科	Anacardiaceae
青麸杨	*Rhus potaninii* Maximowicz	盐麸木属	*Rhus*	漆树科	Anacardiaceae
岭南酸枣	*Spondias lakonensis* Pierre	槟榔青属	*Spondias*	漆树科	Anacardiaceae
木蜡树	*Toxicodendron sylvestre* (Siebold & Zuccarini) Kuntze	漆树属	*Toxicodendron*	漆树科	Anacardiaceae
阜康阿魏	*Ferula fukanensis* K. M. Shen	阿魏属	*Ferula*	伞形科	Apiaceae
新疆阿魏	*Ferula sinkiangensis* K. M. Shen	阿魏属	*Ferula*	伞形科	Apiaceae
罗布麻	*Apocynum venetum* Linnaeus	罗布麻属	*Apocynum*	夹竹桃科	Apocynaceae
白麻	*Apocynum pictum* Schrenk	罗布麻属	*Apocynum*	夹竹桃科	Apocynaceae
牛角瓜	*Calotropis gigantea* (Linnaeus) W. T. Aiton	牛角瓜属	*Calotropis*	萝藦科	Asclepiadaceae

物种中文名	物种拉丁名	属中文名	属拉丁名	科中文名	科拉丁名
长春花	*Catharanthus roseus* (Linnaeus) G. Don	长春花属	*Catharanthus*	夹竹桃科	Apocynaceae
鹿角藤	*Chonemorpha eriostylis* Pitard	鹿角藤属	*Chonemorpha*	夹竹桃科	Apocynaceae
通光散	*Marsdenia tenacissima* (Roxburgh) Moon	牛奶菜属	*Marsdenia*	萝藦科	Asclepiadaceae
山橙	*Melodinus suaveolens* (Hance) Champion ex Bentham	山橙属	*Melodinus*	夹竹桃科	Apocynaceae
萝藦	*Metaplexis japonica* (Thunberg) Makino	萝藦属	*Metaplexis*	萝藦科	Asclepiadaceae
夹竹桃	*Nerium oleander* Linnaeus	夹竹桃属	*Nerium*	夹竹桃科	Apocynaceae
络石	*Trachelospermum jasminoides* (Lindley) Lemaire	络石属	*Trachelospermum*	夹竹桃科	Apocynaceae
杜仲藤	*Urceola micrantha* (Wallich ex G. Don) D. J. Middleton	水壶藤属	*Urceola*	夹竹桃科	Apocynaceae
枸骨	*Ilex cornuta* Lindley & Paxton	冬青属	*Ilex*	冬青科	Aquifoliaceae
铁冬青	*Ilex rotunda* Thunberg	冬青属	*Ilex*	冬青科	Aquifoliaceae
楤木	*Aralia elata* (Miquel) Seemann	楤木属	*Aralia*	五加科	Araliaceae
细柱五加	*Eleutherococcus nodiflorus* (Dunn) S. Y. Hu	五加属	*Eleutherococcus*	五加科	Araliaceae
常春藤	*Hedera nepalensis var. sinensis* Hedera nepalensis K. Koch var. sinensis (Tobler) Rehder	常春藤属	*Hedera*	五加科	Araliaceae
刺楸	*Kalopanax septemlobus* (Thunberg) Koidzumi	刺楸属	*Kalopanax*	五加科	Araliaceae
凤尾丝兰	*Yucca gloriosa* Linn.	丝兰属	*Yucca*	天门冬科	Asparagaceae
黄花蒿	*Artemisia annua* Linnaeus	蒿属	*Artemisia*	菊科	Asteraceae
艾	*Artemisia argyi* H. Leveille & Vaniot	蒿属	*Artemisia*	菊科	Asteraceae
白莎蒿	*Artemisia blepharolepis* Bunge	蒿属	*Artemisia*	菊科	Asteraceae
山蒿	*Artemisia brachyloba* Franchet	蒿属	*Artemisia*	菊科	Asteraceae
茵陈蒿	*Artemisia capillaris* Thunberg	蒿属	*Artemisia*	菊科	Asteraceae
沙蒿	*Artemisia desertorum* Sprengel	蒿属	*Artemisia*	菊科	Asteraceae
盐蒿	*Artemisia halodendron* Turczaninow ex Besser	蒿属	*Artemisia*	菊科	Asteraceae
黑沙蒿	*Artemisia ordosica* Krascheninnikov	蒿属	*Artemisia*	菊科	Asteraceae
白莲蒿	*Artemisia stechmanniana* Besser	蒿属	*Artemisia*	菊科	Asteraceae
菊花	*Chrysanthemum ×morifolium* Ramat	菊属	*Chrysanthemum*	菊科	Asteraceae

物种中文名	物种拉丁名	属中文名	属拉丁名	科中文名	科拉丁名
菊芋	*Helianthus tuberosus* Linnaeus	向日葵属	*Helianthus*	菊科	Asteraceae
蟛蜞菊	*Sphagneticola calendulacea* (Linnaeus) Pruski	蟛蜞菊属	*Sphagneticola*	菊科	Asteraceae
茄叶斑鸠菊	*Vernonia solanifolia* Bentham	斑鸠菊属	*Vernonia*	菊科	Asteraceae
十大功劳	*Mahonia fortunei* (Lindley) Fedde	十大功劳属	*Mahonia*	小檗科	Berberidaceae
南天竹	*Nandina domestica* Thunberg	南天竹属	*Nandina*	小檗科	Berberidaceae
桤木	*Alnus cremastogyne* Burkill	桤木属	*Alnus*	桦木科	Betulaceae
黑桦	*Betula dahurica* Pallas	桦木属	*Betula*	桦木科	Betulaceae
香桦	*Betula insignis* Franchet	桦木属	*Betula*	桦木科	Betulaceae
白桦	*Betula platyphylla* Sukaczev	桦木属	*Betula*	桦木科	Betulaceae
榛	*Corylus heterophylla* Fischer ex Trautvetter	榛属	*Corylus*	桦木科	Betulaceae
木蝴蝶	*Oroxylum indicum* (Linnaeus) Bentham ex Kurz	木蝴蝶属	*Oroxylum*	紫葳科	Bignoniaceae
粗糠树	*Ehretia dicksonii* Hance	厚壳树属	*Ehretia*	紫草科	Boraginaceae
聚合草	*Symphytum officinale* Linnaeus	聚合草属	*Symphytum*	紫草科	Boraginaceae
橄榄	*Canarium album* (Loureiro) Raeuschel	橄榄属	*Canarium*	橄榄科	Burseraceae
乌榄	*Canarium pimela* K. D. Koenig	橄榄属	*Canarium*	橄榄科	Burseraceae
雀舌黄杨	*Buxus bodinieri* H. Leveille	黄杨属	*Buxus*	黄杨科	Buxaceae
黄杨	*Buxus sinica* (Rehder & E. H. Wilson) M. Cheng	黄杨属	*Buxus*	黄杨科	Buxaceae
野扇花	*Sarcococca ruscifolia* Stapf	野扇花属	*Sarcococca*	黄杨科	Buxaceae
山蜡梅	*Chimonanthus nitens* Oliver	蜡梅属	*Chimonanthus*	蜡梅科	Calycanthaceae
蜡梅	*Chimonanthus praecox* (Linnaeus) Link	蜡梅属	*Chimonanthus*	蜡梅科	Calycanthaceae
榕树	*Ficus microcarpa* Linnaeus f.	榕属	*Ficus*	桑科	Moraceae
野香橼花	*Capparis bodinieri H. Leveille*	山柑属	*Capparis*	山柑科	Capparaceae
马槟榔	*Capparis masaikai* H. Leveille	山柑属	*Capparis*	山柑科	Capparaceae
六道木	*Zabelia biflora* (Turczaninow) Makino	六道木属	*Abelia*	北极花科	Linnaeaceae
糯米条	*Abelia chinensis* R. Brown	糯米条属	*Abelia*	北极花科	Linnaeaceae
金银忍冬	*Lonicera maackii* (Ruprecht) Maximowicz	忍冬属	*Lonicera*	忍冬科	Caprifoliaceae
水红木	*Viburnum cylindricum* Buchanan-Hamilton ex D. Don	荚蒾属	*Viburnum*	五福花科	Adoxaceae

物种中文名	物种拉丁名	属中文名	属拉丁名	科中文名	科拉丁名
南蛇藤	*Celastrus orbiculatus* Thunberg	南蛇藤属	*Celastrus*	卫矛科	Celastraceae
灯油藤	*Celastrus paniculatus* Willdenow	南蛇藤属	*Celastrus*	卫矛科	Celastraceae
卫矛	*Euonymus alatus* (Thunberg) Siebold	卫矛属	*Euonymus*	卫矛科	Celastraceae
扶芳藤	*Euonymus fortunei* (Turczaninow) Handel-Mazzetti	卫矛属	*Euonymus*	卫矛科	Celastraceae
雷公藤	*Tripterygium wilfordii* J. D. Hooker	雷公藤属	*Tripterygium*	卫矛科	Celastraceae
梭梭	*Haloxylon ammodendron* (C. A. Meyer) Bunge	琐琐属	*Haloxylon*	藜科	Chenopodiaceae
木地肤	*Kochia prostrata* (Linnaeus) Schrader	地肤属	*Kochia*	藜科	Chenopodiaceae
金粟兰	*Chloranthus spicatus* (Thunberg) Makino	金粟兰属	*Chloranthus*	金粟兰科	Chloranthaceae
草珊瑚	*Sarcandra glabra* (Thunberg) Nakai	草珊瑚属	*Sarcandra*	金粟兰科	Chloranthaceae
岭南山竹子	*Garcinia oblongifolia* Champion ex Bentham	藤黄属	*Garcinia*	藤黄科	Clusiaceae
金丝梅	*Hypericum patulum* Thunberg	金丝桃属	*Hypericum*	藤黄科	Clusiaceae
铁力木	*Mesua ferrea* Linnaeus	铁力木属	*Mesua*	藤黄科	Clusiaceae
使君子	*Quisqualis indica* Linnaeus	使君子属	*Quisqualis*	使君子科	Combretaceae
诃子	*Terminalia chebula* Retzius	诃子属	*Terminalia*	使君子科	Combretaceae
红叶藤	*Rourea minor* (Gaertner) Leenhouts	红叶藤属	*Rourea*	牛栓藤科	Connaraceae
白鹤藤	*Argyreia acuta* Loureiro	银背藤属	*Argyreia*	旋花科	Convolvulaceae
东京银背藤	*Argyreia pierreana* Bois	银背藤属	*Argyreia*	旋花科	Convolvulaceae
飞蛾藤	*Dinetus racemosus* (Wallich) Sweet	飞蛾藤属	*Dinetus*	旋花科	Convolvulaceae
丁公藤	*Erycibe obtusifolia Bentham*	丁公藤属	*Erycibe*	旋花科	Convolvulaceae
马桑	*Coriaria nepalensis* Wallich	马桑属	*Coriaria*	马桑科	Coriariaceae
山茱萸	*Cornus officinalis* Siebold & Zuccarini	山茱萸属	*Cornus*	山茱萸科	Cornaceae
毛梾	*Cornus walteri* Wangerin	山茱萸属	*Cornus*	山茱萸科	Cornaceae
红瑞木	*Cornus alba* Linnaeus	山茱萸属	*Cornus*	山茱萸科	Cornaceae
头状四照花	*Cornus capitata* Wallich	山茱萸属	*Cornus*	山茱萸科	Cornaceae
灯台树	*Cornus controversa* Hemsley	山茱萸属	*Cornus*	山茱萸科	Cornaceae
梾木	*Cornus macrophylla* Wallich	山茱萸属	*Cornus*	山茱萸科	Cornaceae
柏木	*Cupressus funebris* Endlicher	柏木属	*Cupressus*	柏科	Cupressaceae

物种中文名	物种拉丁名	属中文名	属拉丁名	科中文名	科拉丁名
杜松	*Juniperus rigida* Siebold & Zuccarini	刺柏属	*Juniperus*	柏科	Cupressaceae
侧柏	*Platycladus orientalis* (Linnaeus) Franco	侧柏属	*Platycladus*	柏科	Cupressaceae
牛耳枫	*Daphniphyllum calycinum* Bentham	虎皮楠属	*Daphniphyllum*	交让木科	Daphniphyllaceae
五桠果	*Dillenia indica* Linnaeus	五桠果属	*Dillenia*	五桠果科	Dilleniaceae
小花五桠果	*Dillenia pentagyna* Roxburgh	五桠果属	*Dillenia*	五桠果科	Dilleniaceae
锡叶藤	*Tetracera sarmentosa* (Linnaeus) Vahl	锡叶藤属	*Tetracera*	五桠果科	Dilleniaceae
柿	*Diospyros kaki* Thunberg	柿树属	*Diospyros*	柿树科	Ebenaceae
沙枣	*Elaeagnus angustifolia* Linnaeus	胡颓子属	*Elaeagnus*	胡颓子科	Elaeagnaceae
翅果油树	*Elaeagnus mollis* Diels	胡颓子属	*Elaeagnus*	胡颓子科	Elaeagnaceae
胡颓子	*Elaeagnus pungens* Thunberg	胡颓子属	*Elaeagnus*	胡颓子科	Elaeagnaceae
牛奶子	*Elaeagnus umbellata* Thunberg	胡颓子属	*Elaeagnus*	胡颓子科	Elaeagnaceae
肋果沙棘	*Hippophae neurocarpa* S. W. Liu & T. N. He	沙棘属	*Hippophae*	胡颓子科	Elaeagnaceae
沙棘	*Hippophae rhamnoides* Linnaeus	沙棘属	*Hippophae*	胡颓子科	Elaeagnaceae
西藏沙棘	*Hippophae tibetana* Schlechtendal	沙棘属	*Hippophae*	胡颓子科	Elaeagnaceae
江孜沙棘	*Hippophae gyantsensis* (Rousi) Y. S. Lian	沙棘属	*Hippophae*	胡颓子科	Elaeagnaceae
中国沙棘	*Hippophae rhamnoides subsp. sinensis* Rousi	沙棘属	*Hippophae*	胡颓子科	Elaeagnaceae
中亚沙棘	*Hippophae rhamnoides subsp. turkestanica* Rousi	沙棘属	*Hippophae*	胡颓子科	Elaeagnaceae
杜英	*Elaeocarpus decipiens* Hemsley	杜英属	*Elaeocarpus*	杜英科	Elaeocarpaceae
木贼麻黄	*Ephedra equisetina* Bunge	麻黄属	*Ephedra*	麻黄科	Ephedraceae
中麻黄	*Ephedra intermedia* Schrenk ex C. A. Meyer	麻黄属	*Ephedra*	麻黄科	Ephedraceae
单子麻黄	*Ephedra monosperma* Gmelin ex C. A. Meyer	麻黄属	*Ephedra*	麻黄科	Ephedraceae
草麻黄	*Ephedra sinica* Stapf	麻黄属	*Ephedra*	麻黄科	Ephedraceae
苍山越桔	*Vaccinium delavayi* Franchet	越桔属	*Vaccinium*	杜鹃花科	Ericaceae
越桔	*Vaccinium vitis-idaea* Linnaeus	越桔属	*Vaccinium*	杜鹃花科	Ericaceae
杜仲	*Eucommia ulmoides* Oliver	杜仲属	*Eucommia*	杜仲科	Eucommiaceae

物种中文名	物种拉丁名	属中文名	属拉丁名	科中文名	科拉丁名
山麻杆	*Alchornea davidii* Franchet	山麻杆属	*Alchornea*	大戟科	Euphorbiaceae
石栗	*Aleurites moluccana* (Linnaeus) Willdenow	石栗属	*Aleurites*	大戟科	Euphorbiaceae
重阳木	*Bischofia polycarpa* (H. Leveille) Airy Shaw	秋枫属	*Bischofia*	大戟科	Euphorbiaceae
黑面神	*Breynia fruticosa* (Linnaeus) Muller Argoviensis	黑面神属	*Breynia*	大戟科	Euphorbiaceae
肥牛树	*Cephalomappa sinensis* (Chun & F. C. How) Kostermans	肥牛树属	*Cephalomappa*	大戟科	Euphorbiaceae
馒头果	*Cleistanthus tonkinensis* Jablonsky	闭花木属	*Cleistanthus*	大戟科	Euphorbiaceae
巴豆	*Croton tiglium* Linnaeus	巴豆属	*Croton*	大戟科	Euphorbiaceae
金刚纂	Euphorbia neriifolia Linnaeus	大戟属	*Euphorbia*	大戟科	Euphorbiaceae
绿玉树	*Euphorbia tirucalli* Linnaeus	大戟属	*Euphorbia*	大戟科	Euphorbiaceae
算盘子	*Glochidion puberum* (Linnaeus) Hutchinson	算盘子属	*Glochidion*	大戟科	Euphorbiaceae
橡胶树	*Hevea brasiliensis* (Willdenow ex A. Jussieu) Muller Argoviensis	橡胶树属	*Hevea*	大戟科	Euphorbiaceae
毛桐	*Mallotus barbatus Muller Argoviensis*	野桐属	*Mallotus*	大戟科	Euphorbiaceae
野梧桐	*Mallotus japonicus* (Linnaeus f.) Muller Argoviensis	野桐属	*Mallotus*	大戟科	Euphorbiaceae
石岩枫	*Mallotus repandus* (Willdenow) Muller Argoviensis	野桐属	*Mallotus*	大戟科	Euphorbiaceae
余甘子	*Phyllanthus emblica* Linnaeus	叶下珠属	*Phyllanthus*	大戟科	Euphorbiaceae
蓖麻	*Ricinus communis* Linnaeus	蓖麻属	*Ricinus*	大戟科	Euphorbiaceae
乌桕	*Triadica sebifera* (Linnaeus) Small	乌桕属	*Sapium*	大戟科	Euphorbiaceae
油桐	*Vernicia fordii* (Hemsley) Airy Shaw	油桐属	*Vernicia*	大戟科	Euphorbiaceae
金合欢	*Acacia farnesiana* (Linnaeus) Willdenow	金合欢属	*Acacia*	豆科	Fabaceae
骆驼刺	*Alhagi sparsifolia* Shaparenko ex Keller & Shaparenko	骆驼刺属	*Alhagi*	豆科	Fabaceae
沙冬青	*Ammopiptanthus mongolicus* (Maximowicz ex Komarov) S. H. Cheng	沙冬青属	Ammopiptanthus	豆科	Fabaceae
紫穗槐	*Amorpha fruticosa* Linnaeus	紫穗槐属	*Amorpha*	豆科	Fabaceae
斜茎黄耆	*Astragalus laxmannii* Jacquin	黄耆属	*Astragalus*	豆科	Fabaceae
云实	*Caesalpinia decapetala* (Roth) Alston	云实属	*Caesalpinia*	豆科	Fabaceae

物种中文名	物种拉丁名	属中文名	属拉丁名	科中文名	科拉丁名
木豆	*Cajanus cajan* (Linnaeus) Huth	木豆属	*Cajanus*	豆科	Fabaceae
树锦鸡儿	*Caragana arborescens* Lamarck	锦鸡儿属	*Caragana*	豆科	Fabaceae
柠条锦鸡儿	*Caragana korshinskii* Komarov	锦鸡儿属	*Caragana*	豆科	Fabaceae
翅荚决明	*Senna alata* (Linnaeus) Roxburgh	番泻决明属	*Cassia*	豆科	Fabaceae
望江南	*Senna occidentalis* (Linnaeus) Link	番泻决明属	*Cassia*	豆科	Fabaceae
铁刀木	*Senna siamea* (Lamarck) H. S. Irwin & Barneby	番泻决明属	*Cassia*	豆科	Fabaceae
小槐花	*Ohwia caudata* (Thunberg) H. Ohashi	小槐花属	*Desmodium*	豆科	Fabaceae
格木	*Erythrophleum fordii* Oliver	格木属	*Erythrophleum*	豆科	Fabaceae
皂荚	*Gleditsia sinensis* Lamarck	皂荚属	*Gleditsia*	豆科	Fabaceae
肥皂荚	*Gymnocladus chinensis* Baillon	肥皂荚属	*Gymnocladus*	豆科	Fabaceae
铃铛刺	*Halimodendron halodendron* (Pallas) Druce	铃铛刺属	*Halimodendron*	豆科	Fabaceae
细枝山竹子	*Corethrodendron scoparium* Fisch. et Basiner	羊柴属	*Corethrodendron*	豆科	Fabaceae
胡枝子	*Lespedeza bicolor* Turczaninow	胡枝子属	*Lespedeza*	豆科	Fabaceae
紫苜蓿	*Medicago sativa* Linnaeus	苜蓿属	*Medicago*	豆科	Fabaceae
草木犀	*Melilotus officinalis* (Linnaeus) Lamarck	草木犀属	*Melilotus*	豆科	Fabaceae
花榈木	*Ormosia henryi* Prain	红豆属	*Ormosia*	豆科	Fabaceae
紫檀	*Pterocarpus indicus* Willdenow	紫檀属	*Pterocarpus*	豆科	Fabaceae
刺槐	*Robinia pseudoacacia* Linnaeus	刺槐属	*Robinia*	豆科	Fabaceae
油楠	*Sindora glabra* Merrill ex de Wit	油楠属	*Sindora*	豆科	Fabaceae
白刺花	*Sophora davidii* (Franchet) Skeels	槐属	*Sophora*	豆科	Fabaceae
苦参	*Sophora flavescens* Aiton	槐属	*Sophora*	豆科	Fabaceae
砂生槐	*Sophora moorcroftiana* (Bentham) Bentham ex Baker	槐属	*Sophora*	豆科	Fabaceae
葫芦茶	*Tadehagi triquetrum* (Linnaeus) H. Ohashi	葫芦茶属	*Tadehagi*	豆科	Fabaceae
酸豆	*Tamarindus indica* Linnaeus	酸豆属	*Tamarindus*	豆科	Fabaceae
锥栗	*Castanea henryi* (Skan) Rehder & E. H. Wilson	栗属	*Castanea*	壳斗科	Fagaceae
茅栗	*Castanea seguinii* Dode	栗属	*Castanea*	壳斗科	Fagaceae
水青冈	*Fagus longipetiolata* Seemen	水青冈属	*Fagus*	壳斗科	Fagaceae

物种中文名	物种拉丁名	属中文名	属拉丁名	科中文名	科拉丁名
麻栎	*Quercus acutissima* Carruthers	栎属	*Quercus*	壳斗科	Fagaceae
蒙古栎	*Quercus mongolica* Fischer ex Ledebour	栎属	*Quercus*	壳斗科	Fagaceae
栓皮栎	*Quercus variabilis* Blume	栎属	*Quercus*	壳斗科	Fagaceae
山桐子	*Idesia polycarpa* Maximowicz	山桐子属	*Idesia*	大风子科	Flacourtiaceae
柞木	*Xylosma congesta* (Loureiro) Merrill	柞木属	*Xylosma*	大风子科	Flacourtiaceae
枫香树	*Liquidambar formosana* Hance	枫香树属	*Liquidambar*	金缕梅科	Hamamelidaceae
檵木	*Loropetalum chinense* (R. Brown) Oliver	木继木属	*Loropetalum*	金缕梅科	Hamamelidaceae
七叶树	*Aesculus chinensis* Bunge	七叶树属	*Aesculus*	七叶树科	Hippocastanaceae
八角	*Illicium verum* J. D. Hooker	八角属	*Illicium*	八角科	Illiciaceae
山核桃	*Carya cathayensis* Sargent	山核桃属	*Carya*	胡桃科	Juglandaceae
胡桃楸	*Juglans mandshurica* Maximowicz	胡桃属	*Juglans*	胡桃科	Juglandaceae
化香树	*Platycarya strobilacea* Siebold & Zuccarini	化香树属	*Platycarya*	胡桃科	Juglandaceae
香薷	*Elsholtzia ciliata* (Thunberg) Hylander	香薷属	*Elsholtzia*	唇形科	Lamiaceae
薰衣草	*Lavandula angustifolia* Miller	薰衣草属	*Lavandula*	唇形科	Lamiaceae
柠檬留兰香	*Mentha citrata* Ehrhart	薄荷属	*Mentha*	唇形科	Lamiaceae
薄荷	*Mentha canadensis* Linnaeus	薄荷属	*Mentha*	唇形科	Lamiaceae
留兰香	*Mentha spicata* Linnaeus	薄荷属	*Mentha*	唇形科	Lamiaceae
碎米桠	*Isodon rubescens* (Hemsley) H. Hara	香茶菜属	*Rabdosia*	唇形科	Lamiaceae
迷迭香	*Rosmarinus officinalis* Linnaeus	迷迭香属	*Rosmarinus*	唇形科	Lamiaceae
鼠尾草	*Salvia japonica* Thunberg	鼠尾草属	*Salvia*	唇形科	Lamiaceae
百里香	*Thymus mongolicus* (Ronniger) Ronniger	百里香属	*Thymus*	唇形科	Lamiaceae
木通	*Akebia quinata* (Houttuyn) Decaisne	木通属	*Akebia*	木通科	Lardizabalaceae
华南桂	*Cinnamomum austrosinense* Hung T. Chang	樟属	*Cinnamomum*	樟科	Lauraceae
猴樟	*Cinnamomum bodinieri H.* Leveille	樟属	*Cinnamomum*	樟科	Lauraceae
阴香	*Cinnamomum burmannii* (Nees & T. Nees) Blume	樟属	*Cinnamomum*	樟科	Lauraceae
肉桂	*Cinnamomum cassia* (Linnaeus) D. Don	樟属	*Cinnamomum*	樟科	Lauraceae

物种中文名	物种拉丁名	属中文名	属拉丁名	科中文名	科拉丁名
云南樟	*Cinnamomum glanduliferum* (Wallich) Meisner	樟属	*Cinnamomum*	樟科	Lauraceae
黄樟	*Cinnamomum parthenoxylon* (Jack) Meisner	樟属	*Cinnamomum*	樟科	Lauraceae
卵叶桂	*Cinnamomum rigidissimum* Hung T. Chang	樟属	*Cinnamomum*	樟科	Lauraceae
香桂	*Cinnamomum subavenium* Miquel	樟属	*Cinnamomum*	樟科	Lauraceae
江浙山胡椒	*Lindera chienii* W. C. Cheng	山胡椒属	*Lindera*	樟科	Lauraceae
香叶树	*Lindera communis* Hemsley	山胡椒属	*Lindera*	樟科	Lauraceae
华檫木	*Sinosassafras flavinervium* (C. K. Allen) H. W. Li	华檫木属	*Sinosassafras*	樟科	Lauraceae
香叶子	*Lindera fragrans* Oliver	山胡椒属	*Lindera*	樟科	Lauraceae
山胡椒	*Lindera glauca* (Siebold & Zuccarini) Blume	山胡椒属	*Lindera*	樟科	Lauraceae
广东山胡椒	*Lindera kwangtungensis* (H. Liu) C. K. Allen	山胡椒属	*Lindera*	樟科	Lauraceae
红脉钓樟	*Lindera rubronervia* Gamble	山胡椒属	*Lindera*	樟科	Lauraceae
山鸡椒	*Litsea cubeba* (Loureiro) Persoon	木姜子属	*Litsea*	樟科	Lauraceae
木姜子	*Litsea pungens* Hemsley	木姜子属	*Litsea*	樟科	Lauraceae
秦岭木姜子	*Litsea tsinlingensis* Yen C. Yang & P. H. Huang	木姜子属	*Litsea*	樟科	Lauraceae
滇润楠	*Machilus yunnanensis* Lecomte	润楠属	*Machilus*	樟科	*Lauraceae*
新樟	*Neocinnamomum delavayi* (Lecomte) H. Liu	新樟属	*Neocinnamomum*	樟科	Lauraceae
团花新木姜子	*Neolitsea homilantha* C. K. Allen	新木姜子属	Neolitsea	樟科	Lauraceae
长圆叶新木姜子	*Neolitsea oblongifolia* Merrill & Chun	新木姜子属	*Neolitsea*	樟科	Lauraceae
多果新木姜子	*Neolitsea polycarpa* H. Liu	新木姜子属	*Neolitsea*	樟科	Lauraceae
黄花菜	*Hemerocallis citrina* Baroni	萱草属	*Hemerocallis*	百合科	Liliaceae
白背枫	*Buddleja asiatica* Loureiro	醉鱼草属	*Buddleja*	马钱科	Loganiaceae
醉鱼草	*Buddleja lindleyana* Fortune	醉鱼草属	*Buddleja*	马钱科	Loganiaceae
密蒙花	*Buddleja officinalis* Maximowicz	醉鱼草属	*Buddleja*	马钱科	Loganiaceae
马钱子	*Strychnos nux-vomica* Linnaeus	马钱子属	*Strychnos*	马钱科	Loganiaceae
紫薇	*Lagerstroemia indica* Linnaeus	紫薇属	*Lagerstroemia*	千屈菜科	Lythraceae

物种中文名	物种拉丁名	属中文名	属拉丁名	科中文名	科拉丁名
散沫花	*Lawsonia inermis* L.	散沫花属	*Lawsonia*	千屈菜科	Lythraceae
虾子花	*Woodfordia fruticosa* (Linnaeus) Kurz	虾子花属	*Woodfordia*	千屈菜科	Lythraceae
石榴	*Punica granatum* Linnaeus	石榴属	*Punica*	千屈菜科	Lythraceae
猴面包树	*Adansonia digitata* L.	猴面包树属	*Adansonia*	锦葵科	Malvaceae
木棉	*Bombax ceiba* Linnaeus	木棉属	*Bombax*	木棉科	Bombacaceae
木芙蓉	*Hibiscus mutabilis* Linnaeus	木槿属	*Hibiscus*	锦葵科	Malvaceae
木槿	*Hibiscus syriacus* Linnaeus	木槿属	*Hibiscus*	锦葵科	Malvaceae
瓜栗	*Pachira aquatica* Aublet	瓜栗属	*Pachira*	木棉科	Bombacaceae
白脚桐棉	*Thespesia lampas* (Cavanilles) Dalzell & A. Gibson	桐棉属	*Thespesia*	锦葵科	Malvaceae
野牡丹	*Melastoma malabathricum* Linnaeus	野牡丹属	*Melastoma*	野牡丹科	Melastomataceae
米仔兰	*Aglaia odorata* Loureiro	米仔兰属	*Aglaia*	楝科	Meliaceae
楝	*Melia azedarach* Linnaeus	楝属	*Melia*	楝科	Meliaceae
香椿	*Toona sinensis* (A. Jussieu) M. Roemer	香椿属	*Toona*	楝科	Meliaceae
构树	*Broussonetia papyrifera* (Linnaeus) L' Heritier ex Ventenat	构属	*Broussonetia*	桑科	Moraceae
啤酒花	*Humulus lupulus* Linnaeus	葎草属	*Humulus*	大麻科	Cannabaceae
葎草	*Humulus scandens* (Loureiro) Merrill	葎草属	*Humulus*	大麻科	Cannabaceae
桑	*Morus alba* Linnaeus	桑属	*Morus*	桑科	Moraceae
风吹楠	*Horsfieldia amygdalina* (Wallich) Warburg	风吹楠属	*Horsfieldia*	肉豆蔻科	Myristicaceae
大叶风吹楠	*Horsfieldia kingii* (J. D. Hooker) Warburg	风吹楠属	*Horsfieldia*	肉豆蔻科	Myristicaceae
云南风吹楠	*Horsfieldia prainii* (King) Warburg	风吹楠属	*Horsfieldia*	肉豆蔻科	Myristicaceae
红光树	*Knema tenuinervia* W. J. de Wilde	红光树属	*Knema*	肉豆蔻科	Myristicaceae
肉豆蔻	*Myristica fragrans* Houttuyn	肉豆蔻属	*Myristica*	肉豆蔻科	Myristicaceae
罗伞树	*Ardisia quinquegona* Blume	紫金牛属	*Ardisia*	紫金牛科	Myrsinaceae
酸藤子	*Embelia laeta* (Linnaeus) Mez	酸藤子属	*Embelia*	紫金牛科	Myrsinaceae
杜茎山	*Maesa japonica* (Thunberg) Moritzi & Zollinger	杜茎山属	*Maesa*	紫金牛科	Myrsinaceae
铁仔	*Myrsine africana* Linnaeus	铁仔属	*Myrsine*	紫金牛科	Myrsinaceae

物种中文名	物种拉丁名	属中文名	属拉丁名	科中文名	科拉丁名
岗松	*Baeckea frutescens* Linnaeus	岗松属	*Baeckea*	桃金娘科	Myrtaceae
赤桉	*Eucalyptus camaldulensis* Dehnhardt	桉属	*Eucalyptus*	桃金娘科	Myrtaceae
柠檬桉	*Eucalyptus citriodora* Hooker	桉属	*Eucalyptus*	桃金娘科	Myrtaceae
窿缘桉	*Eucalyptus exserta* F. Mueller	桉属	*Eucalyptus*	桃金娘科	Myrtaceae
蓝桉	*Eucalyptus globulus* Labillardiere	桉属	*Eucalyptus*	桃金娘科	Myrtaceae
细叶桉	*Eucalyptus tereticornis* Smith	桉属	*Eucalyptus*	桃金娘科	Myrtaceae
番石榴	*Psidium guajava* Linnaeus	番石榴属	*Psidium*	桃金娘科	Myrtaceae
桃金娘	*Rhodomyrtus tomentosa* (Aiton) Hasskarl	桃金娘属	*Rhodomyrtus*	桃金娘科	Myrtaceae
海南蒲桃	*Syzygium hainanense* Hung T. Chang & R. H. Miao	蒲桃属	*Syzygium*	桃金娘科	Myrtaceae
蒲桃	*Syzygium jambos* (Linnaeus) Alston	蒲桃属	*Syzygium*	桃金娘科	Myrtaceae
白刺	*Nitraria tangutorum* Bobrov	白刺属	*Nitraria*	白刺科	Nitrariaceae
赤苍藤	*Erythropalum scandens* Blume	赤苍藤属	*Erythropalum*	铁青树科	Olacaceae
蒜头果	*Malania oleifera* Chun & S. K. Lee	蒜头果属	*Malania*	铁青树科	Olacaceae
华南青皮木	*Schoepfia chinensis* Gardner & Champion	青皮木属	*Schoepfia*	铁青树科	Olacaceae
连翘	*Forsythia suspensa* (Thunberg) Vahl	连翘属	*Forsythia*	木犀科	Oleaceae
白蜡树	*Fraxinus chinensis* Roxburgh	梣属	*Fraxinus*	木犀科	Oleaceae
茉莉花	*Jasminum sambac* (Linnaeus) Aiton	茉莉属	*Jasminum*	木犀科	Oleaceae
女贞	*Ligustrum lucidum* W. T. Aiton	女贞属	*Ligustrum*	木犀科	Oleaceae
木犀	*Osmanthus fragrans* Loureiro	木犀属	*Osmanthus*	木犀科	Oleaceae
紫丁香	*Syringa oblata* Lindley	丁香属	*Syringa*	木犀科	Oleaceae
暴马丁香	*Syringa reticulata subsp. amurensis* (Ruprecht) P. S. Green & M. C. Chang	丁香属	*Syringa*	木犀科	Oleaceae
阳桃	*Averrhoa carambola* Linnaeus	阳桃属	*Averrhoa*	酢浆草科	Oxalidaceae
白藤	*Calamus tetradactylus* Hance	省藤属	*Calamus*	棕榈科	Arecaceae
黄藤	*Daemonorops jenkinsiana* (Griffith) Martius	黄藤属	*Daemonorops*	棕榈科	Arecaceae
油棕	*Elaeis guineensis* Jacq.	油棕属	*Elaeis*	棕榈科	Palmae
露兜树	*Pandanus tectorius* Parkinson	露兜树属	*Pandanus*	露兜树科	Pandanaceae

物种中文名	物种拉丁名	属中文名	属拉丁名	科中文名	科拉丁名
鸡蛋果	*Passiflora edulis* Sims	西番莲属	*Passiflora*	西番莲科	Passifloraceae
马尾松	*Pinus massoniana* Lambert	松属	*Pinus*	松科	Pinaceae
油松	*Pinus tabuliformis* Carriere	松属	*Pinus*	松科	Pinaceae
火炬松	*Pinus taeda* Linnaeus	松属	*Pinus*	松科	Pinaceae
华山松	*Pinus armandii* Franchet	松属	*Pinus*	松科	Pinaceae
胡椒	*Piper nigrum* Linnaeus	胡椒属	*Piper*	胡椒科	Piperaceae
柄果海桐	*Pittosporum podocarpum* Gagnepain	海桐花属	*Pittosporum*	海桐花科	Pittosporaceae
紫花丹	*Plumbago indica* Linnaeus	白花丹属	*Plumbago*	白花丹科	Plumbaginaceae
白花丹	*Plumbago zeylanica* Linnaeus	白花丹属	*Plumbago*	白花丹科	Plumbaginaceae
香茅	*Cymbopogon citratus* (Candolle) Stapf	香茅属	*Cymbopogon*	禾本科	Poaceae
亚香茅	*Cymbopogon nardus* (Linnaeus) Rendle	香茅属	*Cymbopogon*	禾本科	Poaceae
枫茅	*Cymbopogon winterianus* Jowitt ex Bor	香茅属	*Cymbopogon*	禾本科	Poaceae
披碱草	*Elymus dahuricus* Turczaninow ex Grisebach	披碱草属	*Elymus*	禾本科	Poaceae
高羊茅	*Festuca elata* Keng ex E. B. Alexeev	羊茅属	*Festuca*	禾本科	Poaceae
羊草	*Leymus chinensis* (Trinius ex Bunge) Tzvelev	赖草属	*Leymus*	禾本科	Poaceae
柳枝稷	*Panicum virgatum* Linnaeus	黍属	*Panicum*	禾本科	Poaceae
毛竹	*Phyllostachys edulis* (Carriere) J. Houzeau	刚竹属	*Phyllostachys*	禾本科	Poaceae
星星草	*Puccinellia tenuiflora* (Grisebach) Scribner & Merrill	碱茅属	*Puccinellia*	禾本科	Poaceae
紫花针茅	*Stipa purpurea* Grisebach	针茅属	*Stipa*	禾本科	Poaceae
香根草	*Chrysopogon zizanioides* (Linnaeus) Roberty	金须茅属	*Vetiveria*	禾本科	Poaceae
沙拐枣	*Calligonum mongolicum* Turczaninow	沙拐枣属	*Calligonum*	蓼科	Polygonaceae
何首乌	*Fallopia multiflora (Thunberg) Haraldson*	首乌属	*Fallopia*	蓼科	Polygonaceae
广东山龙眼	Helicia kwangtungensis W. T. Wang	山龙眼属	*Helicia*	山龙眼科	Proteaceae
多花勾儿茶	*Berchemia floribunda* (Wallich) Brongniart	勾儿茶属	*Berchemia*	鼠李科	Rhamnaceae
枳椇	*Hovenia acerba* Lindley	枳椇属	*Hovenia*	鼠李科	Rhamnaceae

物种中文名	物种拉丁名	属中文名	属拉丁名	科中文名	科拉丁名
马甲子	*Paliurus ramosissimus* (Loureiro) Poiret	马甲子属	*Paliurus*	鼠李科	Rhamnaceae
鼠李	*Rhamnus davurica* Pallas	鼠李属	*Rhamnus*	鼠李科	Rhamnaceae
圆叶鼠李	*Rhamnus globosa* Bunge	鼠李属	*Rhamnus*	鼠李科	Rhamnaceae
小叶鼠李	*Rhamnus parvifolia* Bunge	鼠李属	*Rhamnus*	鼠李科	Rhamnaceae
冻绿	*Rhamnus utilis* Decaisne	鼠李属	*Rhamnus*	鼠李科	Rhamnaceae
枣	*Ziziphus jujuba* Miller	枣属	*Ziziphus*	鼠李科	Rhamnaceae
酸枣	*Ziziphus jujuba var. spinosa* (Bunge) Hu ex H. F. Chow	枣属	*Ziziphus*	鼠李科	Rhamnaceae
滇刺枣	*Ziziphus mauritiana* Lamarck	枣属	*Ziziphus*	鼠李科	Rhamnaceae
角果木	*Ceriops tagal* (Perrottet) C. B. Robinson	角果木属	*Ceriops*	红树科	Rhizophoraceae
秋茄树	*Kandelia obovata* Sheue et al.	秋茄树属	*Kandelia*	红树科	Rhizophoraceae
扁桃	*Amygdalus communis* Linnaeus	桃属	*Amygdalus*	蔷薇科	Rosaceae
山桃	*Amygdalus davidiana* (Carriere) de Vos ex L. Henry	桃属	*Amygdalus*	蔷薇科	Rosaceae
桃	*Amygdalus persica* Linnaeus	桃属	*Amygdalus*	蔷薇科	Rosaceae
梅	*Armeniaca mume* Siebold	杏属	*Armeniaca*	蔷薇科	Rosaceae
山杏	*Armeniaca sibirica* (Linnaeus) Lamarck	杏属	*Armeniaca*	蔷薇科	Rosaceae
杏	*Armeniaca vulgaris* Lamarck	杏属	*Armeniaca*	蔷薇科	Rosaceae
欧李	*Cerasus humilis* (Bunge) Sokolov	樱属	*Cerasus*	蔷薇科	Rosaceae
郁李	*Cerasus japonica* (Thunberg) Loiseleur–Deslongchamps	樱属	*Cerasus*	蔷薇科	Rosaceae
樱桃	*Cerasus pseudocerasus* (Lindley) Loudon	樱属	*Cerasus*	蔷薇科	Rosaceae
毛樱桃	*Cerasus tomentosa* (Thunberg) Wallich ex T. T. Yu & C. L. Li	樱属	*Cerasus*	蔷薇科	Rosaceae
木瓜	*Chaenomeles sinensis* (Thouin) Koehne	木瓜属	*Chaenomeles*	蔷薇科	Rosaceae
西藏木瓜	*Chaenomeles thibetica* T. T. Yu	木瓜属	*Chaenomeles*	蔷薇科	Rosaceae
灰栒子	*Cotoneaster acutifolius* Turczaninow	栒子属	*Cotoneaster*	蔷薇科	Rosaceae
西北栒子	*Cotoneaster zabelii* C. K. Schneider	栒子属	*Cotoneaster*	蔷薇科	Rosaceae
野山楂	*Crataegus cuneata* Siebold & Zuccarini	山楂属	*Crataegus*	蔷薇科	Rosaceae

物种中文名	物种拉丁名	属中文名	属拉丁名	科中文名	科拉丁名
山楂	*Crataegus pinnatifida* Bunge	山楂属	*Crataegus*	蔷薇科	Rosaceae
榅桲	*Cydonia oblonga* Miller	榅桲属	*Cydonia*	蔷薇科	Rosaceae
枇杷	*Eriobotrya japonica* (Thunberg) Lindley	枇杷属	*Eriobotrya*	蔷薇科	Rosaceae
花红	*Malus asiatica* Nakai	苹果属	*Malus*	蔷薇科	Rosaceae
山荆子	*Malus baccata* (Linnaeus) Borkhausen	苹果属	*Malus*	蔷薇科	Rosaceae
湖北海棠	*Malus hupehensis* (Pampanini) Rehder	苹果属	*Malus*	蔷薇科	Rosaceae
秋子	*Malus prunifolia* (Willdenow) Borkhausen	苹果属	*Malus*	蔷薇科	Rosaceae
苹果	*Malus pumila* Miller	苹果属	*Malus*	蔷薇科	Rosaceae
新疆野苹果	*Malus sieversii* (Ledebour) M. Roemer	苹果属	*Malus*	蔷薇科	Rosaceae
稠李	*Padus avium* Miller	稠李属	*Padus*	蔷薇科	Rosaceae
光叶石楠	*Photinia glabra* (Thunberg) Maximowicz	石楠属	*Photinia*	蔷薇科	Rosaceae
石楠	*Photinia serratifolia* (Desfontaines) Kalkman	石楠属	*Photinia*	蔷薇科	Rosaceae
扁核木	*Prinsepia utilis* Royle	扁核木属	*Prinsepia*	蔷薇科	Rosaceae
李	*Prunus salicina* Lindley	李属	*Prunus*	蔷薇科	Rosaceae
火棘	*Pyracantha fortuneana* (Maximowicz) H. L. Li	火棘属	*Pyracantha*	蔷薇科	Rosaceae
白梨	*Pyrus bretschneideri* Rehder	梨属	*Pyrus*	蔷薇科	Rosaceae
秋子梨	*Pyrus ussuriensis* Maximowicz	梨属	*Pyrus*	蔷薇科	Rosaceae
金樱子	*Rosa laevigata* Michaux	蔷薇属	*Rosa*	蔷薇科	Rosaceae
玫瑰	*Rosa rugosa* Thunberg	蔷薇属	*Rosa*	蔷薇科	Rosaceae
黄刺玫	*Rosa xanthina* Lindley	蔷薇属	*Rosa*	蔷薇科	Rosaceae
山莓	*Rubus corchorifolius* Linnaeus f.	悬钩子属	*Rubus*	蔷薇科	Rosaceae
茅莓	*Rubus parvifolius* Linnaeus	悬钩子属	*Rubus*	蔷薇科	Rosaceae
珍珠梅	*Sorbaria sorbifolia* (Linnaeus) A. Braun	珍珠梅属	*Sorbaria*	蔷薇科	Rosaceae
花楸树	*Sorbus pohuashanensis* (Hance) Hedlund	花楸属	*Sorbus*	蔷薇科	Rosaceae
三裂绣线菊	*Spiraea trilobata* Linnaeus	绣线菊属	*Spiraea*	蔷薇科	Rosaceae
金鸡纳树	*Cinchona calisaya* Weddell	金鸡纳属	*Cinchona*	茜草科	Rubiaceae
大粒咖啡	*Coffea liberica* W. Bull ex Hiern	咖啡属	*Coffea*	茜草科	Rubiaceae

物种中文名	物种拉丁名	属中文名	属拉丁名	科中文名	科拉丁名
虎刺	*Damnacanthus indicus* C. F. Gaertner	虎刺属	*Damnacanthus*	茜草科	Rubiaceae
栀子	*Gardenia jasminoides* J. Ellis	栀子属	*Gardenia*	茜草科	Rubiaceae
钩藤	*Uncaria rhynchophylla* (Miquel) Miquel ex Haviland	钩藤属	*Uncaria*	茜草科	Rubiaceae
酒饼簕	*Atalantia buxifolia* (Poiret) Oliver ex Bentham	酒饼簕属	*Atalantia*	芸香科	Rutaceae
柚	*Citrus maxima* (Burman) Merrill	柑橘属	*Citrus*	芸香科	Rutaceae
甜橙	*Citrus sinensis* (L.) Osb.	柑橘属	*Citrus*	芸香科	Rutaceae
黄皮	*Clausena lansium* (Loureiro) Skeels	黄皮属	*Clausena*	芸香科	Rutaceae
枳	*Citrus trifoliata* Linnaeus	柑橘属	*Poncirus*	芸香科	Rutaceae
花椒	*Zanthoxylum bungeanum* Maximowicz	花椒属	*Zanthoxylum*	芸香科	Rutaceae
青花椒	*Zanthoxylum schinifolium* Siebold & Zuccarini	花椒属	*Zanthoxylum*	芸香科	Rutaceae
野花椒	*Zanthoxylum simulans* Hance	花椒属	*Zanthoxylum*	芸香科	Rutaceae
清风藤	*Sabia japonica* Maximowicz	清风藤属	*Sabia*	清风藤科	Sabiaceae
青杨	*Populus cathayana* Rehder	杨属	*Populus*	杨柳科	Salicaceae
腺柳	*Salix chaenomeloides* Kimura	柳属	*Salix*	杨柳科	Salicaceae
杞柳	*Salix integra* Thunberg	柳属	*Salix*	杨柳科	Salicaceae
旱柳	*Salix matsudana* Koidzumi	柳属	*Salix*	杨柳科	Salicaceae
茶条木	*Delavaya toxocarpa* Franchet	茶条木属	*Delavaya*	无患子科	Sapindaceae
龙眼	*Dimocarpus longan* Loureiro	龙眼属	*Dimocarpus*	无患子科	Sapindaceae
车桑子	*Dodonaea viscosa* Jacquin	车桑子属	*Dodonaea*	无患子科	Sapindaceae
栾树	*Koelreuteria paniculata* Laxmann	栾树属	*Koelreuteria*	无患子科	Sapindaceae
荔枝	*Litchi chinensis* Sonnerat	荔枝属	*Litchi*	无患子科	Sapindaceae
红毛丹	*Nephelium lappaceum* Linnaeus	韶子属	*Nephelium*	无患子科	Sapindaceae
无患子	*Sapindus saponaria* Linnaeus	无患子属	*Sapindus*	无患子科	Sapindaceae
文冠果	*Xanthoceras sorbifolium* Bunge	文冠果属	*Xanthoceras*	无患子科	Sapindaceae
锈毛梭子果	*Eberhardtia aurata* (Pierre ex Dubard) Lecomte	梭子果属	*Eberhardtia*	山榄科	Sapotaceae
紫荆木	*Madhuca pasquieri* (Dubard) H. J. Lam	紫荆木属	*Madhuca*	山榄科	Sapotaceae
人心果	*Manilkara zapota* (L.) P. Royen	铁线子属	*Manilkara*	山榄科	Sapotaceae
牛油果	*Vitellaria paradoxa* C.F.Gaertn.	牛油果属	*Vitellaria*	山榄科	Sapotaceae

物种中文名	物种拉丁名	属中文名	属拉丁名	科中文名	科拉丁名
水葡萄茶藨子	*Ribes procumbens* Pallas	茶藨子属	*Ribes*	虎耳草科	Saxifragaceae
红茶藨子	*Ribes rubrum* Linnaeus	茶藨子属	*Ribes*	虎耳草科	Saxifragaceae
臭椿	*Ailanthus altissima* (Miller) Swingle	臭椿属	*Ailanthus*	苦木科	Simaroubaceae
鸦胆子	*Brucea javanica* (Linnaeus) Merrill	鸦胆子属	*Brucea*	苦木科	Simaroubaceae
宁夏枸杞	*Lycium barbarum* Linnaeus	枸杞属	*Lycium*	茄科	Solanaceae
枸杞	*Lycium chinense* Miller	枸杞属	*Lycium*	茄科	Solanaceae
黑果枸杞	*Lycium ruthenicum* Murray	枸杞属	*Lycium*	茄科	Solanaceae
刺天茄	*Solanum violaceum* Ortega	茄属	*Solanum*	茄科	Solanaceae
旋花茄	*Solanum spirale* Roxburgh	茄属	*Solanum*	茄科	Solanaceae
梧桐	*Firmiana simplex* (Linnaeus) W. Wight	梧桐属	*Firmiana*	梧桐科	Sterculiaceae
苹婆	*Sterculia monosperma* Ventenat	苹婆属	*Sterculia*	梧桐科	Sterculiaceae
绒毛苹婆	*Sterculia villosa* Roxburgh ex Sm.	苹婆属	*Sterculia*	梧桐科	Sterculiaceae
蛇婆子	*Waltheria indica* Linnaeus	蛇婆子属	*Waltheria*	梧桐科	Sterculiaceae
白檀	*Symplocos paniculata* (Thunberg) Miquel	山矾属	*Symplocos*	山矾科	Symplocaceae
红砂	*Reaumuria soongarica* (Pallas) Maximowicz	红砂属	*Reaumuria*	柽柳科	Tamaricaceae
柽柳	*Tamarix chinensis* Loureiro	柽柳属	*Tamarix*	柽柳科	Tamaricaceae
多枝柽柳	*Tamarix ramosissima* Ledebour	柽柳属	*Tamarix*	柽柳科	Tamaricaceae
水杉	*Metasequoia glyptostroboides* Hu & W. C. Cheng	水杉属	*Metasequoia*	杉科	Taxodiaceae
落羽杉	*Taxodium distichum* (Linnaeus) Richard	落羽杉属	*Taxodium*	杉科	Taxodiaceae
山茶	*Camellia japonica* Linnaeus	山茶属	*Camellia*	山茶科	Theaceae
金花茶	*Camellia petelotii* (Merrill) Sealy	山茶属	*Camellia*	山茶科	Theaceae
油茶	*Camellia oleifera* C. Abel	山茶属	*Camellia*	山茶科	Theaceae
茶	*Camellia sinensis* (Linnaeus) Kuntze	山茶属	*Camellia*	山茶科	Theaceae
土沉香	*Aquilaria sinensis* (Loureiro) Sprengel	沉香属	*Aquilaria*	瑞香科	Thymelaeaceae
黄瑞香	*Daphne giraldii* Nitsche	瑞香属	*Daphne*	瑞香科	Thymelaeaceae

物种中文名	物种拉丁名	属中文名	属拉丁名	科中文名	科拉丁名
瑞香	*Daphne odora* Thunberg	瑞香属	*Daphne*	瑞香科	Thymelaeaceae
白瑞香	*Daphne papyracea* Wallich ex G. Don	瑞香属	*Daphne*	瑞香科	Thymelaeaceae
结香	*Edgeworthia chrysantha* Lindley	结香属	*Edgeworthia*	瑞香科	Thymelaeaceae
了哥王	*Wikstroemia indica* (Linnaeus) C. A. Meyer	荛花属	*Wikstroemia*	瑞香科	Thymelaeaceae
北江荛花	*Wikstroemia monnula* Hance	荛花属	*Wikstroemia*	瑞香科	Thymelaeaceae
青檀	*Pteroceltis tatarinowii* Maximowicz	青檀属	*Pteroceltis*	榆科	Ulmaceae
异色山黄麻	*Trema orientalis* (Linnaeus) Blume	山黄麻属	*Trema*	榆科	Ulmaceae
苎麻	*Boehmeria nivea* (Linnaeus) Gaudichaud-Beaupre	苎麻属	*Boehmeria*	荨麻科	Urticaceae
水麻	*Debregeasia orientalis* C. J. Chen	水麻属	*Debregeasia*	荨麻科	Urticaceae
水丝麻	*Maoutia puya* (Hooker) Weddell	水丝麻属	*Maoutia*	荨麻科	Urticaceae
紫麻	*Oreocnide frutescens* (Thunberg) Miquel	紫麻属	*Oreocnide*	荨麻科	Urticaceae
海州常山	*Clerodendrum trichotomum* Thunberg	大青属	*Clerodendrum*	马鞭草科	Verbenaceae
过江藤	*Phyla nodiflora* (Linnaeus) E. L. Greene	过江藤属	*Phyla*	马鞭草科	Verbenaceae
黄荆	*Vitex negundo* Linnaeus	牡荆属	*Vitex*	马鞭草科	Verbenaceae
蔓荆	*Vitex trifolia* Linnaeus	牡荆属	*Vitex*	马鞭草科	Verbenaceae
荆条	*Vitex negundo var. heterophylla* (Franchet) Rehder	牡荆属	*Vitex*	马鞭草科	Verbenaceae
白粉藤	*Cissus repens* Lamarck	白粉藤属	*Cissus*	葡萄科	Vitaceae
崖爬藤	*Tetrastigma obtectum* (Wallich ex M. A. Lawson) Planchon ex Franchet	崖爬藤属	*Tetrastigma*	葡萄科	Vitaceae
山葡萄	*Vitis amurensis* Ruprecht	葡萄属	*Vitis*	葡萄科	Vitaceae
草豆蔻	*Alpinia hainanensis* K. Schumann	山姜属	*Alpinia*	姜科	Zingiberaceae
益智	*Alpinia oxyphylla* Miquel	山姜属	*Alpinia*	姜科	Zingiberaceae
白豆蔻	*Amomum kravanh* Pierre ex Gagnep.	豆蔻属	*Amomum*	姜科	Zingiberaceae
草果	*Amomum tsaoko* Crevost & Lemarie	豆蔻属	*Amomum*	姜科	Zingiberaceae

附录 3: 水生态修复常用的 37 种水生植物

一、概 述

(一) 水生植物的概念和分类

广义上的水生植物，指植株的部分或全部可以长期在水体或含水饱和的基质中生长的植物，包括淡水植物和海洋植物。淡水植物的主体是水生草本植物，乔木、灌木、藤本植物中也有少数适宜水生的品种。本附录所述的水生植物指在工程实践应用中常用的淡水草本类水生植物。

依据水生植物在水体中的原始生活习性，结合工程应用中的工艺特性，可将水生植物分为以下 5 个类型：

1. 挺水植物

根茎扎入泥土中生长，上部茎秆、叶片挺出水面。大部分的品种根系粗壮发达、植株直立挺拔、茎叶明显、花枝高伸。其主要生长在浅水或水陆过渡区域，茎叶气生，通常具有与陆生植物相似的生物特性。

挺水植物种类繁多，在水域生态保护与修复相关工程上是应用最为广泛的水生植物类型，经常用到的大型品种有荷花、芦苇、再力花、水葱等，中型品种有千屈菜、梭鱼草、水生鸢尾、慈姑、菖蒲等，小型品种有水芹、小泽泻等。在水体净化功能上，其根系的作用是最直接和最重要的；在水体景观上，它的水面立体造景功能是其主要特点。

2. 湿生植物

广义上的湿生植物，是指生长在潮湿地或不是经常性淹水环境中的植物，根具有一定的耐涝能力。类型多样，草本、藤本、灌木和乔木均有，该类植物具有适应陆地和水体环境的双重习性。

如美人蕉，本来是陆生植物，但因为它的根茎具有很强的耐水性，又具有根系发达、观花观叶效果突出、广泛普及等优势，所以在植草沟、雨水花园、下沉式绿地等景观中成为主导品种之一；如蕹菜，也是陆生植物，其特有的漂浮性生长优势使它被经常用在生态浮岛上；如千屈菜、水生鸢尾等，通常归类于挺水植物，但这些植物具有极强的耐旱性，在陆地也可长期正常生长。

在河湖水生态保护与修复实践项目中，河湖通常水位涨落幅度大、人工湿地因工艺需要的半饱和水体等因素，都给上述的“湿生植物”提供了有别于“挺水植物”、“陆生植物”特性的特殊用武之地。所以，将这类植物归类于狭义的“湿生植物”来认识和掌握，有利于在工程实践应用上获得更好的科学配置。

3. 浮叶植物

根茎扎入泥土中生长，无地上茎或地上茎柔软不能直立，叶和花漂浮或半挺立于水面。叶片开始可沉水生长，后期出水面成浮水叶，花朵通常伸出水面。

常见的大型品种有王莲、芡实，中型品种有睡莲、萍蓬草等，小型品种有荇菜、菱、莼菜等。浮叶植物在河湖水体净化项目上不是主要应用类型，通常作点缀配置；在河湖水体景观构建上，与挺水植物互补，可凸显水面平面效果，也可弥补挺水植物所不能到达的深水区域。

4. 漂浮植物

根不扎入泥土，全株漂浮于水面生长，随风浪和水流四处漂浮。根系退化或成悬锤状，茎、叶海绵组织发达，有的还具有较大的空心气室，使其整株漂浮。大部分的漂浮植物也可在浅水和潮湿地扎根生长。

常见的应用品种有凤眼莲、大薸等，因其漂浮移动、繁殖迅速，在水域生态修复实践应用上不仅难以定位，也易泛滥成灾，应慎重使用。

5. 沉水植物

根茎扎入泥土中生长，整个植株沉于水中。茎叶长度超出水深时，超出的部分平浮在水面，仅在开花时有部分花蕾伸出水面。

常用的品种有苦草、眼子菜类、黑藻、狐尾藻等。因沉水植物属于完全水生的植物，沉水而不露出水面，景观效果不明显，在园林水景中应用不多，而在室内水族箱中应用广泛；沉水植物的衰退和消失，是水体污染和富营养化程度的重要参照指标，沉水植物的重建在水体生态修复中具有重要意义。

在自然界和水体生态修复实践应用中，上述分类中有部分植物的界线也不是完全绝对的。如陆生植物美人蕉，不仅完全适应湿生环境，大部分时期可以在浅水中生长，还可以在生态浮岛上让其无土漂浮生长；挺水植物菰，在自然界中可经常见到其以漂浮形式挺水生长；漂浮植物凤眼莲，也可在浅水或湿地中扎根挺水生长；沉水植物眼子菜、狐尾藻，在水落时期可短期挺水生长。在实践应用中，可以充分利用这些品种能体现多种不同生活类型的特点，来最大限度地满足项目工艺需求。

另外，根据水生植物的生命周期特征，有一年生和多年生之分。

1. 一年生水生植物

在一个生长周期内就完成从种子萌发、生长、开花、结果到完全死亡的水生植物类型，整个寿命周期通常只有数月时间。水稻就是最常见的一年生水生植物。

2. 多年生水生植物

在每个生长周期内也有开花、结果的过程，但植株不死亡，可以多年无限期地持续生长存在。通常在冬季地上部分枯萎，地下根部在来年春天萌发，重新生长。

在水体生态修复实践应用中，绝大部分的品种属于多年生；只有极少数为一年生，如芡实、蕹菜等。另外，有些品种在特殊条件下生命周期会发生变化，如苦草在深水中或者暖冬，可以多年生形式生长；热带品种在北方无法过冬，可以将其视作一年生植物来应用。

（二）影响水生植物生长的主要环境因素

水生植物的生长对环境的要求比陆生植物要高，环境因素较多且复杂，掌握这些环境因素与水生植物生长发育之间的关系，有利于在实践应用中科学配置、施工和管理，提高水生植物在河湖水体净化和水体景观中的功能作用。

1. 水分

水生植物，顾名思义，就是对水分的依赖性是很强的。挺水、湿生植物必须确保根部有充足的水分；浮叶植物的叶片需要在水面漂浮；漂浮植物的根部需要浸泡在水中；沉水植物则需要全株完全在水中才能成活。

水深是水生植物在水生态修复实践应用中的一个关键问题。挺水植物适宜水深范围为 5~40cm，通常植株越高，就越适应深水，以不淹没第一分枝或心叶最为适宜；湿生植物在地表无明水的水饱和基质中生长最适宜；浮叶植物适宜水深范围为

20~80cm，一片新叶从叶柄开始生长到叶片出水，其在水体中的生长停留时间以不超过 3 天为宜；漂浮植物通常对水深没有要求；沉水植物适宜水深范围为 20~200cm，茎蔓越长的就越能耐深水。每个品种在其不同生长期，对水的深度适应性也是有差异的，在各自的适宜水深范围内，从幼苗生长初期（或刚移栽时）到长大成型期，最好采取先浅水后深水的渐进过程。

2. 基质

水生植物的栽种基质有固定或承载植株根系的功能，也是给植物提供营养的主要载体。在水生态修复实践应用上，水生植物的栽种基质主要有以下几种：

一是泥土基质。泥土作为水生植物的基质是最常见的，几乎绝大部分的水生植物包括漂浮植物，都适宜在泥土中生长。

二是水体基质。漂浮植物直接以水体为根系承载基质，是典型的无土栽培。生态浮岛上水生植物也是相当于直接以水体为栽种基质，除漂浮植物外，挺水植物、湿生植物中有部分品种也适应无土栽培，如美人蕉、鸢尾、梭鱼草、泽苔草等。

三是碎石等基质。潜流人工湿地污水处理厂为满足水体流动的特殊工艺要求，通常以碎石、煤渣、陶粒等粒径较大的非土壤材料为填充基质，同时潜流人工湿地的基质表面是没有明水的。故选用的水生植物既要能适应碎石等粒径较大的要求，又要能在无明水的湿生地生长，如美人蕉、水生鸢尾、再力花、芦竹、风车草等品种。

3. 营养

不同的水生植物对营养养分的需求是有一定差异的，可分为两种类型：

一种是对养分的要求不高，只适宜在轻度富营养化水体中生长的耐贫瘠类型。在重度富营养化水体中会出现生长缓慢、中毒，甚至烧死的现象，此类多为园艺品种、变种和根系欠发达品种。

另一种是在中度和重度富营养化水体中均能正常生长的喜肥类型。在富营养化水体中具有很强的适应能力，此类多为原生土著品种和根系发达品种。

在养分含量高的水体中，宜选择喜肥类型的水生植物；而在养分含量低的水体中，则选择耐贫瘠类型的水生植物。沉水植物只适应透明度高的水体，富营养化的水体通常悬浮物较多，或暴发蓝藻，会严重影响沉水植物进行正常的光合作用。

在以水体净化为主要功能的实践工程中，水体通常富营养化程度较高，水生植物的主要目的就是吸收或吸附水体中的氮、磷、有机物等营养物质来降低水体的富营养化程度，故应该优先选用耐污性强、喜肥的水生植物，以最大限度地提高水体净化能力。

4. 光照

根据水生植物对光照强度大小、时间长短的适应性，可分为喜光、耐阴和弱光沉水植物三种类型。

喜光水生植物：在生长过程中需要有充足的光照，如光照不足，会发生植株徒长、叶小而薄、不开花等不良现象。大部分的挺水植物、浮叶植物、漂浮植物均属于喜光植物。

耐阴水生植物：对光照的要求不严，有些喜欢在有一定遮蔽的环境中生长，如芋类、石菖蒲等，在阴暗环境中生长良好；有些适宜在光照强度低、日照时间短的环境下生长，如耐寒植物西伯利亚鸢尾、灯心草等，在南方地区高温、长日照的季节中，通常生长缓慢甚至出现叶片泛黄现象。

弱光沉水植物：沉水植物属于光照要求特殊的类型，它完全生长在水中，需要有一定的光照才能生长。光照通过水体这个透明介质传递给植株，但又不能无水暴露在阳光下，否则沉水植物很快会脱水晒死；浑浊不透明的水体又会阻碍光照的传递，导致沉水植物得不到光照而死亡。

5. 氧气

水生植物的植株体内具有呈海绵状的气室组织，氧气通过这些气室，被输送到植物的根部，供根系呼吸。

氧气不仅是水生植物生长的必需条件，在水体净化功能方面，氧气还能通过植株、根系向泥土、水体、碎石等基质层输送，在根区附近促进微生物的生长并形成生物膜，提高水生植物的整体净化能力。

6. 温度

温度也是水生植物在水生态修复的应用中一个很关键的问题。根据水生植物对温度、气候的适应性，可以分为三个类型：

一是既耐寒又耐热水生植物。通常是世界广泛分布种类，在北方和南方均可正常生长，大部分的水生植物属于此类。

二是耐寒但不耐热水生植物。此类品种较少，如西伯利亚鸢尾在南方热带就生长缓慢甚至出现枯黄。

三是热带水生植物。通常分布在热带或亚热带地区，大部分的品种如王莲、热带睡莲、纸莎草等只能在南方热带地区生长，在长江流域可能无法安全过冬，更不要说在北方了；有少数品种如风车草、再力花等在长江流域或黄河以南地区可以安全过冬。

二、挺水、湿生植物

1. 观赏荷花（*Nelumbo nucifera Gaertn*）

【科属、分布】莲科莲属。多年生挺水草本植物。观赏荷花、莲藕、籽莲在全国各地均有着广泛栽培应用。

【生长习性】荷花对气候适应性广，在我国南北各地均可生长。适应水深 0.1~1m，不耐旱。在长江流域 3 月开始萌芽，5 月立叶挺出水面，花期 6–9 月，10 月中下旬叶枯进入休眠期。

【品种、类似种】荷花品种繁多，按用途可分为藕莲、籽莲、花莲 3 大类；在株型上可分为大中型、小型（碗莲）2 大类；按花型有单瓣、重瓣和复瓣等。在水生态修复工程应用上以花莲为主，称为观赏荷花，花色丰富，有红、橙、粉、白、黄色等。

【繁殖、栽培】有分藕繁殖和播种繁殖 2 种方式。在实践应用上以分藕繁殖为主，在长江流域 3–5 月均可进行，以清明前后最好。

【工程应用】荷花栽培历史悠久，文化内涵丰富，是我国应用最为广泛、大众最为熟悉和喜闻乐见的水生花卉。大中型荷花株高 1~2m，单株单丛、群植和盆栽的观赏价值均高。在水生态修复工程应用上，不必指定特定品种，可以按不同的花色系来设计、施工。

在工程应用上，均不宜采用播种方式，应在每年开春后采取种藕分株的方式繁殖，既方便，繁殖速度也快，还能确保该品种的生物特性和纯度。5 月之后种藕多已腐烂，且新芽已长成藕鞭，再移栽繁殖的难度就大了。用种子发芽繁殖通常应用于新品种选育的研究。

荷花可广泛应用于以景观为主的湿地公园等城市水体景观中；在水生态修复和水质净化的表面流湿地中，可少量点缀配置而不宜大面积应用，因荷花的藕茎发达且数量庞大，长期不挖出的老藕在泥中会腐烂，形成大量的有机物留存在底泥中，造成二次污染；其特殊的根系和不可缺明水的特性，决定其无法在水生态修复碎石基质人工湿地和生态浮岛上应用。

2. 黄花鸢尾（*Iris wilsonii C.H.Wright*）

【科属、分布】鸢尾科鸢尾属，也称黄菖蒲，多年生挺水或湿生草本植物。各地均有栽培应用。

【生长习性】黄花鸢尾耐寒性极强，在我国南方全年常绿，在中东部的冬季半常绿。适宜在 0.1m 左右深的浅水中生长，可旱生。在长江流域花期 5 月。

【品种、类似种】鸢尾类植物原种较多，园艺品种更多，黄花鸢尾是水生鸢尾类中应用最为广泛的一种。同属景观功能类似的种或品种有：路易斯安那鸢尾（*I. hexagona*）、西伯利亚鸢尾（*I.sibirica*）、花菖蒲（*I.ensata*）、德国鸢尾（*I.germanica*）等。路易斯安那鸢尾属于常绿鸢尾，适合我国淮河以南栽培；西伯利亚鸢尾在全国各地均可栽培，冬季落叶；花菖蒲株型比黄花鸢尾稍矮小，花色丰富；德国鸢尾叶形蓬散，不适应水生，属于陆生鸢尾。

【繁殖、栽培】有播种和分株繁殖 2 种方式，在水生态修复工程应用上以分株移栽为主；在苗圃生产上，播种和分株 2 种方式均可采用。在长江流域及以南地区，分株移栽几乎全年均可进行，以春、秋季为最好。

【工程应用】水生鸢尾类植物叶片翠绿，剑形挺立，花色鲜艳，株高 0.6~1m，属于景观效果优良的水生花卉。黄花鸢尾在水生态修复碎石基质人工湿地和生态浮岛中也常用到，是少有的冬季常绿或半常绿水生植物之一。

鸢尾类植物在近些年的水生态修复碎石基质人工湿地中得到了大量的应用，甚至在一些地区成了主导品种之一，是片面追求冬季景观效果，或夸大了常绿植物在污水处理系统中的作用而导致的。鸢尾类植物在冬季表现常绿或半常绿是其优势，但相对其他高大型植物，其植株矮小、根系不深等劣势也很明显，在碎石基质人工湿地中适当配置是可行的，而当成主导品种大面积配置是不科学的。

花菖蒲，最初源自日本并得到推崇，有很多不同花色的园艺品种。花菖蒲与黄花鸢尾相比，植株要矮小、叶片柔软易折断、密集丛生。因此在水生态修复工程应用上，不推荐大面积使用，但为了丰富花色效果可少量配置。

3. 菖蒲（*Acorus calamus.*）

【科属、分布】菖蒲科菖蒲属。多年生挺水草本植物。在各地野外自然分布较多，栽培应用也多。

【生长习性】菖蒲耐寒性强，在我国南北地区均可自然露天过冬。适宜在 0.1m 左右深的浅水中生长，可适应短期干旱。在长江流域 3 月下旬根茎开始萌发，花期 6–9

月，10月后开始叶枯进入休眠期。

【品种、类似种】菖蒲以原生绿叶品种为主。另有景观变种：花叶菖蒲（*A. tatarinowii* cv. *variegata*），叶片上有白金色条纹；有外形类似的品种：石菖蒲（*A. tatarinowii*），植株比菖蒲要矮小、蓬散，但耐寒性极强，在长江流域冬天常绿，也具有较强的耐阴性。

【繁殖、栽培】可以播种、分株繁殖。实践应用上以分株繁殖为主，在长江流域4–10月均可进行，时间越早越好。

【工程应用】菖蒲的株型挺拔而翠绿，具有香气，株高0.6~0.8m，是常用的水生态修复乡土水体景观植物之一。在早期的人工湿地上也有应用。

花叶菖蒲的景观效果明显优于菖蒲原生种，但花叶菖蒲的生物性能还不稳定，其自繁能力、抗逆性均较差，在多年生长的过程中，整株易退化消失。在水生态修复小型水体景观中可以适当作点缀应用，不宜大面积使用和盲目推广。

菖蒲的外形和黄花鸢尾比较相似，要注意区分。在应用效果上，黄花鸢尾的优势总体比菖蒲强：（1）黄花鸢尾的花大，菖蒲的花小且不明显；（2）黄花鸢尾具有很强的耐寒性，在长江流域冬季基本常绿，而菖蒲地上部分全部枯萎；（3）黄花鸢尾耐旱，不仅能水生也能适应旱生，而菖蒲不耐旱。所以在实践应用时，特别是在水生态修复碎石基质的人工湿地中，这两种植物需要选其一的话，应优先选用黄花鸢尾。

4. 香蒲（*Typha orientalis Presl*）

【科属、分布】香蒲科香蒲属。多年生挺水草本植物。在南北各地野外均有广泛分布，栽培应用也广。

【生长习性】香蒲耐寒性强，在我国南北地区均可自然露天过冬。适宜在浅水和沼泽地生长，不耐旱。在长江流域4月根茎开始萌发，花果期6–9月，10月后开始叶枯进入休眠期。

【品种、类似种】香蒲属有多个品种，在叶形和花序上稍有区别，在耐寒性上也有所差异。同属观赏品种有：小香蒲（*T. minima*），植株较矮，其蒲棒也短；景观变种有：花叶香蒲（*T. latifolia* 'Variegata'），其叶片具条状白纹，景观效果极佳。

【繁殖、栽培】以分株繁殖为主，在长江流域4–9月均可进行，时间越早越好。

【工程应用】香蒲株型挺拔，叶片修长，花穗棒形似蜡烛，株高1.2~2.5m，是传统水景植物，适合营造自然、野趣的田园风光。也是早期的人工湿地常用品种之一。

香蒲的根系不仅粗壮发达，还具有庞大的通气组织，是水生态修复优良的表面流生态湿地应用品种。实践表明，在水生态修复碎石基质人工湿地中生长一般，特别是在水源不足的情况下易成片死亡；也不适宜用在生态浮岛上，可能跟其横走性强的粗壮根系难以适应狭小的种植篮有关。

花叶香蒲的观叶感观极佳，但跟花叶菖蒲一样，生物特性不稳定，自繁能力、抗逆性均较差，管理不善的话，种群也易逐渐消失。在水生态修复水体景观中适合作点缀配置，不宜大面积使用和盲目推广。

5. 美人蕉（*Canna indica L.*）

【科属、分布】美人蕉科美人蕉属。多年生湿生或陆生草本植物。在各地均有着广泛的栽培应用。

【生长习性】美人蕉耐寒性一般，在我国长江流域及以南地区可自然露天过冬；在北方过冬需采取保温措施，或将球茎挖起储藏。适宜湿生环境，在生长期可浅水生长，耐旱性极强，也可以作为陆生植物应用。在长江流域4月根茎开始萌发，花期6–10月，11月后开始叶枯进入休眠期。

【品种、类似种】美人蕉品种众多，以绿叶红花和绿叶黄花品种最为常见。其他应用的品种还有花叶橙花美人蕉、紫叶红花美人蕉、窄叶黄花或粉花美人蕉、紫斑叶鸳鸯花美人蕉及矮化大花类美人蕉等。

【繁殖、栽培】可播种、分株繁殖。以分株繁殖为主，在长江流域4–9月均可进行，时间越早越好。

【工程应用】美人蕉植株高大，叶片肥大，花色艳丽，花期长，株高1~1.8m，是优良的观花植物，近年出现的众多不同叶色、花色的新品种，更是强化了美人蕉在园林景观上的应用地位。美人蕉适应性广，且根系发达、去污能力强，也是各类水体生态修复、生态浮岛、人工湿地等项目上的常用品种之一。

“水生美人蕉”原产美洲，具有叶鞘包裹严密且位置高、叶片狭披针形、根茎细小蔓生等特性，目前在水生态修复实践应用上和市场上均比较少见。该类品种对水分的需求较大，耐旱性相对要差，在陆地上生长明显弱于普通美人蕉；在泥土基质中的耐水深度、耐水时间确实比普通美人蕉还要强，但在枯萎休眠期和发芽期，还是不宜完全浸泡在水中；因属于热带植物，其耐寒性比普通美人蕉还要差，在长江流域露天过冬被冻死的风险大；在碎石基质中表现一般，不如普通美人蕉的长势，可能是其细小、蔓生的根茎不适合碎石环境；其根系比普通美人蕉的要弱小，去污能力一般。

关于美人蕉的耐水性问题，笔者通过对各种美人蕉在各类实践项目上的多年应用及跟踪观察，有几点认识：（1）普通美人蕉及其各类变种在绿叶生长期间，只要有足够的地上茎（茎秆、叶片）伸出水面，则均能长期适应浅水生长，少数品种还表现出比陆地栽培更好的生长态势；（2）各类景观变种（如花叶、紫叶、矮化品种）的耐水性明显差于普通品种（绿叶类）；（3）通过1~2年在水中常年生长驯化后，其耐水性会有所加强；（4）不管是在土壤基质上和碎石基质上，还是生态浮岛上（浮水生长），在枯萎休眠期均不能长期淹水，否则会导致连根死亡。总之，美人蕉（包括上面所述的“水生美人蕉”）在水生态修复水体中应用时应把握以下原则：普通美人蕉在生长期（长江流域为晚春、夏、秋季）均在一定程度上可以适应浅水生长；枯萎休眠期和发芽期，其根部不得淹水；成苗移栽到浅水中时，应保持其叶片在水面之上。

6. 再力花（*Thalia dealbata* Fraser）

【科属、分布】竹芋科再力花属，也称水竹芋，多年生挺水草本植物。近年引入我国，在各地均有栽培应用。

【生长习性】再力花属于热带植物，在我国长江流域及以南地区可自然露天过冬；在北方过冬需采取保温措施。适宜浅水和沼泽地生长，不耐旱。在长江流域4月根茎开始萌发，花期6–9月，11月后叶枯进入休眠期。

【品种、类似种】再力花有数个品种。常用品种有两种：一种为青绿色茎秆，另一种在叶鞘基部呈紫色，叶片均为卵状披针形。还有一种垂花再力花（*T. geniculata*），又称红鞘水竹芋，其叶鞘通体紫色，叶片要更宽大，花柄细长、下垂，景观效果特优。

【繁殖、栽培】以分株繁殖为主，4–9月均可进行，时间越早越好。也可播种繁殖。

【工程应用】再力花属于近年从国外引进的新型湿地植物，植株高大、挺拔，花枝高出叶丛，花紫色，株高1.5~2.5m，是优良的观叶观花植物，短时间内就已发展成为我国重要的水生观赏植物。再力花生长强健，根系发达，去污、耐污能力强，也是碎石基质人工湿地的常用植物之一。

再力花生长迅速、分蘖快、丛生性强、植株高大。根系不仅粗壮发达，还具有很强的耐污性，抗杂草能力也强，在水生态修复水体净化和水体景观项目上均可优先选用，是碎石基质人工湿地的主导品种之一。再力花在生态浮岛上长势一般，特别是配置在种植篮狭小或水质较好的水域，会严重生长不良。

7. 千屈菜（*Lythrum salicaria* L.）

【科属、分布】千屈菜科千屈菜属，多年生挺水或湿生草本植物。在一些地区野外有少量分布，在各地均有栽培应用。

【生长习性】千屈菜耐严寒，在我国南北各地均可自然露天过冬。适宜浅水和湿生地生长，地下茎木质化，比较耐旱，可旱地栽培。在长江流域 4 月根茎开始萌发，花期 6–9 月，11 月后开始叶枯进入休眠期。

【品种、类似种】千屈菜有数个原生品种，外形差异不大。

【繁殖、栽培】常用扦插繁殖，也可用分株和播种繁殖。用扦插的方式繁殖，生长快，周期短，在初夏和秋天进行，避开盛夏高温时间。

【工程应用】千屈菜枝条繁密，花多且密，花色艳丽，花期长，花紫红色，株高 1~1.5m，在我国已被广泛应用于各类水景中。千屈菜在表面流生态湿地中也常有应用，在碎石基质人工湿地和生态浮岛中长势较差。

千屈菜是优良的观花植物，具有强烈的色彩效果，在水生态修复水景和表面流湿地中可以大量配置。但实践表明，其在生态浮岛上生长表现一般；在碎石基质人工湿地中也不适应，常常生长不良；去污净化能力也没有优势。

8. 风车草（*Cyperus alternifolius* Rottboll）

【科属、分布】莎草科莎草属，又名伞草，多年生挺水或湿生草本植物。近年引入我国，在各地均有栽培应用。

【生长习性】风车草不耐寒，在我国长江流域及以北地区的冬季，需采取一定的保温措施才能越冬。适宜浅水和湿生地生长，耐旱性较强，可旱地栽培。在长江流域 5 月才萌发新芽，花期 7–9 月，11 月后开始叶枯进入休眠期。

【品种、类似种】莎草属植物原生于中国的品种较多，但景观效果均不明显，在工程应用上很少采用。风车草、纸莎草被引进我国后，因突出的景观、净化优势，已得到了较大范围的应用。

【繁殖、栽培】以分株和扦插繁殖为主，也可播种繁殖。分株繁殖在 5–9 月均可进行，时间越早越好；用花序扦插繁殖在 7–9 月进行，尽量避开盛夏高温时间。

风车草属于近年从国外引进的新型湿地植物，株丛繁密，叶型奇特，极像展开的雨伞骨架，株高 1~1.5m，已发展成为我国重要的水生观赏植物。风车草生长迅速，分蘖性强，根系发达，耐污性强，已较多地应用于水生态修复及碎石基质人工湿地、生态浮岛上。

风车草属于热带植物，在冬天露地过冬气温 0℃以下时，就有整株连根冻死的风险。在长江流域的冬季，可以采取原地排干水并培土的措施助其安全越冬；在北方需采取温室措施过冬。

风车草根系密集发达，吸附、耐污性强，而且实践证明，其在碎石基质人工湿地中、生态浮岛上均生长良好，特别是在南方地区得到广泛的应用。在长江流域尽可能选用经过耐寒驯化的品种，以提高其安全过冬能力；在北方因冬季温度太低，需谨慎使用。

9. 纸莎草（*Cyperus papyrus* L.）

【科属、分布】莎草科莎草属，多年生挺水草本植物。近年引入我国，在南方地区有栽培应用。

【生长习性】纸莎草不耐寒，仅在我国华南地区可以自然露天过冬。适宜浅水和湿生地生长，不耐旱。在长江流域需到5月才萌发新芽，花期7–9月，11月后开始叶枯进入休眠期。

【品种、类似种】有类似品种：埃及莎草（*C.haspan*），亦属于从国外引进种，植株比纸莎草要矮小，高0.6~1m，放射性苞叶也短很多。

【繁殖、栽培】以分株繁殖为主，也可播种繁殖。分株繁殖在5–9月均可进行，时间越早越好。

【工程应用】纸莎草属于近年从国外引进的新型湿地植物，植株高大，株高1.5~2.5m；苞叶针状形且密集，纤细如丝，奇特飘逸，给人强烈的热带气息感觉，是南方重要的水生观赏植物。纸莎草漂浮生长能力强，可用于生态浮岛上，也可以用于碎石基质人工湿地中。

纸莎草属于热带植物，其耐寒性比风车草还要差，在长江流域及以北地区的冬季要采取特别的保温措施，否则会连根全株冻死，所以在华南以外的地区不宜大面积使用，可作为特色品种少量点缀配置。

10. 梭鱼草（*Pontederia cordata* L.）

【科属、分布】雨久花科梭鱼草属，也被称为海寿花，多年生挺水草本植物。近年引入我国，已在各地得到较广泛的栽培应用。

【生长习性】梭鱼草耐寒性一般，在我国长江流域及以南地区可以安全露天过冬。适宜浅水生长，不耐旱。在长江流域3月开始萌发新芽，花期5–9月，10月后开始叶枯进入休眠期。

【品种、类似种】常规品种有蓝色花和白色花两种，称为“蓝花梭鱼草”和“白花梭鱼草”；另有一种更优良的品种：剑叶梭鱼草，比常规梭鱼草植株稍高大，叶片更挺拔直立，花蓝紫色，耐寒性也要强。

【繁殖、栽培】以分株繁殖为主，也可播种繁殖。分株繁殖在4–9月均可进行，时间越早越好。

【工程应用】梭鱼草属于近年从国外引进的新型湿地植物，株丛繁茂，叶形美丽，小花密集，花期长，株高 0.8~1.2m，属于优良的新型观叶观花水生植物，在我国的水生态修复水景应用中已日趋广泛。梭鱼草生长迅速，丛生性强，根系发达，已较多地应用于生态修复及生态浮岛上。

梭鱼草不耐旱，需常年在浅水或湿润地生长，所以不宜配置在潜流型碎石基质人工湿地中，实践也证明了这一点。在生态浮岛上长势良好，根须发达且入水较深，在净化水质的同时，长达 4~5 个月的花期也满足景观需求，是生态浮岛的优选品种之一。

剑叶梭鱼草是梭鱼草类中的优秀品种，特别是在耐寒性上有明显优势，跟普通梭鱼草相比，在长江流域地区其春季萌芽返青时间要早半个月，在秋季开始枯萎时间要晚半个月以上；在株形上，叶片呈剑形且更挺直，观叶效果更佳。不足的是其观花效果要稍逊于普通梭鱼草，一是着花数量要稍少；二是不像普通梭鱼草那样花序大都超过叶丛，而是大部分在叶尖之下或平齐。

11. 水葱［*Schoenoplectus tabernaemontani*（C.C.Gmelin）Palla）］

【科属、分布】莎草科水葱属，多年生挺水草本植物。在我国一些地区野外偶有分布，在各地均有栽培应用。

【生长习性】水葱耐寒性强，在我国南北均可安全露天过冬。适宜浅水生长，不耐旱。在长江流域 3 月开始萌发新芽，花期 5–9 月，11 月后开始叶枯进入休眠期。

【品种、类似种】常用的水葱品种在我国原生于长江流域及以北地区，原生长在华南、台湾等热带地区的有一种称为南水葱，两种外形差异不明显。另有 2 个景观变种：花叶水葱和金线水葱，花叶水葱的茎秆叶片具白色环纹，金线水葱则具白色条纹，观赏价值很高。

【繁殖、栽培】以分株繁殖为主，也可播种繁殖。分株繁殖在 4–9 月均可进行，时间越早越好。

【工程应用】水葱株型奇特，茎秆圆柱形，通直无叶，似食用葱的放大品种，株高 1.5~2.5m，在水生态修复建设中可以作为乡土水生植物重点应用。

水葱高大、奇特，应用范围广，对环境适应性强，在湖泊河道岸线带、碎石基质中、生态浮岛上等均可生长，可广泛应用于水生态修复各类项目中。不足的是其茎秆易折断，长势太密或遇大风易倒伏，如配置在生态浮岛上其倒伏的可能更大，应注意防范。

花叶水葱和金线水葱的植株比原生水葱要矮小，花色的茎秆具有很强的景观效果，但这 2 个品种的繁殖率和抗逆性均比原生水葱要差，花纹也不是常年稳定，金线水葱的花纹在生长后期更易消失。

12. 灯心草（*Juncus effusus* L.）

【科属、分布】灯心草科灯心草属，多年生挺水或湿生草本植物。在我国各地野外均有分布。

【生长习性】灯心草极耐寒，在我国大部分地区的冬季为常绿或半常绿。适宜浅水或沼泽地生长，不耐旱。

【品种、类似种】灯心草属植物有数十个品种，以灯心草最为常见和常用，在水生态修复工程应用上以高秆灯心草为主，其比常规品种要高大，根系更发达。另有荸荠（*Eleocharis dulcis*）、藨草（*Scirpus triqueter*）、水毛花（*Scirpus triangulatus*）、萤蔺（*Scirpus juncoides*）、茳芏（*Cyperus fortunei*）、香根草（*Vetiveria zizanioides*）等其他科属的品种，与灯心草在外形上比较相似，但多数不耐寒，冬季地上部分枯萎，得到广泛应用的很少。

【繁殖、栽培】以分株繁殖为主，也可播种繁殖。分株繁殖宜在春季和秋季进行，尽量避开夏季高温季节。

【工程应用】灯心草株丛紧密，叶细而直立，株高0.6~1m，属于少有的冬季常绿水生植物，在水生态修复各类工程上可作为填补冬季常青空白的品种来选用。

灯心草是水生植物常用品种中全年常绿或半常绿少有的品种之一，耐寒性极强，在长江流域的春秋季为旺盛生长时间，冬夏季生长缓慢，但保持整株全绿或半绿。在水生态修复工程应用上，是填补冬季景观效果和提高冬季净化水质能力的优先选用品种之一。

灯心草在浅水型表面流生态湿地中生长良好，在冬季具有其他植物无法比拟的优势。实践表明，其在碎石基质人工湿地中表现一般，生长缓慢，很难形成优势种群；也不宜应用在生态浮岛上，其根系不适合无土漂浮生长。

茳芏、香根草均为湿生草本植物，远看似灯心草，近看区别还是较大。这2个品种均为热带植物，不耐寒，在长江流域及以北地区难以自然露天越冬，但在华南地区是很好的生态修复和去污净化植物，在碎石基质人工湿地中得到广泛应用。

13. 菰［*Zizania latifolia*（Griseb.）Stapf］

【科属、分布】禾本科菰属，又名茭白，多年生挺水草本植物。在我国各地野外广泛分布，栽培应用也多。

【生长习性】菰耐寒性强，在我国南北均可安全露天过冬。适宜浅水生长，不耐旱。在长江流域3月开始萌发新芽，花期7–9月，11月后开始叶枯进入休眠期。

【品种、类似种】菰在狭义上通常是指野生品种，或称野茭白；在各地用于蔬菜作物生产种植的栽培品种通常称为茭白或家茭白，其植株要高大、粗壮。

【繁殖、栽培】以分株繁殖为主，也可播种繁殖。分株繁殖在4–9月均可进行，时间越早越好。

【工程应用】菰植株挺拔，茎秆密集，外形与水稻类似，株高0.8~1.5m，是我国广泛分布的乡土品种，在水生态修复建设中，是营造野趣、田园风光的重要水生植物。菰适应性强，也可应用于生态浮岛上和碎石基质人工湿地中。

菰繁殖力强，适应范围广，在野外还可常见其漂浮生长，故配置在生态浮岛上会长势良好；因其喜水怕干旱，需长期生长在有明水的环境下，因此在潜流型碎石基质人工湿地中生长较差，根基部长期缺水的话，还会严重生长不良。

14. 野慈姑（*Sagittaria trifolia* L.）

【科属、分布】泽泻科慈姑属，多年生挺水草本植物。在我国南北各地野外偶有分布，各地也有栽培应用。

【生长习性】大部分的慈姑品种耐寒性强，在我国南北均可安全露天过冬。适宜浅水生长，不耐旱。在长江流域4月开始萌发新芽，花期6–9月，10月后开始叶枯进入休眠期。

【品种、类似种】慈姑属品种较多，狭义上的慈姑通常指以蔬菜生产栽培为主的华夏慈姑（*S. trifolia* subsp. leucopetala）。在水生态修复工程应用上常用的品种还有：欧洲慈姑（*S. sagittifolia*）、矮慈姑（*S. pygmaea*）等。

【繁殖、栽培】以球茎分株繁殖为主，也可播种、顶芽扦插繁殖。分株繁殖在4–9月均可进行，时间越早越好。

【工程应用】慈姑植株冠幅大，叶片美观、形态优雅，株高0.6~1m，是优良的观叶水生植物，在水生态修复水景中得到较多的应用。慈姑球茎发达，也是水生蔬菜，在强调植物经济功能的生态湿地中可以优先选用。

华夏慈姑、野慈姑、欧洲慈姑均属于慈姑属中高大的品种，外形差异也不大，在单纯水生态修复工程应用时不必强调具体品种；在兼顾蔬菜经济功能时应选用华夏慈姑或其他园艺品种。矮慈姑生长初期通常沉水生长，叶片条形，形态与其他慈姑有些差异，植株也要矮小些，但繁殖力很强，另有一番景观效果。

慈姑适合在浅水型表面流湿地生长；其球茎特性和需有明水的生长习性，导致其在碎石基质人工湿地、生态浮岛上均不宜采用。

15. 皇冠草（*Echinodorus gaisebachii* Small）

【科属、分布】泽泻科肋果慈姑属，也有将其独立出来称为皇冠草属的。多年生挺水草本植物。在各地均有较多的栽培应用。

【生长习性】泽苔草的耐寒性一般，在长江流域及以南地区可安全露天过冬。适宜浅水生长，不耐旱。在长江流域 4 月开始萌发新芽，花期 6–10 月，11 月后开始叶枯进入休眠期。

【品种、类似种】泽苔草、皇冠草类植物品种较多，在外形上差异不大。原产于我国的主要有泽苔草（*Caldesia parnassifolia*）和宽叶泽苔草（*C.grandis*）2 个品种；皇冠草类主要有大叶皇冠、大花皇冠等品种，均从国外引进，其观叶观花效果更佳。同科的泽泻属类植物主要有：泽泻（*Alisma plantago–aquatica*）、东方泽泻（*A.orientale*）、窄叶泽泻（*A.canaliculatum*）等品种，实践应用较少。另有黄花蔺（*Limnocharis flava*），在外形上与泽泻有些类似，但不同科属。

【繁殖、栽培】有播种、扦插 2 种繁殖方式，以花枝上的花序扦插为主，扦插繁殖在花期均可进行。皇冠泽苔草无法分蘖繁殖，工程应用时可以全株移栽。

【工程应用】泽苔草枝繁叶茂，叶片宽大，花枝蔓长，株高 0.5~0.8m，是优良的观叶观花植物。在水生态修复生态修复及人工湿地、生态浮岛上也得到较多的应用。

泽苔草、皇冠草类植物除了景观效果好外，其花枝具有柔软弯曲的特点，在丛生性很强的同时还能快速向周边辐射和遮盖，抗杂草能力很强，特别适合种植在生态浮岛的外围周边一带。

皇冠草类植物还可以作为沉水植物来应用，实践表明，在透明度高的水体中沉水生长良好，有类似水车前、海菜花等宽大叶型的沉水景观效果。

泽泻科中的泽泻属类植物在外形上与泽苔草、皇冠草类近似，但其叶片、花序景观效果稍逊色一些。因此在水生态修复工程应用中，在泽泻科植物的配置上选用泽泻很少，而通常优先选用皇冠草类品种。

16. 紫芋［*Colocasia esculenta*（Lim.）Schott］

【科属、分布】天南星科芋属。多年生湿生草本植物。在我国一些地区野外有少量分布，各地有栽培应用。

【生长习性】芋类植物除水芋等少数品种在北方可自然过冬外，大部分品种的耐寒性一般，在黄河流域及以北地区的冬季需将球茎挖起储藏，春季重新栽种。适宜湿生地或浅水生长，具有一定的耐旱性。在长江流域 4 月开始萌发新芽，花期 7–9 月，

11 月后开始叶枯进入休眠期。

【品种、类似种】芋类植物品种较多，株型、叶形均相似，在植株高矮、茎秆颜色及耐水性方面有所差异。除紫芋外，其他主要品种有芋（*C. esculenta*）（食用栽培的主要品种）、水芋（*Calla palustris*）、野芋（*C. antiquorum*）、刺芋（*Lasia spinosa*）、海芋（*Alocasia macrorrhizos*）等，但紫芋在水生态修复实践工程中应用最多。

【繁殖、栽培】以球茎分株繁殖为主，在 4–9 月均可，时间越早越好。其球状茎可挖起储藏，来年再定植生长。

【工程应用】芋类植物叶片奇特，如盾牌，株型优雅，大部分品种株高 0.8~1.5m，具有南国田园风光气息，是优良的观叶植物。紫芋的茎秆为紫红色，景观效果更佳。

芋类植物最适合湿地生长，在生长期也能适应浅水环境，但大部分品种在枯萎休眠期不能长期被水浸泡，否则易造成球茎腐烂。实践表明，芋类在碎石基质人工湿地和生态浮岛上均生长不良，成活率不高，应谨慎采用。

海芋属于热带植物，植株比普通芋类要高大，茎粗叶大，具有强烈的南方海滨景观特色。但不耐寒，仅在华南地区可以自然露天过冬，在长江流域及以北地区需采取保温措施过冬。

17. 芦苇［*Phragmites australis*（Cav.）Trin.ex.Steud］

【科属、分布】禾本科芦苇属。多年生挺水或湿生草本植物。在我国南北各地广泛分布，栽培应用也很广。

【生长习性】芦苇耐寒性强，在南北各地均可自然露天过冬。适宜湿生地或浅水生长，耐旱性强。在长江流域 4 月开始萌发新芽，花期 8–10 月，11 月后开始叶枯进入休眠期。

【品种、类似种】芦苇的原生品种广布我国南北各地，北方更常见。有景观变种：花叶芦苇，叶片具白色条纹。有景观功能相近的品种：芦荻（Misanthus *sacchariflora*），叶片基部不像芦苇那样斜生，而是直立，叶片具有白色中脉，景观效果稍逊。

【繁殖、栽培】以分株繁殖为主，也可播种繁殖。分株繁殖在 4–9 月均可，时间越早越好；很少使用种子繁殖，因经过种子发芽、开花、完全成型，至少需要 2 年以上的时间。

【工程应用】芦苇茎秆挺直而坚实，叶片斜生飘逸，花序雪白高伸，野趣甚浓，通常株高 2~3m，在水生态修复建设中应用广泛。芦苇植株高大，根系发达，不仅是表面流生态湿地的重要应用品种，也是碎石基质人工湿地的主要应用品种之一。

芦苇的繁殖成型速度比较缓慢。在春季的自然返青萌芽阶段和移植初期，需保持浅水或湿润以利于新芽的生长，深水会导致发芽缓慢甚至无法萌发；在碎石基质中，应尽量选用正生长旺盛的成型大苗，同时增加每蔸的芽杆数量，以提高其恢复速度和促进快速生长，长势一经恢复、生长正常后，则会长期稳定，一年比一年茂盛。

芦苇株型高大，在长期生长和肥沃的地方，可高达 3~4m，根系发达，去污能力强，很早就开始广泛地应用于各类水体生态修复和人工湿地中，是碎石基质人工湿地的主要优选品种之一。

花叶芦苇的叶片全年具有白黄色条纹，十分美观，植株比原生芦苇要矮小，株高 1~1.5m；另有花叶虉草（也有认为是花叶芦荻）与花叶芦苇外形类似，更要纤细矮小。这 2 个品种也可应用在碎石基质人工湿地和生态浮岛上。

18. 芦竹（*Arundo donax* L.）

【科属、分布】禾本科芦竹属。多年生挺水或湿生草本植物。在我国各地均有分布，栽培应用也很广。

【生长习性】芦竹耐寒性强，在南北方均可自然露天过冬。适宜湿生地或浅水生长，也可旱生。在长江流域 3 月开始萌发新芽，花期 9–11 月，11 月后开始叶枯进入休眠期。

【品种、类似种】芦竹的原生品种主要分布在我国长江流域及华南地区。有景观变种：花叶芦竹，新叶具有白黄色条纹，十分美观。有景观功能相近的品种：蒲苇（*Cortaderia selloana*），茎秆短，叶片细长，花穗大而清新，美丽醒目，但耐水性较差，不适宜长期在水中生长。

【繁殖、栽培】有播种、分株、扦插 3 种繁殖方式，以分株、扦插繁殖为主。分株繁殖在 4–9 月均可，时间越早越好；茎秆扦插繁殖在 5–9 月均可进行，尽量避开夏季高温；很少使用种子繁殖，因经过种子发芽到完全成型，需要 2~3 年的时间。

【工程应用】芦竹茎秆近木质化，似竹子，花序白色，柔毛别致，通常株高 3~4m，是水生草本植物中最为高大壮观的品种之一，广泛应用于水生态修复各类水景和陆地景观中。芦竹株型高大，根系发达，不仅是表面流生态湿地的重要应用品种，也是碎石基质人工湿地的常用品种之一。

芦竹跟芦苇一样，不仅生长成型时间比较长，也不适宜在深水中萌芽繁殖，而更适合在湿地生长，所以在新芽萌发和移植新栽初期不宜灌深水，长势一旦稳定后，会一年比一年茂盛。在长江流域，芦竹的青绿期比芦苇要长，即春季发芽返青要早，秋季开始枯萎时间要迟。

芦竹在水生态修复工程应用上，类似于芦苇，不仅应用范围广，在景观效果和去污能力上同样具有明显的优势。芦竹在水生草本植物常见应用品种中，是最为高大、壮观的，在原地经过多年生长后可高达 5m。

花叶芦竹的新叶具有白色条纹，十分醒目，观叶效果极佳，在生长后期恢复成绿色；植株比原生芦竹要矮小，株高 1~1.5m。花叶芦竹是碎石基质人工湿地的主要优选品种之一。

芦竹、花叶芦竹、芦苇、花叶芦苇的景观效果、去污能力及生物特性均比较类似，如果在水生态修复各类工程实践上这 4 个品种需选择其一二种应用的话，有以下 3 点建议：（1）在浅水型表面流湿地或湖泊河道岸线，侧重景观效果就优先选用花叶芦竹和花叶芦苇，侧重固土护岸或建立高大壮观的带状屏障的话，优先选用芦竹和芦苇；（2）在碎石基质人工湿地中，应优先选用花叶芦竹，其次是芦苇，这 2 种可大面积的使用，花叶芦苇可做少量配置；（3）在生态浮岛上，优先选用花叶芦苇和花叶芦竹。

19. 水芹［*Oenanthe javanica*（Bl.）DC.］

【科属、分布】伞形科水芹属。多年生挺水或湿生草本植物。在我国一些地区有分布，各地均有食用栽培品种。

【生长习性】水芹耐寒性强，在我国南北均可安全露天过冬。适宜浅水或湿地生长，不耐旱。春季和秋季为生长期，夏季休眠。

【品种、类似种】水芹原种较多，外形差异不大。另在各地均有作为食用蔬菜生产的栽培品种。有一种产自安徽省安庆市的优良品种“四季水芹”，具有四季常绿、割茬次数多、鲜嫩味美及根系密集发达的特点。

【繁殖、栽培】有播种、扦插、分株 3 种繁殖方式。在工程应用上，以分株繁殖为主，长江流域宜在春季和秋季进行。

【工程应用】水芹青翠清新，茂密成丛成片，株高 0.3~0.6m，易营造乡土气息。在水生态修复工程应用上，主要是兼顾水生蔬菜功能而选用。

水芹是少有的具有蔬菜食用功能的水生品种之一，故在强调或兼顾经济价值的水体净化项目上常被配置应用。特别是应用在生态浮岛上，简单易行，成本低廉，根系密集，净水效果好，一年中还能多茬收割作为蔬菜食用。

三、浮叶、漂浮植物

1. 睡莲（*Nymphaea tetragona* Georgi）

【科属、分布】睡莲科睡莲属。多年生浮叶草本植物。在各地广泛栽培应用。

【生长习性】睡莲分为耐寒和热带品种两大类。绝大部分耐寒睡莲在我国南北各地均可自然露天过冬，少数耐寒品种在东北地区需采取适当保温措施过冬；热带睡莲只在华南地区可以自然露天过冬。适宜水深为0.3~0.8m，水太浅或太深均会影响其正常生长。耐寒睡莲在长江流域3月根茎开始萌发，花期5–9月，盛花期为6–8月，11月后开始叶枯进入休眠期，部分品种以半绿形式过冬。

【品种、类似种】睡莲的园艺品种繁多，目前已有近千个品种，其中经典的有数十种。外形区别主要体现在花色上，有红、橙、粉、白、黄、蓝、紫等花色系，有些也体现在花形、叶色或叶形等区别上。

【繁殖、栽培】可以播种、分株繁殖，以分株繁殖为主，有些品种还具有花胎生、叶胎生现象。分株繁殖在长江流域4–10月均可进行，时间越早越好。

【工程应用】睡莲的观花观叶效果甚佳，花期长、花色丰富，是园林水景应用中最为常见品种之一，也是浮叶型景观植物中的主导应用品种。在水生态修复工程应用上，不必指定特定品种，可以按不同的花色系来设计、施工。

热带睡莲的观花观叶效果要优于耐寒睡莲，但不能因此而盲目把热带睡莲应用到长江流域及以北地区，热带睡莲在此区域如没有越冬保温措施，会连根全部冻死。

在水生态修复水体景观、水体生态修复的实践应用上，水深0.3~0.8m的区域是睡莲的适宜栽种位置，此区域恰好又是大部分挺水植物无法成活的地方，所以睡莲和挺水植物的栽种水深区域是互补的、互不干涉的。在更深水域的配置，可以采取水底沉盆、水下花坛等方式来抬高睡莲的种植平台。

2. 萍蓬草［*Nuphar pumila*（Timm）de Candolle］

【科属、分布】睡莲科萍蓬草属。又名黄金莲，多年生浮叶草本植物。在各地均有栽培应用。

【生长习性】萍蓬草耐寒性强，在我国南北各地均可自然露天过冬。适宜水深为0.3~0.8m，在浅水可呈半挺水状态。萍蓬草在长江流域3月根茎开始萌发，花期5–9月，11月后开始叶枯进入休眠期。

【品种、类似种】萍蓬草在我国有数个原生品种，外形差异不大，在叶形上有细微差别。

【繁殖、栽培】以分株繁殖为主，也可播种。分株繁殖在长江流域4–10月均可进行，时间越早越好。

【工程应用】萍蓬草的观叶观花效果均佳，叶片亮绿，小黄花清新雅丽，花期长，是浮叶型景观植物中的重要品种。

萍蓬草的生长特性和景观功能均与睡莲类似，主要区别在于睡莲的花大、花色丰富，萍蓬草的花小、单一黄花。这两类浮叶植物在水生态修复工程实践的配置中，通常以睡莲为主，萍蓬草作点缀补充。

3. 王莲［*Victoria amazonica*（Poepp.）Sowerby］

【科属、分布】睡莲科王莲属。多年生或一年生浮叶草本植物。在南方各地有栽培应用。

【生长习性】王莲极不耐寒，在我国华南大部分地区的冬季也需移到温室保温才能过冬。适宜水深为 0.5~1m，因叶和株幅均庞大，需在大面积的水域中生长。王莲在长江流域和华南地区花期 7–9 月，在温室中可延长。

【品种、类似种】在我国通常看到的王莲是亚马孙王莲（*V. amazonica*），另有克鲁兹王莲（*V.cruziana*），均引自南美洲，主要区别在于克鲁兹王莲的叶片比亚马孙王莲的要小，但直立叶缘要高出 1~2 倍。

【繁殖、栽培】种子繁殖，在春季进行，注意把握温度、光照等条件，待成苗后再移植到应用水景中。

【工程应用】王莲叶片巨大，外形似圆盘，直径可达 2m 以上，完全平浮在水面。花朵硕大，花色渐变，具香味。景观效果极佳，特别是叶片硕大奇特又罕见，具有独一无二的热带景象，被称为水生花卉之王。

王莲属于典型的热带高温植物，对温度要求很高，低于 20℃时，植株就停止生长；低于 10℃时，会连根全株冻死。在水生态修复实践应用中，在华南热带地区可以大范围的配置使用，冬季有条件的可以移到温室继续生长或确保根茎成活；在长江流域及以北地区可作特别点缀或应专类园需求少量配置，通常每年用种子发芽繁殖，以一年生形式生长。

实践表明，在我国非热带地区特别是北方，想让王莲以多年生形式生长的话，需在温室度过至少 6 个月甚至更长时间，对温室的要求是非常之高，安全过冬的难度很大，成功率较低。如果不是有特别的冬季景观需求或科研需要，是没有必要进行过冬保温措施的。

4. 芡实（*Euryale ferox* Salisb.ex DC）

【科属、分布】睡莲科芡属。一年生浮叶草本植物。在我国南北各地野外有少量分布，各地均有栽培应用。

【生长习性】芡实为一年生植物，生长期间为春季到秋季。适宜水深为0.5~1.2m，不宜浅水生长。芡实在长江流域花期6–9月，10月后开始枯萎死亡。

【品种、类似种】芡实有南芡和北芡之分，另有食用栽培品种。

【繁殖、栽培】种子繁殖，在春季进行，待成苗后再移植到应用水景或蔬菜用栽培水域中。

【工程应用】芡实叶片巨大，具紫色花纹皱褶；全株具刺；花小明丽，紫红色。景观效果似王莲，只是叶片全平，没有直立的叶缘，是重要的大型浮叶景观植物。

芡实为一年生植物，需每年播种繁殖，自然沉入水中的种子通常因水位等因素而很难发芽，需要人为创造适宜的环境来催芽繁殖。所以在水生态修复实践应用中，应充分考虑需年年播种繁殖、再移栽的缺陷，在选用配置上做到有的放矢。

芡实也是一种栽培历史悠久的水生蔬菜，其种子是优良的淀粉材料，营养价值高;叶和花的茎秆是美味可口的蔬菜，形状和口味如藕带。在水生态修复工程应用中，可以兼顾其蔬菜功能。

5. 荇菜［*Nymphoides peltata*（S.G.Gmelin）Kumtze］

【科属、分布】睡菜科荇菜属。多年生浮叶草本植物。在我国南北各地野外均有分布，也有一定的栽培应用。

【生长习性】荇菜耐寒性强，在我国南北各地均可露天过冬。适宜水深为0.3~1m。荇菜在长江流域3月开始生长，花期6–10月，11月后开始叶枯或半枯进入休眠期。

【品种、类似种】荇菜属有数个原生品种，外形差异不大。有类似景观效果的同属植物：金银莲花（*N. indica*）、水皮莲（*N. cristarum*）等，花为白色，叶形与荇菜差异不大；景观效果近似的不同科属品种：莼菜（*Brasenia schreberi*），叶为椭圆形，与荇菜叶形有区别，花较小，红褐色。

【繁殖、栽培】以分株繁殖为主，也可播种繁殖。用匍匐茎分株繁殖在长江流域3–10月均可进行，时间越早越好。

【工程应用】荇菜叶片翠绿，小黄花密集，精巧别致，是优良的小型浮叶景观植物。

荇菜形态似微型睡莲，花虽小，但密集成片，有着不同情调的景观效果。在长江流域及以南地区的冬季，荇菜还常以常绿或半常绿形式生长；而在炎热的夏季长势缓慢，在浅水水域甚至出现枯黄现象。

莼菜属于一种高贵优良的水生蔬菜，但产出比不高。在水生态修复工程应用上，可结合其经济功能综合考虑配置。

6. 凤眼蓝［*Eichhornia crassipes*（Mart.）Solme］

【科属、分布】雨久花科凤眼莲属，又名水葫芦，多年生漂浮草本植物。在我国黄河流域以南野外广泛分布。

【生长习性】凤眼莲适应性广，在我国除寒冷地区外，其他地区均可露天过冬，繁殖力极强。常在水面漂浮生长，在浅水中，根也可以扎入泥中挺水生长。凤眼莲在长江流域 5 月才开始萌芽，花期 7–10 月，11 月后开始叶枯进入休眠期。

【品种、类似种】凤眼莲原产南美洲，我国最先引进到南方，后逐步在长江流域大范围扩散，品种经过多年适应，现在黄河流域也可以安全过冬。

【繁殖、栽培】以分株繁殖为主。分株繁殖采取直接投放的方式，在长江流域 5–9 月均可进行。

【工程应用】凤眼莲叶绿亮丽，叶柄具气囊，紫花艳丽，成群成片，株高 0.3~0.6m，是观叶观花效果均优的浮水植物。凤眼莲生物量大，根系发达，吸污能力强，可应用在水生态修复水质净化工程方面。

凤眼莲属于外来入侵种，繁殖扩散力极强，常泛滥成灾成为害草，破坏水体生态平衡。容易大范围覆盖水面造成水体缺氧，如枯萎后不及时打捞，会造成二次污染水体。不仅要谨慎使用，还要防范扩散种源。

在水生态修复实践应用中，应把握以下几点：（1）在还没有遭到入侵的地区，坚决不能引入使用；（2）小面积的水域在采取隔离、围栏等圈养措施后，可以适当配置；（3）凤眼莲的耐污、吸附能力均强，可应用在污水处理系统的前端氧化塘或末端出水池中。不管哪种方式使用，均应定期或枯萎后打捞出水，再完全消灭处理。

7. 大薸（*Pistia stratiotes* L.）

【科属、分布】天南星科大薸属。多年生漂浮草本植物。在我国南方分布较多。

【生长习性】大薸不耐寒，在我国华南地区可自然露天越冬。在水面漂浮生长，繁殖力极强。大薸在华南地区 4 月开始萌芽，花不明显，11 月后开始叶枯进入休眠期。

【品种、类似种】大薸在我国的分布主要在华南热带地区，品种经过多年适应，现在长江流域部分地区已发现可以自然露天安全过冬的种群。

【繁殖、栽培】以分株繁殖为主。分株繁殖采取直接投放的方式，在华南地区 5–9 月均可进行。

【工程应用】大薸叶形奇特，株型小巧优美，是优良的浮水型观叶植物。大薸吸污能力强，也可应用在水生态修复水质净化工程方面。

大薸与凤眼蓝一样，繁殖扩散力极强，易泛滥成灾，破坏水体生态平衡。容易大范围覆盖水面造成水体缺氧，如枯萎后不及时打捞，会造成二次污染。在水生态修复实践项目中应谨慎使用，应采取同凤眼莲一样的应用原则。

8. 水鳖［*Hydrocharis dubis*（BL.）Backer］

【科属、分布】水鳖科水鳖属。多年生或一年生漂浮草本植物。在我国南北各地野外均有分布。

【生长习性】水鳖较耐寒，在我国南方多数地区可自然越冬，以多年生形式生长；在北方的冬季，常以冬芽过冬，来年再萌发生长。在水面漂浮生长，繁殖力较快。水鳖在长江流域 5 月开始萌芽，花期 8–10 月，11 月后开始叶枯进入休眠期。

【品种、类似种】有景观功能类似的其他科属品种：水罂粟（*Hydrocleys nymphoides*）、香菇草（*Hydrocotyle vulgaris*），这 2 个种均属于外来引进种，景观效果和应用功能各有千秋。

【繁殖、栽培】水鳖、水罂粟、香菇草均以分株繁殖为主。可根据不同情况，采取直接投放自繁或人为分株的方式，在 5–9 月均可进行，繁殖快、生长迅速。

【工程应用】水鳖、水罂粟、香菇草均叶形小巧，碧绿清秀，小花别致，均是良好的小型圆叶型漂浮景观植物。在水生态修复水质净化系统中，可应用于前端氧化塘和尾端出水池中。因自繁扩散能力很强，较易泛滥，应谨慎使用和注意防范。

水鳖在我国自然分布较广，花白色，属于乡土气息景观植物，且南北方均适应生长。与水罂粟、香菇草等类似景观功能品种相比，水鳖的观赏价值稍有逊色，但其具有区域适应性广、无生态入侵风险的优势。

水罂粟属于外来引进种，耐寒性一般。在浅水中通常根扎入泥中作浮叶生长，也可漂浮生长，部分叶具半挺水性。花黄色，观花效果稍优于水鳖。

香菇草又名铜钱草，外来引进种，耐寒性一般，在我国适应长江流域及以南地区生长。在水陆均具有很强的蔓生能力，在湿地可挺水生长，在浅水可扎根泥中作半挺水状生长，也可漂浮生长。花黄绿色，很小，观叶效果稍优于水鳖。实践表明，香菇草在生态浮岛上长势良好。但是，其繁殖扩散力极强，如大范围引种传播和推广，易危害当地水体生态平衡，演变成一种破坏力较强的外来入侵种，在南方水生态修复实践工程中应谨慎使用。

9. 欧菱（*Trapa natans* L.）

【科属、分布】菱科菱属。一年生浮叶草本植物。在我国南北各地野外均有分布，也有一定的栽培应用。

【生长习性】菱在春季靠种子或越冬存活的菱盘萌发生长，根通常扎入泥中浮叶生长，也可完全漂浮生长。菱在长江流域 4 月开始生长，花期 7—8 月，花小不明显，10 月后开始叶枯死亡。

【品种、类似种】菱属有多种，外形类似，如四角刻叶菱（*T. incisa*）、四瘤菱（*T. mammillifera*），株型比其他品种要大而壮，菱角也要肥大。

【繁殖、栽培】有播种和分株 2 种方式，根据需要选用。分株繁殖可直接投放自繁或人为分株，在长江流域 5–9 月均可进行，时间越早越好，晚于 7 月的话，当年很难结实产籽。

【工程应用】菱株形美观，叶片三角状，是优良的小型浮叶景观植物。其菱角也是我国一种常见的水生蔬菜。

欧菱在一些地区野外较常见，多为小型野生种。株型较大的红菱、南湖菱或其他栽培品种，在各地偶有栽培。在水生态修复工程上可以应用在封闭的氧化塘中，在大面积的水域使用时，要注意采取围挡措施，以免到处扩散和漂移。

10. 粉绿狐尾藻［*Myriophyllum aquaticum*（Vell.）Verdc.］

【科属、分布】小二仙草科狐尾藻属，又称大聚藻，为多年生浮水或沉水草本植物。在我国部分地区有栽培应用。

【生长习性】粉绿狐尾藻耐寒性强，除东北等寒冷地区外，其他地方均可安全过冬。对水位适应性广，从湿地一直到深水均可生长。在长江流域的冬季呈半绿状态，4 月开始快速生长，11 月后叶半枯进入休眠期。

【品种、类似种】狐尾藻在我国的原生种较多，但是绝大部分为纯粹的沉水品种。而粉绿狐尾藻能浮水生长，为外来品种，在近年引入我国。

【繁殖、栽培】以分株或扦插繁殖为主，其不定根很发达，可直接投放自繁或人为分株进行，在长江流域 4–10 月均可进行。

【工程应用】粉绿狐尾藻在水生态修复水体景观和生态修复上应用较多，特别是在生态浮岛上得到广泛应用，也可在表面流生态湿地直接应用。

粉绿狐尾藻适应性广，可以多种方式生长：在湿地可以地被形式生长；在浅水通常根系扎入泥中以半沉水半挺水形式生长；在深水可以直接漂浮生长；在水质条件好的情况下，也可完全沉水生长。在水生态修复工程实践中，可根据其生长特性灵活应用。

粉绿狐尾藻属于外来引进种，生长快，根系发达、密集，又能适应多种环境，在水生态修复水体生态修复和水质净化上的效果确实良好。但其繁殖力极强，扩散快，对各类环境适应也快，在应用上如采取措施不当，很易导致其生长泛滥和种源扩散，造成生态破坏。在使用和推广上应充分考虑其利弊，采取科学合理的态度。否则，把握不好的话，多年后很可能成为一种无法控制的区域性甚至全国性的新型外来入侵种。

11. 蕹菜（*Ipomoea aquatica* Forsskal）

【科属、分布】旋花科虎掌藤属，又称空心菜、竹叶菜，一年生浮叶或陆生植物。在我国长江流域及以南地区有广泛栽培。

【生长习性】蕹菜不耐寒，在冬天低温全株死亡，来年再用种子进行繁育。适应性广，在湿地生长最好，也可旱生。在长江流域 4 月开始生长，花期 7–9 月，10 月后开始叶枯死亡。

【品种、类似种】蕹菜有水蕹和旱蕹两类，水蕹茎粗叶大，更适合在水中生长；旱蕹茎细叶小，更适合在旱地生长。

【繁殖、栽培】有播种、分株和扦插 3 种方式，在水生态修复实践应用中，可根据需要选用繁殖方式。分株和扦插在长江流域 5–9 月均可进行，时间越早越好。

【工程应用】蕹菜蔓生茎长，叶形秀丽，有小花，是优良的蔓生性水生植物。也是一种常见蔬菜，农业种植广泛。在水体生态修复和水质净化工程上，可作为兼顾经济作物功能的品种来选用。

蕹菜繁殖力强，特别是其蔓生茎能快速向四周延伸，生物量大，是良好的净水植物，同时是重要的蔬菜作物，可以大量推广应用，产生双重效益。在实践应用上，可以配置在生态浮岛上，将蕹菜整株固定在浮岛上即可自行繁殖生长，缺点是因其一年生特性而需要每年重新种植。

四、沉水植物

1. 苦草［*Vallisneria natans*（Lour.）Hara］

【科属、分布】水鳖科苦草属，多年生或一年生沉水草本植物。在我国各地野外均有分布。

【生长习性】苦草耐寒性强，在我国南北各地均可生长。适宜在 0.5~1.5m 深的清水中生长。在长江流域 4 月开始萌芽生长，花期 8–9 月，10 月后进入休眠期。

【品种、类似种】苦草属在中国有 3 种，另有引进种，外形和功能差异不大。在水生态修复工程实践应用上，出现最多的有三个品种：矮化苦草、微刺苦草和刺苦草。

【繁殖、栽培】有播种繁殖和分株繁殖两种方式。在水生态修复工程应用上以分株繁殖为主，在长江流域 5–9 月均可进行，时间越早越好。

【工程应用】苦草丛生性强，叶如丝带，花序奇特，是优良的沉水景观植物，在水族箱中也常用到。在水体生态修复和水体净化工程上，是沉水类植物的优选品种之一，特别是出现“矮化苦草”后，在工程上更是得到广泛的应用。

苦草繁殖力强，生长迅速，易成丛成片，构成水下森林，不管是景观还是净化水质的效果均突出。在常见应用的沉水植物中，苦草的株型和叶形较独特，其叶基生，是少有的不能扦插的品种，在水产养殖中通常采取播种的方式繁殖，在水生态修复水体景观和净化中以分株繁殖为主。

近年出现的“矮化苦草”与普通品种相比，有两大优势：一是矮化生长，茎叶不易长出水面，降低了后期维护的成本；二是耐寒性更强，青苗生长期长，不仅扩大了应用地域，其净水效果也更突出。另在较小区域分布有一种“微刺苦草”，其叶片生长高度与耐寒性介于“矮化苦草”与“刺苦草”之间。而“刺苦草”也称“大苦草”，其植株高大粗壮、易长出水面，在浅水中的耐寒性一般。

沉水类植物进行光合作用时，光照需要穿透水层，要求水质透明度高，所以水的透明度对苦草类沉水植物的成活和生长至关重要。在富营养化水体的生态修复中，往往水体透明度较低，加上初始移栽的苦草叶片基本位于水体底部，导致沉水植物成活风险很高，群落恢复难度很大。因此，在沉水植物种植初期，保证适当的低水位是其能否成活的一个关键因素。

2. 马来眼子菜（*Potamogeton malaianus* Miq.）

【科属、分布】眼子菜科眼子菜属，也称竹叶眼子菜，多年生沉水草本植物。在我国各地野外均有分布。

【生长习性】马来眼子菜耐寒性强，在我国南北各地均可生长。适宜在 0.5~3m 深的清水中生长。在长江流域 4 月开始萌芽生长，花期 7–9 月，10 月后开始腐烂进入休眠期。

【品种、类似种】眼子菜属品种很多，其中与马来眼子菜景观效果类似的主要有光叶眼子菜（*P. lucens*）、微齿眼子菜（*P. maackianus*）等。

【繁殖、栽培】有播种、分株、扦插 3 种繁殖方式。在水生态修复实践应用上以分株繁殖为主，在长江流域 5–9 月均可进行，时间越早越好。

【工程应用】马来眼子菜叶片如竹叶，是优良的沉水景观植物。在水体生态修复和水体净化工程上，是沉水类植物的优选品种之一。

眼子菜类植物可以用茎秆扦插繁殖，但要求较高，在实践应用上还是以分株移栽为主。在水体生态修复和净化应用中，需要有较高的水体透明度才易成活，只要水质条件好，马来眼子菜可以在深达 3m 的水域生长，还能适应流动水体。

其他类似品种与马来眼子菜的主要区别：光叶眼子菜的叶片要宽大一些，花序明显；微齿眼子菜，又称黄丝草，植株纤细，叶片也要细小得多；浮叶眼子菜的叶片浮水生长，呈卵形状，平滑光亮；眼子菜的叶形与浮叶眼子菜类似，但是叶片要小。马来眼子菜在这些外形类似品种中分布最广，也是应用最多的品种。

3. 菹草（*Potamogeton crispus* L.）

【科属、分布】眼子菜科眼子菜属。多年生沉水草本植物。在我国各地野外广泛分布。

【生长习性】菹草耐寒性极强，在我国南北各地均可自然过冬，在长江流域及以南地区的冬季幼苗常青。适宜在 0.5~3m 深的水中生长。在长江流域晚秋开始萌芽生长，花期 4–6 月，第二年 6 月腐烂进入休眠期。

【品种、类似种】眼子菜属中与菹草外形相近的有穿叶眼子菜（*P. perfoliatus*）。

【繁殖、栽培】有种子、分株、扦插和休眠芽 4 种繁殖方式。在水生态修复实践应用上以分株和休眠芽繁殖为主，在长江流域分株适合在 3–5 月进行；利用休眠芽繁殖可在冬季进行。

【工程应用】菹草自然分布广泛，在秋、春季生长旺盛，是少有的冬季生长夏季休眠的沉水植物。在水体生态修复和净化应用上，常作为沉水类冬季优势物种来选用。

菹草与其他沉水植物有着明显的季节差异，与大部分植物生长发育期相反。适宜温度 10~25℃，低温缓慢生长，以小青苗过冬；高温全株腐烂，以休眠芽越夏。可以利用上述特性，在水生态修复实践应用中与其他夏季生长、冬天枯萎的沉水植物搭配使用。菹草繁殖迅速，生长茂密，特别是在晚春初夏时期易爆发，要注意控制或及时打捞出水处理。

4. 篦齿眼子菜［*Potamogeton pectinatus*（L.）Borner］

【科属、分布】眼子菜科眼子菜属，又称龙须眼子菜，多年生沉水草本植物。在我国各地野外均有分布。

【生长习性】篦齿眼子菜耐寒性强，在我国南北各地均可生长。适宜在 0.5~2.5m 深的水中生长，太浅的水中生长受限。在长江流域 4 月开始萌发生长，10 月后开始腐烂进入休眠期。

【品种、类似种】篦齿眼子菜是眼子菜属中株型比较特殊的一种，叶片长须状。景观效果类似的品种有丝叶眼子菜（*P. filiformis*）、鸡冠眼子菜（*P. cristatus*）等，株型比篦齿眼子菜小，应用较少。

【繁殖、栽培】有播种、分株、扦插和休眠芽 4 种繁殖方式。以分株繁殖为主，在长江流域 5–9 月均可进行，时间越早越好。

【工程应用】篦齿眼子菜株型奇特，叶片针状，细如丝，是景观效果别出一格的沉水植物。在水体生态修复和净化应用上，是沉水植物类优选品种之一。

篦齿眼子菜叶片如长长的松针，在水生态修复实践应用上，可与其他宽叶类沉水植物搭配使用。需要有较高的水体透明度才易成活，能适宜流动水体。篦齿眼子菜因叶片如丝，堆积时密不透风，在起苗运输时更要注意透气、散热、降温。

5. 黑藻［*Hydrilla vertillata*（L.f.）Royle］

【科属、分布】水鳖科黑藻属。多年生沉水草本植物。在我国各地野外均有分布。

【生长习性】黑藻耐寒性强，在我国南北各地均可生长。适宜在 0.5~2m 深的水中生长。在长江流域 4 月开始萌发生长，10 月后开始腐烂进入休眠期。

【品种、类似种】与黑藻景观效果类似的种有伊乐藻（*Elodea canadensis*），为外来引进种，主要用于水产养殖，分布较少。

【繁殖、栽培】有播种、分株、扦插和休眠芽 4 种繁殖方式。以分株繁殖和休眠芽为主，在长江流域 5–9 月均可进行，时间越早越好。

【工程应用】黑藻茎叶螺旋状，叶深绿发黑，是优良的景观沉水植物，也是水族箱常用沉水品种。在水体生态修复和净化应用上，可以作为沉水植物优选品种之一。

黑藻也需要有较高的水体透明度才易成活，喜欢静水，不适应流动性强和太深的水域。伊乐藻与黑藻相比，其叶片要狭长细小，叶片数更少，不耐高温，在夏季通常生长缓慢甚至腐烂。

6. 金鱼藻（*Ceratophyllum demersum* L.）

【科属、分布】金鱼藻科金鱼藻属。多年生沉水草本植物。在我国各地野外均有分布。

【生长习性】金鱼藻耐寒性强，在我国南北各地均可生长。适宜在 0.5~1.5m 深的水中生长。在长江流域 4 月开始萌发生长，10 月后开始腐烂进入休眠期。

【品种、类似种】金鱼藻属有数个品种，外形基本一样。景观功能类似的品种有不同科属的水盾草（*Cabomba caroliniana*），为外来种，是水族箱常用沉水品种。

【繁殖、栽培】有播种、分株、扦插 3 种繁殖方式。以分株繁殖为主，在长江流域 5–9 月均可进行，时间越早越好。

【工程应用】金鱼藻叶片如松针，密集柔软，是优良的景观沉水植物，也是水族箱常用沉水品种。在水体生态修复和净化应用上，是沉水植物类优选品种之一。

金鱼藻也需要有较高的水体透明度才易成活，能适应流动性强的水域，不适应深水。金鱼藻与狐尾藻，在外形上远看比较相似，其实它们的叶片形状完全不一样，要注意区分。

水盾草外形与金鱼藻类似，叶型美观，小花明显。属于外来引进种，目前在我国江浙一带已有少量野外分布。根据野外观测和小面积的实验，其茎节分蘖速度惊人，繁殖扩散力极强，适应性也广，如大范围的引种传播和推广，易危害当地水体生态平衡，演变成一种破坏力极强的外来入侵种，在水生态修复实践工程中应谨慎使用。

7. 狐尾藻（*Myriophyllum spicatum*）

【科属、分布】小二仙草科狐尾藻属。多年生沉水草本植物。在我国各地野外均有分布。

【生长习性】狐尾藻耐寒性强，在我国南北各地均可生长。适宜在 0.8~3m 深的水中生长。在长江流域 4 月开始萌发生长，11 月后停止生长进入休眠期。

【品种、类似种】狐尾藻属有多个品种，外形基本一样。分布最广、景观功能突出的是穗花狐尾藻（*M. spicatum*），又称穗状狐尾藻；另有轮叶狐尾藻（*M. verticillatum*）也比较常见。

【繁殖、栽培】有播种、分株、扦插 3 种繁殖方式。以分株、扦插繁殖为主，在长江流域 5–9 月均可进行，时间越早越好。

【工程应用】狐尾藻株丛茂密，茎粗叶密，水下气势恢宏，其穗状花序伸出水面，是优良的景观沉水植物，也是水族箱常用沉水品种。在水体生态修复和净化应用上，是沉水植物类优选品种之一。

狐尾藻也需要在透明度较高的水域生长，但其耐污性和对水质能见度的适应性要明显优于其他沉水植物；能适应流动性强的水域和深水，在深达 3m 的水域也能生长；青绿生长期长，在长江流域的深水区域，冬天不枯萎。相对于其他沉水植物，狐尾藻对环境的适应性、景观效果均有明显优势，在水生态修复实践应用上，应作为优先选用的主导品种之一来配置。

中文名索引

拉丁学名索引

R

S

T

U

Y

Z

图片作者索引

中文名	页码	图片作者
海菜花	88	杜巍
高寒水韭	90	杜巍
东方水韭	92	杜巍
中华水韭	94	杜巍
云贵水韭	96	杜巍
莲	98	杜巍
贵州萍蓬草	100	杜巍
萍蓬草	102	杜巍
中华萍蓬草	104	杜巍
水禾	106	杜巍
药用稻	108	杜巍
野生稻	110	杜巍
粗梗水蕨	112	杜巍
水蕨	114	杜巍
细果野菱	116	杜巍
龙棕	120	刘冰
栌菊木	122	孙绪伟
七子花	124	杜巍
篦子三尖杉	126	杜巍
十齿花	128	孙绪伟
蓝果杜鹃	130	孙绪伟
粘木	132	刘健
山豆根	134	罗金龙
蛛网萼	136	张永华
蝟实	138	杜巍
羽叶丁香	140	白重炎
滇牡丹	142	杜巍

中文名	页码	图片作者
紫斑牡丹	144	白重炎
筇竹	146	杜巍
短穗竹	148	张玲
小勾儿茶	150	杜巍
香水月季	152	李攀
丁茜	154	宴启
平当树	156	孙绪伟
黄梅秤锤树	158	杜巍
细果秤锤树	160	刘昂
秤锤树	162	杜巍
疏花水柏枝	164	杜巍
穗花杉	166	杜巍
长瓣短柱茶	168	杜巍
舌柱麻	170	罗金龙
野大豆	172	杜巍
永瓣藤	174	杜巍
青牛胆	176	冯贵祥
梓叶枫（花、果）	180	朱鑫鑫
庙台枫	182	杜巍
漾濞枫	184	杜巍
金钱枫	186	杜巍
普陀鹅耳枥（果枝）	188	郑小明
华榛	190	杜巍
天目铁木（雄花枝）	192	张永华
天目铁木（果枝）	192	赵云鹏
伯乐树	194	杜巍

中文名	页码	图片作者
连香树	196	杜巍
千果榄仁	198	杜巍
翠柏	200	杜巍
岷江柏木	202	陈彬
福建柏	204	杜巍
崖柏	206	赖阳均 李晓东
仙湖苏铁	208	杜巍
贵州苏铁	210	杜巍
攀枝花苏铁	212	杜巍
苏铁	214	杜巍
四川苏铁	216	杜巍
杜仲	218	杜巍
领春木	220	杜巍
绒毛皂荚	222	杜巍
花榈木	224	杜巍
红豆树	226	杜巍
任豆	228	杜巍
台湾水青冈	230	杜巍
银杏	232	杜巍
长柄双花木	234	杜巍
银缕梅（花）	236	南程慧
半枫荷	238	杜巍
山白树	240	杜巍
掌叶木	242	杜巍
喙核桃	244	杜巍
樟	246	杜巍
天竺桂	248	杜巍

中文名	页码	图片作者
油樟	250	杜巍
沉水樟	252	杜巍
天目木姜子	254	杜巍
润楠	256	杜巍
舟山新木姜子	258	杜巍
闽楠	260	杜巍
浙江楠	262	杜巍
楠木	264	杜巍
大叶木兰	266	杜巍
鹅掌楸	268	杜巍
厚朴	270	杜巍
凹叶厚朴	272	杜巍
落叶木莲	274	杜巍
红花木莲	276	杜巍
巴东木莲	278	杜巍
观光木	280	杜巍
峨眉含笑	282	杜巍
天女花	284	杜巍
圆叶天女花	286	陈彬
西康天女花	288	郑海磊
乐东拟单性木兰	290	冯贵祥
峨眉拟单性木兰	292	刘昂
云南拟单性木兰	294	赖阳均
天目玉兰	296	杜巍
黄山玉兰	298	杜巍
宝华玉兰	300	杜巍
罗田玉兰	302	杜巍

中文名	页码	图片作者
红椿	304	杜巍
红花香椿	306	杜巍
白桂木	308	杜巍
马蹄参	310	徐永福 / 冯思
喜树	312	杜巍
珙桐	314	杜巍
光叶珙桐	316	杜巍
水曲柳	318	周繇
资源冷杉	320	冯贵祥
秦岭冷杉	322	杜巍
银杉	324	杜巍
黄枝油杉	326	杜巍
柔毛油杉	328	杜巍
太白红杉	330	潘建斌
四川红杉	332	南程慧
白皮云杉	334	赖阳均
麦吊云杉	336	杜巍
油麦吊云杉	338	杜巍
康定云杉	340	赖阳均
大果青扦	342	杜巍
大别五针松	344	杜巍
华南五针松	346	杜巍
巧家五针松	348	孙绪伟
金钱松	350	杜巍
澜沧黄杉	352	朱鑫鑫
黄杉	354	杜巍
长苞铁杉	356	杜巍

中文名	页码	图片作者
马尾树（果）	358	朱鑫鑫
黄山花楸	360	杜巍
香果树	362	杜巍
川黄檗	364	杜巍
富民枳	366	杜巍
伞花木	368	杜巍
云南梧桐（花、果）	370	叶建飞
银钟花	372	冯思
白辛树	374	杜巍
木瓜红	376	杜巍
长果秤锤树	378	杜巍
瘿椒树	380	杜巍
红豆杉	382	杜巍
南方红豆杉	384	杜巍
巴山榧树	386	杜巍
榧树	388	杜巍
水松	390	杜巍
水杉	392	杜巍
台湾杉	394	杜巍
水青树	396	杜巍
紫茎	398	杜巍
柄翅果	400	杜巍
青檀	402	杜巍
琅琊榆（果）	404	李攀
长序榆（果）	406	刘军
醉翁榆	408	杜巍
大叶榉树	410	杜巍

参考文献

1. 曹丽敏, 滕涛, 吴胤骁, 等 . 2014. 伞花木种仁油的理化性质及脂肪酸组成分析 [J]. 中国油脂,(8): 95–97.

2. 陈芳清, 王传华 . 2015. 三峡珍稀濒危植物疏花水柏枝的生态保护 [M]. 北京 : 科学出版社 .

3. 陈红锋,严岳鸿,邢福武,等. 2003. 广东石门台自然保护区粘木——甜锥群落特征研究[J]. 广西植物, 6: 488–494.

4. 陈进明, 刘星, 王青锋 . 2005. 中国珍稀濒危特有蕨类植物——云贵水韭的遗传多样性 [J]. 武汉大学学报(理学版), 6: 767–770.

5. 陈娟,范继才,卢昌泰,等 . 2015. 濒危树种峨眉拟单性木兰的生物学特征及保育措施 [J]. 四川农业科技, 4: 22–25.

6. 陈少瑜, 司马永康, 方波 . 2003. 篦子三尖杉的遗传多样性及濒危原因 [J]. 西北林学院学报, 02: 29–32.

7. 陈志远,姚崇怀. 1996. 湖北省国家珍稀濒危植物区系地理研究 [J]. 华中农业大学学报, 15: 284–288.

8. 程建如, 周明芹 . 2016. 对节白蜡种质资源分布现状及保育策略 [J]. 长江大学学报(自然科学版), 13: 7–9.

9. 代文娟,唐绍清,刘燕华 . 2006. 叶绿体微卫星分析濒危植物资源冷杉的遗传多样性 [J]. 广西科学, 2: 151–155.

10. 代正福, 周正邦 . 2000. 中国野生桫椤科植物种类及其生境类型 [J]. 贵州农业科学, 6: 47–49.

11. 邓亚妮, 成晓, 焦瑜, 等 . 2009. 中国特有濒危植物扇蕨的生物生态学特性及 其濒危机制初探 [J]. 生物多样性, 17(01): 62–68.

12. 丁方明, 张成标, 卢小根 . 2001. 舟山新木姜子资源调查报告 [J]. 浙江林业科技, 4: 53–55+59.

13. 董瑞瑞, 唐战胜, 陈建华, 等 . 2018. 珍稀濒危植物紫茎群落树种的种间联结性 [J]. 安徽农业科学, 5: 127–129, 153.

14. 董元火，雷刚，王贵雄 . 2013. 湖北西凉湖野菱群落 α~ 多样性特征 [J]. 南方农业学报，3: 381–384.
15. 杜巍，郑联合 . 2018. 湖北重点保护野生植物图谱 [M]. 武汉 : 湖北科学技术出版社 .
16. 傅立国，金鉴明 . 1992. 中国植物红皮书 [M]. 北京 : 科学出版社 .
17. 傅立国 . 1991. 中国植物红皮书 （第一册）[M]. 北京 : 科学出版社 .
18. 傅书遐 . 2002. 湖北植物志（第 2~4 册）[M]. 武汉 : 湖北科学技术出版社 .
19. 傅书遐 . 1998. 湖北植物志（第 1 册）[M]. 武汉 : 湖北科学技术出版社 .
20. 高建国，章艺，吴玉环，等 . 2012. 基于生物生态因子分析的长序榆保护策略 [J]. 生态学报，32（17）: 5287–5298.
21. 龚奕青 . 2012. 四川苏铁的资源调查和遗传多样性研究及其保育策略 [D]. 广州 : 中山大学 .
22. 国家林业局，国家农业部 . 1999. 国家重点保护野生植物名录（第一批） （1999 年 8 月 4 日发布，http: //www. forestry. gov. cn/portal/main/s/3094/minglu1. htm）.
23. 国家林业局 . 2013. 全国极小种群野生植物拯救保护工程规划（2011 — 2015 年），2013 年 4 月 24 日 发 布（http: //www. forestry. gov. cn/portal/main/s/72/content-540092. html）.
24. 国家林业局野生动植物保护与自然保护区管理司，中国科学院植物研究所 . 2013，中国珍稀濒危植物图鉴 [M]. 北京 : 中国林业出版社 .
25. 韩雪，智颖飙，周忠泽，等 . 2008. 醉翁榆（Ulmus gaussenii Cheng）的濒危特征与机制 [J]. 安徽大学学报（自然科学版），6: 90–94.
26. 何飞，隆廷伦，刘兴良，等 . 2012. 保护植物润楠资源现状及分类学地位探讨 [J]. 四川林业科技，33（05）: 29–30.
27. 赫佳 . 2016. 特有濒危植物琅琊榆、醉翁榆种群动态及小尺度空间遗传结构研究 [D]. 南京 : 南京大学 .
28. 胡理乐，江明喜，黄汉东，等 . 2003. 濒危植物小勾儿茶伴生群落特征研究 [J]. 武汉植物学研究， 4: 327–331.
29. 胡窕，杨绍琼，陆代辉，等 . 2017. 贵州雷公山自然保护区桃江片区十齿花群落初步调查 [J]. 吉林农业，15: 48–49.
30. 黄健锋，陈定如 . 2008. 珍稀植物伯乐树和半枫荷的生物学特性及园林应用 [J]. 广东园林，1: 46–49.
31. 黄双全，郭友好，潘明清，等 . 1999. 鹅掌楸的花部综合特征与虫媒传粉 [J]. 植物学报，41（3）: 241–248.

32. 江明喜，胡理乐，党海山，等 . 2003. 濒危物种毛柄小勾儿茶的致危因素分析 [C]. 中国植物学会七十周年论文摘要汇编（1993–2003）.
33. 姜在民，和子森，宿昊，等 . 2018. 濒危植物羽叶丁香种群结构与动态特征 [J]. 生态学报，（7）: 2471–2480.
34. 金钱荣，潘仕萍，陆琳，等 . 2018. 姚安龙棕植物价值及培育技术探讨 [J]. 林业勘查设计，2: 93–94.
35. 康华靖，陈子林，刘鹏，等 . 2007. 大盘山自然保护区香果树种群结构与分布格局 [J]. 生态学报，1: 389–396.
36. 雷超铭，欧盛刚 . 2015. 古老的第三纪孑遗植物柔毛油杉 [J]. 广西林业，1: 39–40.
37. 李春玲，马明呈，许焕，等 . 2017. 大通宝库林区油麦吊云杉更新效果评价 [J]. 防护林科技，8: 24–26.
38. 李冬林，金雅琴，向其柏 . 2004. 珍稀树种浙江楠的栽培利用研究 [J]. 江苏林业科技，1: 23–25.
39. 李贺鹏，岳春雷，郁庆君，等 . 2012. 珍稀濒危植物银缕梅的研究进展 [J]. 浙江林业科技，5: 79–84.
40. 李红芳 . 2010. 被子植物早期分支管状分子的分化与演化 [D]. 西安 : 陕西师范大学 .
41. 李江伟，杨琴军，刘秀群，等 . 2014. 台湾杉遗传多样性的 ISSR 分析 [J]. 林业科学，50（06）: 61–66.
42. 李景侠，张文辉，李红 . 2001. 稀有濒危植物独叶草种群分布格局的研究 [J]. 西北植物学报，5: 879–884.
43. 李军红，田胜尼，丁彪 . 2007. 安徽天堂寨领春木群落结构研究 [J]. 安徽农业科学，35: 11441–11443.
44. 李小沛，张亚玉，李乐，等 . 2017. 延龄草的化学成分及药理作用研究进展 [J]. 特产研究，2: 71–78.
45. 李星 . 2004. 喜树的分布现状、药用价值及发展前景 [J]. 陕西师范大学学报（自然科学版），S2: 169–173.
46. 李智选，石建孝 . 2009. 我国特有珍稀花卉植物蜻实生殖生物学特性研究 [J]. 华北农学报，24: 327–330.
47. 栗孟飞，姚园园，丁耀录，等 . 2017. 海拔对桃儿七果实特性、活性成分含量及抗氧化能力的影响 [J]. 草业学报，4: 162–168.
48. 林玮，周玮，周鹏，等 . 2017. 基于 SRAP 标记的任豆遗传多样性分析 [J]. 华南农业大学学报，1: 82~89.

49. 刘方炎, 李昆, 廖声熙, 等 . 2010. 濒危植物翠柏的个体生长动态及种群结构与种内竞争 [J]. 林业科学, 46（10）: 23–28.

50. 刘海龙, 李俊福, 覃子海, 等 . 2015. 大叶榉研究进展 [J]. 广西林业科学, 44（3）: 271–275.

51. 刘鹏,阙生全,刘丽婷,等 . 2017. 红豆树研究现状及濒危保护建议 [J]. 亚热带植物科学, 46（01）: 96–100.

52. 刘普, 许艺凡, 刘佩佩, 等 . 2017. 紫斑牡丹籽饼粕单萜苷类成分的分离鉴定 [J]. 食品科学, 18: 87–92.

53. 刘全儒 . 2017. 落叶木莲 [J]. 生物学通报, 2: 17.

54. 刘艳春 . 2016. 苏铁蕨的化学成分与抗氧化活性研究 [J]. 云南农业, 12: 46–48.

55. 刘燕, 王延茹, 侯广维, 等 . 2018. 八月林自然保护区珙桐天然种群动态分析 [J]. 四川林业科技, 1: 87–90.

56. 卢燕林, 赵金萍, 李建华, 等 . 2011. 秤锤树播种繁殖探讨 [J]. 山西农业科学, 9: 969–971.

57. 栾珊珊, 范眸天, 龚洵 . 2006. 栌菊木遗传多样性研究 [J]. 云南农业大学学报, 6: 703–706.

58. 马晨晨, 肖之强, 代俊, 等 . 2017. 濒危植物平当树的种群现状及其保护 [J]. 西部林业科学, 46（02）: 101–106.

59. 南小霞 . 2015. 兴隆山保护区珍稀濒危植物星叶草资源现状与保护 [J]. 北京农业, 23: 97–97.

60. 欧阳志勤, 程勤, 张兴, 等 . 2007. 稀有植物云南金钱槭的现状及保护措施 [J]. 林业调查规划, 2: 143–146.

61. 彭辅松, 李洪钧 . 1990. 湖北第二批国家珍稀濒危保护植物 [J]. 湖北林业科技, 74: 38–43.

62. 齐迎春, 胡诚 . 1998. 药食兼用植物——莼菜的开发利用 [J]. 中国林副特产, 2: 33.

63. 乔 琦, 文香英, 陈红锋, 等 . 2010. 中国特有濒危植物伯乐树根的生态解剖学研 [J]. 武汉植物学研究, 28（ 5） : 544 –549.

64. 邱英雄, 傅承新 . 2001. 明党参的濒危机制及其保护对策的研究 [J]. 生物多样性, 2: 151–156.

65. 邱迎君, 易官美, 宁祖林, 等 . 2011. 濒危植物长苞铁杉的地理分布和资源现状及致危因素分析 [J]. 植物资源与环境学报, 20（01）: 53–59.

66. 邱月群, 董文渊, 王逸之, 等 . 2017. 筇竹天然居群遗传多样性研究 [J]. 西北林学院学报, 2: 155–160.
67. 曲程美 . 2016. 黄河三角洲地区野大豆耐盐性评价及营养分析 [D]. 济南 : 山东师范大学 .
68. 申璀, 许亚玲 . 2015. 金铁锁药材的 HPLC 特征图谱 [J]. 贵州农业科学, 9: 178–180, 185.
69. 宋春明, 孙玉轮 . 2018. 榉树生长规律、苗木质量分级及致危因素探究 [J]. 现代园艺, 10: 191.
70. 宋良科, 王恒, 何海洋, 等 . 2010. 濒危植物峨眉黄连的生活史和繁殖特性及生态特征 [J]. 植物学报, 45(04): 444–450.
71. 宋卫华, 李晓东, 李新伟, 等 . 2004. 三峡库区稀有植物裸芸香的遗传多样性和保育策略 [J]. 生物多样性, 12(2): 227–236.
72. 孙林 . 2014. 中国特有珍稀植物天目木姜子遗传多样性与亲缘地理学研究 [D]. 南京 : 南京大学 .
73. 孙珊, 黄贝, 武瑞东, 等 . 2013. 中国珍稀濒危植物物种丰富度空间分布格局 [J]. 云南地理环境研究, 25: 19–24.
74. 唐荣, 杨静, 孙卫邦 . 2017. 云南梧桐的再发现 [J]. 大自然, 6: 60–63.
75. 唐瑜, 王逸之, 刘明浩 . 2018. 筇竹生物多样性保护地生态补偿意愿调查与分析 [J]. 农村经济与科技, 9: 71–73.
76. 唐宗英, 乔璐, 阮桢媛, 等 . 2016. 资源树种川黄檗的研究进展 [J]. 中国农学通报, 2: 82–86.
77. 陶翠, 李晓笑, 王清春, 等 . 2012. 中国濒危植物华南五针松的地理分布与气候的关系 [J]. 植物科学学报, 30(06): 577–583.
78. 陶翠 . 2011. 油樟叶提取物的抗菌、镇痛和抗炎活性及其作用机理研究 [D]. 成都 : 四川农业大学 .
79. 汪松, 解焱 . 2004. 中国物种红色名录(第一卷)[M]. 北京 : 高等教育出版社 .
80. 王加国, 李晓芳, 安明态, 等 . 2015. 雷公山濒危植物台湾杉群落主要乔木树种种间联结性研究 [J]. 西北林学院学报, 30(04): 78–83.
81. 王建波, 陈家宽, 利容千, 等 . 1998. 长喙毛茛泽泻的生活史特征及濒危机制 [J]. 生物多样性, 3: 7–11.
82. 王雷宏, 黄庆丰, 蒲发光, 等 . 2014. 天马自然保护区大别山五针松与群落中优势种的种间关系 [J]. 长江流域资源与环境, 23(07): 960–964.

83. 王明亮, 张德顺, 马其侠, 等 . 2010. 濒危植物大果青扦地理分布和群落特性研究 [J]. 安徽农业科学, 38(22): 12040–12075.
84. 王亚飞, 王强, 阮晓, 等 . 2012. 红豆杉属植物资源的研究现状与开发利用对策 [J]. 林业科学, 48(05): 116–125.
85. 王勇, 吴金清, 陶勇, 等 . 2003. 三峡库区消涨带特有植物疏花水柏枝(Myricaria laxif lora)的自然分布及迁地保护研究 [J]. 武汉植物学研究, 21(5): 415–422.
86. 韦小丽, 孟宪帅, 邓 兆 . 2014. 珍稀树种花榈木种子繁殖生态学特性与濒危的关系 [J]. 种子, 33(1): 82–86.
87. 翁关成, 范明香, 胡金根 . 2008. 濒危物种连香树的利用价值与繁育技术 [J]. 现代农业科技, 21: 118+120.
88. 邬琰, 苏腾伟, 伍建榕 . 2016. 巧家五针松人工繁育种群主要病虫害种类调查及其防治研究 [J]. 林业调查规划, 41(02): 73–77.
89. 吴则焰 . 2011. 孑遗植物水松保护生物学及其恢复技术研究 [D]. 福州: 福建农林大学 .
90. 肖龙骞, 葛学军, 龚洵, 等 . 2003. 贵州苏铁遗传多样性研究 [J]. 云南植物研究, 6: 648–652.
91. 谢国文, 李海生, 王发松, 等 . 2010. 国家珍稀濒危保护植物永瓣藤生存群落的区系多样性研究 [J]. 湖北民族学院学报(自然科学版), 28: 362–367.
92. 谢国文, 郑毅胜, 李海生, 等 . 2010. 珍稀濒危植物永瓣藤生物多样性及其保护 [J]. 江西农业大学学报, 32(05): 1061–1066+1074.
93. 邢建娇, 路靖, 李范, 等 . 2013. 湿地极危植物中华水韭孢子育苗及幼孢苗管护 [J]. 湿地科学, 11(03): 347–351.
94. 熊高明, 谢宗强, 熊小刚, 等 . 2003. 神农架南坡珍稀植物独花兰的物候、繁殖及分布的群落特征 [J]. 生态学报, 23: 173–179.
95. 熊璇, 于晓英, 魏湘萍, 等 . 2009. 厚朴资源综合应用研究进展 [J]. 林业调查规划, 34(04): 88–92.
96. 徐洁, 马超英, 文丽梅, 等 . 2012. 山豆根的研究进展 [J]. 中华中医药学刊, 30(11): 2428–2429.
97. 徐军,曹博,白成科 . 2015. 基于 MaxEnt 濒危植物独叶草的中国潜在适生分布区预测 [J]. 生态学杂志, 34(12): 3354–3359.
98. 徐祥浩, 黎敏萍 . 1959. 水松的生态及地理分布 [J]. 华南师院学报(自然科学), 3: 84–99.

99. 颜立红, 方英才, 彭春良 . 1990. 壶瓶山长果秤锤树调查初报 [J]. 湖南林业科技, 3: 45–47.

100. 阳洁, 秦莹溪, 王晓甜, 等 . 2015. 广西药用野生稻内生细菌多样性及促生作用 [J]. 生态学杂志, 34(11): 3094–3100.

101. 杨鹏, 张喜录 . 1996. 蝟实种子特性与致濒关系的探讨 [J]. 山西农业大学学报(自然科学版), 2: 163–164.

102. 杨树栋 . 2010. 喜树栽培及在抗癌方面药用价值 [J]. 现代园艺, 5: 32–33.

103. 杨亚莉 . 2017. 华榛人工林生长规律及开花结实特性研究 [D]. 长沙 : 中南林业科技大学 .

104. 杨月红 . 2003. 天目木兰的保护生物学及遗传多样性研究 [D]. 芜湖 : 安徽师范大学 .

105. 易官美, 邱迎君 . 2014. 榧树居群遗传多样性的 cpSSR 分析 [J]. 果树学报, 31(04): 583–588+753.

106. 由金文, 林先明, 廖朝林, 等 . 2007. 八角莲致濒原因及其野生资源保护 [J]. 现代中药研究与实践, 4: 25–27.

107. 于曙明, 罗在柒, 邓朝义 . 2008. 贵州苏铁的生殖生物学特性与其物种保护策略 [J]. 西部林业科学, 1: 115–118.

108. 于雪, 胡文忠, 姜爱丽, 等 . 2016. 天麻的活性成分及功能性研究进展 [J]. 食品工业科技, 37(08): 392–395+399.

109. 余昌俊, 王绍柏, 刘雪梅 . 2009. 论天麻种质资源及其保护 [J]. 中国食用菌, 28(2): 56–58.

110. 余潇, 邓莉兰, 杨自云, 等 . 2017. 瑞丽市珍稀植物千果榄仁资源调查及园林应用 [J]. 湖北民族学院学报(自然科学版), 1: 97~100.

111. 余潇, 张宝, 区智, 等 . 2018. 极小种群植物玉龙蕨的群落调查及生态位分析 [J]. 湖北民族学院学报(自然科学版), 36(01): 1–5.

112. 袁果, 张玉武, 王絮飞, 等 . 2012. 水生珍稀濒危植物——云贵水韭在贵州分布的新纪录 [J]. 贵州科学, 30(02): 94–96.

113. 袁茂琴, 杨加文 . 2015. 黔东南马尾树群落特征调查分析 [J]. 南方农业学报, 46(07): 1265–1269.

114. 袁天翊,方莲花,吕扬,等 . 2013. 杜仲叶的药理作用研究进展 [J]. 中国中药杂志,38(06): 781–785.

115. 詹鹏, 徐万吉, 陈介南, 等 . 2013. 小溪国家级自然保护区落叶木莲生长与遗传多样性分析 [J]. 湖南林业科技, (1): 57–60.

116. 张帼威, 吴奶珠, 范强, 等 . 2010. 狭叶瓶尔小草化学成分的研究 [J]. 天然产物研究与开发, 22(06): 1006–1008.

117. 张果, 朱忠荣, 韩堂松, 等 . 2016. 乐东拟单性木兰(Parakmeria lotungensis)古树种质资源保存技术研究 [J]. 种子, (2): 55–58.

118. 张记军, 陈艺敏, 刘忠成, 等 . 2017. 湖南桃源洞国家级自然保护区珍稀植物瘿椒树群落研究 [J]. 生态科学, 1: 9–16.

119. 张继飞, 陈青云, 吴名, 董元火 . 2011. 重金属镉对粗梗水蕨生长及叶片中蛋白质含量的影响 [J]. 江汉大学学报(自然科学版), 39(04): 92–94.

120. 张嘉茗, 廖育艺, 谢国文, 等 . 2013. 国家珍稀濒危植物长柄双花木的种群特征 [J]. 热带生物学报, 1: 74–80.

121. 张静, 闫丽君, 闫双喜, 等 . 中国荨麻科植物地理分布 [J]. 河南师范大学学报(自然科学版), 2013, 41(03): 120–126.

122. 张立军, 赵桦, 周天华 . 2013. 中国特有属珍稀濒危植物山白树的研究进展 [J]. 陕西农业科学, 4:150–153.

123. 张莉 . 2003. 短萼黄连的生物生态学特性及其与黄连的比较研究 [D]. 芜湖 : 安徽师范大学 .

124. 张荣京, 陈红锋 . 2009. 国家Ⅰ级保护植物——伯乐树 [J]. 生物学通报, 44(10): 7.

125. 张旺锋, 樊大勇, 谢宗强, 等 . 2005. 濒危植物银杉幼树对生长光强的季节性光合响应 [J]. 生物多样性, 5: 387–397.

126. 张雪芹, 左家哺 . 2003. 绒毛皂荚保护生物学的初步研究 [J]. 湖南林业科技, 1: 55–57.

127. 张永华 . 2016. 中国特有第三纪孑遗植物香果树(Emmenopterys henryi)的亲缘地理学和景观遗传学研究 [D]. 杭州 : 浙江大学 .

128. 张祖荣,张绍彬 . 2010. 国家Ⅱ级保护药用与观赏植物金毛狗的孢子繁殖技术初探 [J]. 北方园艺, (13): 203–206.

129. 赵家荣, 冯顺良, 陈路, 等 . 1998. 珍稀植物水禾的迁地保护 [J]. 武汉植物学研究, 1: 93–95.

130. 赵建林 . 2007. 秦岭西段庙台槭的保护生物学研究 [D]. 杨凌 : 西北农林科技大学 .

131. 郑仁华, 苏顺德, 赵青毅, 等 . 2014. 福建柏种源生长性状遗传变异及种源选择 [J]. 福建林学院学报, 34(03): 249–254.

132. 中国科学院南京地理与湖泊研究所 . 2012. 利用中华萍蓬草治理富营养化水体的生态修复方法 : 中国, CN201210147384. 0[P].

133. 中国植物学会七十周年年会论文摘要汇编(1933—2003),中国植物学会.

134. 中华人民共和国濒危物种进出口管理办公室,中华人民共和国濒危物种科学委员会.2013. 濒危动植物种国际贸易公约(CITES)附录, 2013 版(http: //www. forestry. gov. cn/portal/bwwz/s/2984/content-630887. html).

135. 中华人民共和国环境保护部, 中国科学院.2013. 中国生物多样性红色名录 - 高等植物, 2013年9月2日发布(http: //www. zhb. gov. cn/gkml/hbb/bgg/201309/t20130912_260061. htm?COLLCC=1452044987&).

136. 周洁云,林静,杜霞,等.2012. 金荞麦的药理作用研究概况 [J]. 湖北中医药大学学报, 14(04): 68-69.

137. 周世强, 黄金燕.1997. 卧龙自然保护区麦吊云杉的种群结构及空间分布格局的初步研究 [J]. 四川林业科技, 4: 20-26.

138. 周先容,余岩,周颂东,等.2012. 巴山榧树地理分布格局及潜在分布区 [J]. 林业科学, 48(02): 1-8.

139. 左振常, 冯赤华.1985. 藏药"热衮巴"的考证及生药学研究 [J]. 青海医药杂志, 6: 51-53.

140.IUCN. The IUCN Red List of Threatened Species. Version 2018-2.(http: //www. iucnredlist. org).

141.Jing Jia,Liangqin Zeng,Xun Gong. 2016. High Genetic Diversity and Population Differentiation in the Critically Endangered Plant Species Trailliaedoxa gracilis (Rubiaceae)[J]. Plant Molecular Biology Reporter,34(1).

142.Wuzhengyi,Peter H. Raven and Hong deyuan. Flora of China [M]. Beijing: Science Press and St. Louis:Missouri Botanical Garden Press.

143.Yao Xiao-Hong,Ye Qi-Gang,Ge Ji-Wen,Kang Ming and Huang Hong-wen. 2007. A New Species of Sinojackia (Styracaceae) from Hubei,Central China. Novon,17:38-140.